石油和化工行业"十四五"规划教材

酱腌菜加工工艺学

Technology of
Sauce-Pickled Vegetable Processing

高晓旭　郑俏然　李昌满　主编

化学工业出版社

·北京·

内容简介

《酱腌菜加工工艺学》入选石油和化工行业"十四五"规划教材，是有关酱腌菜生产与加工的专业教材。本书系统介绍了国内外酱腌菜的起源及酱腌菜工业发展现状与趋势、酱腌菜加工蔬菜原料特性、酱腌菜加工原理、酱腌菜加工工艺、酱腌菜加工设备与智能化车间、酱腌菜生产质量管理、酱腌菜加工典型案例等内容。

本教材理论与实践结合、实用性与科学性并重、覆盖面广，反映了酱腌菜加工领域的最新研究成果和发展趋势。适合作为高校食品专业本科和研究生教材，也可供酱腌菜生产企业技术人员、食品行业其他从业者阅读参考，对于酱腌菜加工领域的学习和实践具有重要的指导意义。

图书在版编目（CIP）数据

酱腌菜加工工艺学 / 高晓旭，郑俏然，李昌满主编 .
北京：化学工业出版社，2025. 7. --（石油和化工行业
"十四五"规划教材）. -- ISBN 978-7-122-48257-0

Ⅰ. TS255.53

中国国家版本馆CIP数据核字第20250C3190号

责任编辑：傅四周 　　　　　　　　　文字编辑：李　雪
责任校对：李雨晴 　　　　　　　　　装帧设计：韩　飞

出版发行：化学工业出版社（北京市东城区青年湖南街 13 号　邮政编码 100011）
印　　　装：北京云浩印刷有限责任公司
787mm×1092mm　1/16　印张 11½　字数 281 千字　　2025 年 9 月北京第 1 版第 1 次印刷

购书咨询：010-64518888 　　　　　　售后服务：010-64518899
网　　址：http://www.cip.com.cn
凡购买本书，如有缺损质量问题，本社销售中心负责调换。

定　　价：49.00 元

本书编者及参编单位

编者

主　　编：高晓旭　郑俏然　李昌满

副主编：卢雪松　万　鹏　贺云川　叶应光

参　　编：詹凯文　黄健斌　陈　菊　吴庚烨　王　珮

　　　　　赵婉均　许　璐　朱启玉　舒　馨　何红艳

参编单位

长江师范学院

四川旅游学院

重庆市涪陵榨菜集团股份有限公司

重庆市涪陵区八缸食品有限公司

四川省味弘食品有限公司

前　言

酱腌菜行业在食品工业中整体规模不大，但一直呈上升发展态势，已经成为食品工业中的一个重要分支。近年来，随着食品高新技术的飞速发展，从事酱腌菜行业的企业在产品配方、生产工艺、技术装备、品质控制等方面不断提档升级。基于此，教育领域迫切需要能够反映酱腌菜行业技术发展动态、适应酱腌菜产业需要的产教融合型酱腌菜加工工艺学教材。学生通过学习可掌握酱腌菜产业实际工作所需要的新知识、新技术和新技能，从而提高食品科学与工程专业人才的培养质量和适应度，同时，企业也可获得更符合自身需求的高素质人才，实现校企双赢。

本书共分为七章。其中第一章绪论，主要介绍国内外酱腌菜的起源与发展及酱腌菜工业现状与发展趋势；第二章酱腌菜加工蔬菜原料特性，主要介绍酱腌菜加工主要原料和辅料；第三章酱腌菜加工原理，主要介绍酱腌菜中的微生物、腌制基本原理、酱腌菜品质控制；第四章酱腌菜加工工艺，主要介绍不同酱腌菜加工工艺及酱腌菜加工新技术；第五章酱腌菜加工设备与智能化车间，主要介绍酱腌菜加工设备及智能化生产车间；第六章酱腌菜生产质量管理，主要介绍酱腌菜生产标准与法规、酱腌菜生产过程质量控制与管理；第七章酱腌菜加工典型案例，主要介绍国内比较有特色和具典型性的酱腌菜生产案例。

本书由长江师范学院教材建设项目、长江师范学院食品科学与工程国家一流本科专业建设项目、重庆市智慧果蔬产业学院建设项目、重庆市现代食品产业专业群建设项目等立项资助。编写过程中得到了重庆市涪陵榨菜集团股份有限公司等国内多家企业的大力支持。同时，国内外同行为本书编写提供了大量的文献资源，现向所有为本书编写提供资源的单位和个人致以崇高的敬意！

本书力求与时俱进，符合产教融合型教材要求，满足酱腌菜加工工艺学的专业人才培养和企业技术技能人员培训的需要。然而笔者学识和水平有限，加之编写时间仓促，书中难免有不足之处，敬请读者批评指正。

编　者

2025 年 5 月

目　录

第一章

绪 论

第一节 我国酱腌菜的起源与发展

一、我国酱腌菜的起源

酱腌菜是指以新鲜蔬菜为主要原料，经过盐、糖、酱、醋等调味料腌制或酱渍加工而成的各种蔬菜制品。酱腌菜包括酱渍菜、盐渍菜、酱油渍菜、糖渍菜、醋渍菜、糖醋渍菜、虾油渍菜、盐水渍菜、糟渍菜等。酱腌菜的制作多使用高盐、高糖等高渗条件，一方面可以使其具有咸香脆嫩的口感，增加人的食欲；另一方面还可以抑制蔬菜中腐败微生物的生长，防止蔬菜腐烂变质，延长蔬菜保存期。酱腌菜具有鲜甜脆嫩或咸鲜辛辣等独特口感，且具有一定的营养价值，因此深受群众青睐，成为人们日常生活中不可缺少的调味副食品。

（一）腌菜的起源

食盐是腌菜的重要原料，其食用史起源很早。我国先民们发现和食用食盐的历史可以追溯到原始社会时代。例如《禹贡·青州》记载有"青州盐"，当时的青州系指现在的山东省部分地区。在汉代许慎《说文解字》中有"古者宿沙初作，煮海盐"，传说中的宿沙氏又名夙沙氏。在《周礼》中有"盐人奄二人，女盐二十人"，这说明周朝时我国已有制盐业。腌菜在《钦定古今图书集成》中有"祭祀，共大羹、铏羹，宾客亦如之"，郑玄注"大羹不致五味也，铏羹加盐菜矣"。据郑玄所说：用大羹做祭品时，不可以加五味（即酸、甜、苦、辣、咸），这样做能保持祭品突出的原味。但铏羹不同，可以加五味，这种把食盐加到铏器内菜中的做法，可能是早期腌菜的雏形之一。在《礼记》中，有一条使用食盆腌制牛肉、姜的明确记载，即"编萑布牛肉焉，屑桂与姜，以洒诸上而盐之，乾而食之"，这说明我国在西汉以前已经有腌制牛肉和姜了。

（二）酸菜（泡菜）的起源

我国最早的诗集《诗经》中有"中田有庐，疆场有瓜，是剥是菹，献之皇祖"的诗句。"庐"和"瓜"是指蔬菜，"剥"和"菹"是腌渍加工之意。据汉代许慎《说文解字》解释"菹菜者，酸菜也"，"菹"即酸（泡）菜，指今天的泡菜。《尚书说》记载有"若作和羹，尔惟盐梅","盐梅"即是用盐来渍梅。这说明早在公元前13世纪的商代武丁时期,我国劳动人民就能用食盐来腌制蔬菜水果了。由此可见,我国盐渍泡菜的历史可能早于《诗经》所反映的时代,可能起源于3000多年以前的商周时期。

（三）酱菜的起源

关于豆酱制酱菜的起源,东汉时期刘熙在《释名》中说:"豉,嗜也,五味调和,须之而成,乃可甘嗜也。"豆豉或豉汁是做酱菜的重要原料,因此汉代可能已有豉汁酱菜了。贾思勰在《齐民要术》中有记载:"以碎豆作末都,至六、七月之交分以藏瓜。"1972年,我国在湖南长沙马王堆西汉墓中,曾发现了豆豉姜,它是我国使用豆豉做酱菜的较早物证,也是目前世界上贮藏时间较久的酱菜之一。

二、我国酱腌菜的发展历史

酱腌菜在我国及世界食物史上都占据着特殊地位,其起源较早,发展历史悠久,不同历史阶段的酱腌菜产品见表1-1。在漫长的实践中,我们勤劳智慧的先民已经掌握了食盐、曲霉等的生产和利用技术,酱腌菜在有效缓解蔬菜淡季供应不足的同时,还为人们提供了一种风味独特、种类繁多的休闲食品,日益成为老幼皆宜、餐桌必备的调味副食品。

表 1-1　中国酱腌菜不同历史阶段的产品

时代	酱腌菜类型
先秦	酸味菜、肉酱汁或鱼酱汁渍菜、腌菜
汉朝	酸菜、豆酱酱菜、豆豉渍菜、菜脯、腌菜、干菜
魏晋南北朝	酸菜、酱黄菜、酱油和豉汁渍菜、糟菜、菜脯、腌菜、蛋品
隋唐	酸菜、酱黄菜、酱油和豉汁渍菜、糟菜、菜脯、腌菜、醉菜、芥末酱
宋元	酸菜、酱黄菜、酱油和豉汁渍菜、糟菜、菜脯、腌菜、甜面酱酱菜
明清	酸菜、泡菜、腌菜、酱菜（豆酱、面酱）、酱油酱菜、豉汁菜、酸甜渍菜、甜辣菜、盐酸菜、什锦酱菜、虾油菜、鱼酱油渍菜、糟油菜、糟菜、醉菜、熏菜、菜脯、干菜、蛋品、腐乳等

（一）秦朝以前的发展

在我国秦朝以前,先民们已经开始制作食盐、美酒和各种调料,制作肉酱、鱼酱、酸菜、泡菜和腌菜。在《禹贡·青州》《说文解字》中有关于食盐的记载;在《周礼》《礼记》中有关于腌菜的记载;在《周礼·天官》《诗经·大雅·行苇》《周礼·天官·醯人》中有关于鱼酱和肉酱的记载;在《说文解字》《诗经》《周礼》《礼记》《孟子》《楚辞》中有关于酸菜或泡菜的记载等。

（二）汉朝时期的发展

在我国汉朝时期,先民们已经开始制作豆豉、豆酱、酱菜和干菜。在《急就篇》《释名·释饮食》《四民月令》等中有关于豆豉和豆酱以及豆豉酱菜和豆酱酱菜的记载。

（三）魏晋南北朝时期的发展

在我国魏晋南北朝时期,先民们已经开始制作糟菜、甜味酱菜、酱油渍菜和腌制蛋类食品。我国著名的农业科学家贾思勰在《齐民要术》中,较为系统和全面地介绍了北魏时期的咸菹法、藏蕨法、卒菹法、菹法、瓜菹法等蔬菜腌制加工方法，这是关于蔬菜腌制较规范的文字记载。

（四）隋唐五代时期的发展

在我国隋唐五代时期，先民们已经开始制作醉菜（酒渍菜）、酱果品和芥末酱。《新唐书·地理志》有糟渍蔬菜、芥末酱加工的记载；《食疗本草》有关于酒渍菜的加工记载；《四时纂要》有关于酱果品的记载。

（五）宋元时期的发展

在我国宋元时期，我国先民们已经开始制作辣菜甜面、甜面酱酱菜、干笋、干茄和干蒜苗。《武林旧事》《东京梦华录》《多能鄙事》等有腌制辣菜的记载；《王祯农书》《易牙遗意》有甜面酱酱菜的记载；《便民图纂》《农桑衣食撮要》等有制作干笋、干茄和干蒜苗的记载。

（六）明清时期的发展

自明朝以来，我国酱腌菜的类型基本上与现在相似，各类酱腌菜腌制方法在古书上都能找到，《便民图纂》《随园食单》和《醒园录》等都有详尽的记载。明清时期诸如四川泡菜、四川宜宾的芽菜、四川南充的冬菜、重庆涪陵和浙江余姚的榨菜、浙江的萧山萝卜干、贵州镇远的陈年道菜、云南曲靖的腌韭菜等已形成独具风格的泡渍产品。清朝时，川南、川北民间还将泡菜作为嫁妆之一，直至今天在四川的有些地方还保留有这种习俗，可见酱腌菜自古以来就在人们的生活中占有重要地位。

综上，从我国的酱腌菜发展历史来看，无论是在经济发达的地区，还是在经济落后的地区，酱腌菜食品的加工都有着很好的传统。同时，酱腌菜食品有着巨大的消费市场，是人们日常餐食的调味食品，也是旅游、野餐等必不可少的佳品，且消费人群非常宽广，男女老少皆有，这为酱腌菜食品的发展提供了良好的环境和市场。

第二节　我国酱腌菜工业现状及发展趋势

一、我国酱腌菜工业生产现状

我国是世界上蔬菜资源丰富的国家之一。蔬菜制品经过酱、盐、糖、醋等制作加工程序后的产品为渍制品，因此渍制品的品种繁多、风味各异，我国将渍制品统称为酱腌菜。我国自改革开放以来，国家对各个行业的发展十分重视，酱腌菜近50年的发展十分迅速。随着国家对食品的关注力度加大，酱腌菜的生产企业数量不断增加，企业所生产出的产品品种日益丰富，产量不断增加，质量持续提高。此外，企业在生产中投入了新技术、新设备，政府相关部门等制定出一系列的行业标准、地方标准及企业标准，更加推动了酱腌菜工业的蓬勃发展。

（一）总体产业规模现状

从总体产业规模上来看，到2024年，中国酱腌菜的产量约达到 $1183.7 \times 10^4 t$，市场规模进一步增长，突破800亿元人民币。除了内销外，酱腌菜的出口量日益增多，已经销往全球 100 多个国家及地区，显示了其稳定的增长趋势。市场规模的扩大主要得益于消费者对健康、营养、特色食品的需求不断上升，以及酱腌菜企业不断进行产品创新和市场拓展。

（二）企业生产规模现状

从企业生产规模上来看，我国酱腌菜生产企业多，但以中小型企业为主，由于研发水平低、技术有限，酱腌菜市场同质化现象严重，企业多处于无序竞争状态。近年来，随着供给侧结构性改革深入，以及市场监管日益严格，酱腌菜市场规范化、健康化、细分化发展趋势显现，企业增长速度减缓，行业进入有序竞争阶段。目前我国酱腌菜市场已形成相对稳定的竞争格局，头部企业有涪陵榨菜、鱼泉榨菜、北京六必居等。

（三）生产技术现状

从生产技术水平上来看，随着生产力的发展，酱腌菜已从家庭式生产走向了工业化大规模生产的道路，酱腌菜加工厂如雨后春笋般地建立起来。同时，随着现代科学技术的发展，全国各地腌渍食品加工厂的机械设备有所改善，生产率有较大提高，向腌渍食品生产机械化迈进了一步。一些大型食品厂还采用了洗菜设备、洗瓶机、链式蒸汽消毒器、瓶装机械设备、塑料包装设备等。近年来，由于广大食品研究工作者的努力，开发了很多名牌酱腌菜，并使之进入世界市场，出口创汇。在 21 世纪，我国的酱腌菜产业获得迅猛发展，成为食品行业中新的增长点。国家更加重视产品的生产安全，加快标准化工作进程，提高标准化工作质量，使得酱腌菜产业正在形成"小产品、大市场"的格局。

（四）企业布局现状

从企业的布局来看，酱腌菜加工在我国具有悠久的历史及文化底蕴，而长江流域、沿海和东北等地区其氛围最为浓厚，大批酱腌菜加工企业也因此孕育而生。其中，长江流域地区分布的大型蔬菜加工企业最多，川渝两地汇聚了国内各大知名品牌，仅四川省、重庆市就有 7 家，如以四川泡菜为主营产品的"吉香居""李记""味聚特"和以榨菜为主营产品的"乌江榨菜""辣妹子"等品牌企业；北京、浙江和江苏等地区盘踞的大型企业也都达到了 3 家及以上，如以酱菜为主的"六必居""铜钱桥""三和四美"等企业；东北部地区也分布有一定数量的大型蔬菜加工企业，如以翠花酸菜、朝鲜族辣白菜为主产品的"延边金刚山"等品牌企业；而在西北地区，由于蔬菜资源匮乏、发展较落后、气候环境条件不佳，几乎没有市场份额较大的酱腌菜制品加工企业。总体来说，国内酱腌菜制品企业多集中在蔬菜资源丰富、环境气候适宜的地区，且以长江流域、沿海及东北地区为主要产业聚集区，生产的蔬菜制品大都以泡菜、榨菜等传统蔬菜制品为主。

二、我国酱腌菜工业生产中存在的问题

我国酱腌菜生产的不断发展，不但形成了众多上亿元的生产企业集团，同时还改变了我国酱腌菜手工作坊式的生产格局。一些相对新兴的生产地区酱腌菜企业如雨后春笋般蓬勃发展起来。如此大的市场份额不仅极大地提高了生产者的收入，更为地方经济的发展做出了积极贡献。但在酱腌菜蓬勃发展的同时，我国酱腌菜工业生产中还存在以下问题。

（一）工业化程度低

我国酱腌菜行业长期以来以传统工艺为主，现代化生产程度较低。这种模式导致产品质

量参差不齐，难以满足现代消费者对食品安全和品质的要求。

（二）食品安全问题

酱腌菜行业曾多次出现食品安全问题，如超量使用防腐剂（如焦亚硫酸钠）以及高盐高钠腌制工艺带来的健康隐患等，这些问题影响了消费者对酱腌菜的信任。

（三）产品同质化严重

市场上酱腌菜产品同质化现象突出，口味和包装缺乏创新，导致企业竞争激烈，利润空间受限。

（四）原材料供应不稳定

酱腌菜的主要原材料（如蔬菜、大豆等）受季节、气候和市场供需状况影响较大，价格波动频繁，增加了企业的生产成本和供应风险。

（五）环境保护压力大

酱腌菜生产过程中会产生高盐卤水等污染物，处理难度大，环保成本高，这对企业的可持续发展提出了挑战。

（六）技术创新不足

传统工艺难以满足现代消费者对健康、低盐、无添加等产品的需求，同时，行业在智能化生产、大数据应用等方面的发展相对滞后。

（七）市场竞争激烈

酱腌菜市场规模不断扩大，但品牌竞争加剧，中小企业面临较大的生存压力，行业集中度有待进一步提高。

（八）创新型人才短缺

酱腌菜行业的技术传承和创新发展需要专业人才，但目前行业内技术创新和管理人才相对匮乏，制约了企业的转型升级。

三、我国酱腌菜的发展趋势

酱腌菜作为一种传统的中国特色食品，一直以来都在中国饮食文化中占有重要地位。酱腌菜因其独特的风味和丰富的营养成分，深受广大消费者的喜爱。随着人们对口味和健康食品需求的增加，我国酱腌菜行业呈现出以下发展趋势。

（一）市场规模持续增长

近年来，我国酱腌菜市场规模不断扩大，2024年市场规模已突破800亿元，预计到2030年将达到1500亿元至2500亿元。这种增长主要得益于消费者对健康、营养、特色食品需求的增加，以及企业的不断创新和市场拓展。

（二）消费需求多元化与健康化

随着消费升级，消费者对酱腌菜的需求更加多样化，不仅关注传统口味，还对低盐、低糖、有机等健康产品表现出浓厚兴趣。此外，消费者对个性化定制和功能性酱腌菜产品的需求也在逐步增长。

（三）产品创新与品牌升级

酱腌菜企业通过研发新品、推出低盐低糖健康版、研发创意口味以及制作预制菜等产品，增加产品附加值。传统知名品牌积极进行数字化转型，拓展线上销售渠道，新兴品牌则凭借独特口味和创新营销策略快速崛起。

（四）销售渠道多元化

线上销售渠道的渗透率不断提升，电商平台、直播带货、短视频营销等新兴模式成为酱腌菜销售的重要渠道。未来，线上、线下融合的销售模式将成为主流。

（五）产业链整合与成本控制

为了降低成本、提高效率，酱腌菜企业可能会进行产业链整合，从原材料采购到产品销售形成完整的产业链条。这将有助于企业更好地提升产品质量和控制成本。

（六）国际化市场拓展

随着全球化的推进，中国酱腌菜在国际市场上的潜力巨大，特别是在亚洲及其他对中式食品有需求的国家。未来，酱腌菜企业需要积极拓展国际市场，引进国外先进技术和管理经验。

（七）政策支持与监管加强

酱腌菜行业将获得更多政策支持和资源保障，推动行业向高品质、高附加值方向发展。同时，行业标准将进一步细化，监管力度也将进一步加强，以保障产品质量和食品安全。

（八）绿色环保与可持续发展

绿色环保理念将融入酱腌菜产业链，从生产到包装、物流等环节都将更加注重可持续性。未来，酱腌菜行业将在产品健康性、口味创新和环保可持续性方面不断优化。

总体来看，酱腌菜行业作为中国传统的特色食品行业，在市场规模、产品创新、销售渠道和国际化拓展等方面都呈现出良好的发展态势，但也需要面对健康化、环保化等新要求，在发展过程中面临着机遇和挑战。未来，酱腌菜企业需要注重技术与产品的创新和多元化发展，加强卫生安全管理，寻求合作和发展机会，同时还要积极应对智慧化时代的挑战。只有不断适应市场需求和推陈出新，才能在激烈的市场竞争中立于不败之地，实现可持续发展。

第三节　国外酱腌菜工业的起源与发展

一、日本酱腌菜的起源和发展

（一）日本酱腌菜的起源

日本酱的起源有多种说法，一般概括为五种。一是唐高僧鉴真和尚带入说，公元753年鉴真东渡把制酱技术带入日本。酱的日本名字为"味噌"，其语源来自中国"末酱"（みそ）的谐音。二是本土说，酱始于日本列岛原住民制盐技术，大约在公元前1世纪，用盐使谷物（米、麦等）发酵，制成谷物酱。持此说法之人，认为在鉴真和尚东渡以前，酱已在日本普及。三是经由朝鲜半岛从中国传入说，由中国古人制的酱和豆，在大和时代（公元350—710年）经由朝鲜半岛把制酱技术传入日本。四是朝鲜酱直接传入说，即朝鲜的制酱技术直接传入日本。酱的语源来自朝鲜语"密祖"（miso）的谐音。五是中国古代的渤海国传入说，8世纪初，渤海国位于牡丹江流域，当时的渤海国已拥有较先进的文化，其与日本的交流和贸易往来甚为频繁。其中一次较大规模的贸易是公元746年，渤海国1100多人渡海赴日，比鉴真东渡早7年，此时渤海国人已学会了做酱。《新唐书·渤海传》中已有中原人称道的"栅城之豉"，豉即酱，为渤海人饮食必备之物。由此，酱由渤海国人传入日本则是顺理成章的。

（二）日本酱腌菜的发展

在古代，日本人最初只会用盐来腌渍食物，而食盐在那个资源匮乏的时代又很稀缺，因此渍物也被划归为高档品，普通民众很少有机会能够品尝。随着时间的推移，日本酱腌菜逐渐在日本普及，并形成了日本本土产品。

日本酱腌菜的制作方法与中国咸菜类似，均以盐渍和发酵为主。然而，日本酱腌菜在用料和工艺上又有自己的独到之处。例如，日本酱腌菜在腌制过程中添加的不仅仅是盐和酱油，还包括各种调味料和食材，如米糠、酒粕、醋、黄芥末等。此外，日本酱腌菜还采用了独特的发酵技术，如米糠渍、曲渍等，使得酱腌菜具有独特的口感和风味。

在奈良时代，各种腌渍方法开始在日本普及，这也为日本酱腌菜的发展奠定了基础。到了江户时期，整个社会有戒荤腥的习俗，新鲜蔬菜难以保存，因此渍物成为了生活中不可或缺的食物。在这个时期，日本酱腌菜开始商品化，并出现了许多专业的酱腌菜制作商。

随着日本酱腌菜加工技术与饮食文化的不断发展和变化，日本酱腌菜也在不断地创新和变革。例如，在现代日本酱腌菜已经不再只是传统的咸菜，还出现了各种新口味和新品种的酱腌菜，如糖醋酱腌菜、辣味酱腌菜等。目前，日本泡菜产品品质在国际上堪称一流，在国际市场中具备较强竞争力。日本是一个泡菜（渍物）消费大国，也是一个生产大国，泡菜有100多个品种，拥有泡菜生产企业2200多家。

总体来说，日本酱腌菜的发展经历了漫长而不断变革的历史过程。从古代中国的传入，到奈良时代的普及，再到江户时期的商品化，以及现代的不断创新和变革，日本酱腌菜逐渐形成了独具特色的文化，并成为了日本饮食文化中不可或缺的一部分。此外，日本率先倡导了"低盐、增酸、低糖"的健康泡菜运动。在日本市场上，用低盐方法生产的"浅渍""新渍"类泡菜销售势头旺盛。

二、韩国酱腌菜的起源和发展

（一）韩国酱腌菜的起源

韩国的酱腌菜以泡菜闻名。韩国的泡菜文化里，有着中国儒家文化影响的痕迹，中国古代典籍《诗经》中出现了"菹"字，该字在中国的字典里被解释为酸菜，正是这种腌制的酸菜传入了韩国。韩国泡菜经历了几个重要阶段，三国时期其由中国传入朝鲜半岛，朝鲜半岛冬季气候寒冷，人们为了能在冬天吃上蔬菜，会将蔬菜盐腌后贮藏，主要是用蕨菜、竹笋、黄瓜、萝卜加上盐、米粥、醋、酱等腌制。到了高丽时代，泡菜中加入了韭菜、水芹菜、竹笋等新鲜的蔬菜，并且出现了用盐水腌制后同汤一起食用的泡菜汤。到了朝鲜王朝，泡菜的制作方法开始丰富，原料也更加多样，朝鲜王朝末期，白菜成为了比萝卜、黄瓜和茄子更常用的原料，此时辣椒的引入使泡菜的制作出现了革命性的变化。

（二）韩国酱腌菜的发展

在韩国每家每户都有着各种各样用于制作泡菜的器具，韩国国内的泡菜市场巨大。近年来，由于人们的生活节奏加快及西方快餐涌入韩国，人们的饮食理念也发生了变化。对此，韩国人审时度势，及时调整泡菜品种结构，开发出"泡菜色拉""快餐泡菜"等新品种，既迎合部分青少年口味的需求，又保留了传统美食的精髓。韩国最大的泡菜生产企业是大象集团下的宗家府，该企业2019年销售额约为1162亿韩元。

为了把泡菜引入国际市场，韩国还在国际性体育赛事中推广韩国泡菜。如韩国泡菜在1988年汉城奥运会、1998年法国世界杯及2002年韩日世界杯足球赛上均成为大会指定食品，深受各国运动员青睐。韩国有关方面先后在北京、巴黎、洛杉矶等地区举行泡菜研讨会和举办泡菜节活动，扩大影响。与此同时，韩国开发出了符合欧美人口味的泡菜新品种，并研究出"发酵控制技术"，使泡菜的保质期延长到6个月，解决了保鲜问题。韩国传统美食泡菜昔日不出国门，如今走向了世界，成为出口特色食品。

在腌制菜从传统方法生产向工业化生产转变的过程中，日韩两国都首先依据腌制菜行业的特征开发出了适用于现代化生产的大规模技术生产线及生产设备，在保障生产的同时，注重企业管理经营，物料从脱水到拌菜、装袋封口、灭菌等工序全部由机器来完成。脱水用离心机或压榨机；洗菜可用洗菜机；切菜可用切菜机，可切条、丝、丁、片等形状；翻菜用行车和吊车等设备；装袋可用定量装袋设备，袋封口可用真空包装设备；灭菌用巴氏灭菌机、微波或辐照灭菌设备。这不仅减轻了劳动强度，提高了生产效率，而且稳定了质量，提高了效益。

具备了工业化生产的硬件设备以后，软件条件的建设也要随之跟上，因此韩国泡菜行业建立了一套完善的产业标准。1995年12月，韩国正式向国际食品法典委员会提交了泡菜规格方案；2001年7月，该方案被国际食品法典委员会采纳为泡菜国际食品规格，韩国泡菜"kimchi"（金渍）成为国际通用名，从此被确认为国际标准食品。

目前韩国泡菜已经超越了简单发酵的制作阶段，发展成为加入各种鱼酱、调料、香辛料等的综合性的发酵食品。韩国泡菜色彩鲜艳，红白分明；入口辛辣、醇厚悠长、清爽怡人、特色鲜明，可归纳为以下几点。

1. 原料广泛

韩国泡菜用料极其广泛，几乎所有蔬菜都可以做成泡菜，如白菜、萝卜、芹菜、香葱、桔梗、韭菜、黄瓜等。

2. 工艺精细复杂

泡菜的制作大致要经历十几道工序，以最常见的辣白菜来说，它是将白菜用盐水腌过之后，每层涂十余种调味料拌成的底料，再一层层包好，装在坛或罐里发酵而成的。由于用料和手艺不同，每家餐馆或每户家庭制作的泡菜味道都不尽相同。

三、德国酱腌菜的起源和发展

（一）德国酱腌菜的起源

德国的代表性酱腌菜甜甘蓝（rotkohl）是一种以甘蓝为原料，通过乳酸发酵制成的腌菜。除此之外，还有德国酸菜（sauerkraut），德国酸菜并非德国本土原生的食品，其历史可以追溯到古希腊和古罗马时期，那时的酸菜作为一种传统食品已经在人们的餐桌上占据了一席之地，德国酸菜以包心菜丝为主要原料，口感爽脆，口味微酸。它不仅是德国人喜爱的食物，也因其独特的味道和保健功能而受到了世界各地人们的喜爱。

13世纪，蒙古人的西征给欧洲带来了新的文化交融，其中包括了中国的酸菜。这种酸爽的腌菜在东欧地区尤为流行，成为了当地饮食文化的一部分。后来，随着犹太人群体的迁徙，也推动了酸菜的传播，他们将酸菜的制作技艺带到了西欧北部，如德国、荷兰等地。这些地区的人们逐渐接受了酸菜，并将其融入了冬季饮食习惯中。

（二）德国酱腌菜的发展

由于日耳曼人生活的地区纬度较高，冬季寒冷，新鲜蔬菜不能周年供应，因此酸菜成为了他们重要的营养来源和保存蔬菜的方式。酸菜在德国非常受欢迎，德国人年均消耗约10kg酸菜，尤其在庆祝公历新年时，德国人会储备充足的酸菜招待亲朋好友，酸菜也被誉为"德国国菜"。酸菜在德国的吃法多样，可以炖、凉拌、煮汤或搭配各种菜肴，如德国猪脚或香肠配酸菜芥末酱。

日耳曼人学习并掌握了腌酸菜的技术，并在其生活的地区内发扬光大。德国酸菜通常使用新鲜的白菜作为原料，经过切割、腌制和发酵等步骤制成。在制作过程中，德国人会根据地区和个人口味的不同，加入适量的盐和调味料（如莳萝籽）来增强酸菜的口感。随着时间的推移，德国酸菜的制作技艺逐渐完善，并形成了独特的风味。德国酸菜不仅作为一道独立的菜肴出现在餐桌上，还经常被用来搭配其他食材，如肉类、香肠和土豆等。其中，德国酸菜炖猪肉和酸菜香肠等经典菜肴，更是成为了德国饮食文化的代表之一。此外，德国酸菜还因其独特的健康益处而备受推崇。酸菜中富含乳酸菌和维生素C等营养成分，有助于增强免疫力和改善消化系统功能。这使得德国酸菜在欧洲各地广受欢迎，并逐渐传播到了世界各地。

19世纪，德国人就开始用工业方法大批量地生产酸菜了。不过仍然有不少人愿意自己制作酸菜，他们首先将甘蓝（洋白菜）用刨丝器刨丝，或是用刀切成非常细的丝，然后将白菜丝锤压至柔软出水，最后将白菜加盐和压榨出的汁液一起放入容器中（从前一般使用木桶）发酵。制作"葡萄酒酸菜"时还可以加一些白葡萄酒。酸菜丝要完全浸没在汤汁里，中间不能留有空气，以免发酵失败。这就是在制作初期用力锤压白菜丝，并在发酵时于容器上压重物的原因。如此静置于阴凉的地方4～6周即可品尝到美味的酸菜了。德国酸菜被广泛应用于各种菜肴中，如酸菜炖排骨、酸菜白肉等，成为了德国餐桌上的特色代表，同时也是欧洲酱腌菜的一大代表。

◆ 参考文献 ◆

[1] 洪光住. 我国各类型酱腌菜起源史 [J]. 中国调味品，1987（01）: 24-27.

[2] 陈功. 论中国泡菜历史与发展 [J]. 食品与发酵科技，2010，46（3）: 1-5.

[3] 尹立明，李旭，魏莹，等. 浅谈我国酱腌菜的生产现状及发展 [J]. 中国调味品，2012，37（09）: 16-18.

[4] 贾溅琳，王林果，张龙翼，等. 国内蔬菜加工企业调研 [J]. 农产品加工，2023（02）: 94-99.

[5] 莫玲宾，洪泽雄. 低盐酱腌菜工艺技术的研究进展 [J]. 轻工科技，2021，37（03）: 32-33.

[6] 崔文甲，王月明，弓志青，等. 酱腌菜国内外产业现状、研究进展及展望 [J]. 食品工业，2017，38（11）: 238-241.

[7] 陈伟萍，倪铭炯. 酱腌菜存在的质量安全问题及质量控制建议 [J]. 现代食品，2021（14）: 122-123，126.

第二章
酱腌菜加工蔬菜原料特性

第一节　蔬菜的分类与主要成分

蔬菜是可做菜食用的草本植物的总称。此外，少数木本植物的嫩芽、嫩茎、嫩叶和部分食用菌类、蕨类及藻类也可作为蔬菜食用。

一、蔬菜原料的分类

（一）按食用部分分类

1. 根菜类

以肥大的肉质直根或侧根为食用部分，这类蔬菜富含淀粉、糖分和膳食纤维，口感较脆。常见品种有萝卜（如白萝卜、胡萝卜）、甜菜根等。

2. 茎菜类

食用部分是茎，质地较为鲜嫩，含有丰富的水分和少量的膳食纤维。茎菜类蔬菜的口感多样，有的脆嫩，有的软糯。常见品种有莲藕、竹笋、莴笋等。

3. 叶菜类

以叶片和叶柄为主要食用部位，营养丰富，含有大量的维生素、矿物质和膳食纤维。叶菜类蔬菜的口感较为柔软，适合清炒、凉拌或做汤。常见品种有菠菜、莴苣（生菜）、白菜、油菜等。

4. 花菜类

食用部分是花蕾或花序，口感鲜嫩，营养丰富，含有多种维生素和矿物质。花菜类蔬菜通常需要在花蕾尚未开放时采摘，以保证其品质。常见品种有花椰菜（又称菜花）、西蓝花、金针菜（又称黄花菜）等。

5. 果菜类

食用部分是果实，果实内含有种子。果菜类蔬菜的口感多样，有的酸甜适口，有的清脆可口，有的软糯多汁。它们富含维生素 C、维生素 E 等营养成分。常见品种有番茄、黄瓜、茄子、辣椒、南瓜、冬瓜等。

6. 食用菌类

属于真菌类，含有丰富的蛋白质、多糖、维生素和矿物质。食用菌类蔬菜的口感独特，质地柔软，味道鲜美，常被用于烹饪各种菜肴。常见品种有香菇、平菇、金针菇、木耳、银耳等。

（二）按食用季节分类

1. 春季蔬菜

春季气温逐渐回升，适合一些耐寒性蔬菜的生长。常见的春季蔬菜有菠菜、小白菜、春笋、韭菜等。这些蔬菜富含营养，可以为人们在春季补充维生素和矿物质。

2. 夏季蔬菜

夏季气温高，阳光充足，适合多种蔬菜生长。常见的夏季蔬菜有番茄、黄瓜、茄子、辣椒、南瓜等。这些蔬菜水分含量高，可以为人们在炎热的夏季提供清凉和营养。

3. 秋季蔬菜

秋季气候凉爽，适合一些耐寒性蔬菜的生长。常见的秋季蔬菜有白菜、萝卜、芹菜、花椰菜等。秋季蔬菜口感鲜美，营养丰富，是秋季餐桌上的常见食材。

4. 冬季蔬菜

冬季气温较低，适合一些耐寒性较强的蔬菜生长。常见的冬季蔬菜有萝卜、菠菜、芹菜等。这些蔬菜可以储存较长时间，为人们在冬季提供丰富的营养。

（三）按颜色分类

1. 绿色蔬菜

主要品种有菠菜、生菜、小白菜、芹菜等。绿色蔬菜含有丰富的叶绿素、维生素C、维生素K和膳食纤维。叶绿素具有抗氧化作用，维生素K有助于血液凝固。

2. 红色蔬菜

主要品种有番茄、胡萝卜、红辣椒等。红色蔬菜含有丰富的番茄红素、胡萝卜素等类胡萝卜素。番茄红素是一种强抗氧化剂，可以预防心血管疾病。

3. 黄色蔬菜

包括南瓜、黄玉米、黄椒等。黄色蔬菜含有较多的玉米黄素和胡萝卜素，这些成分对眼睛健康有好处，可以预防黄斑变性等眼部疾病。

4. 白色蔬菜

主要品种有白萝卜、莲藕、花椰菜等。白色蔬菜含有丰富的膳食纤维和一些特殊的营养成分，如花椰菜中的萝卜硫素具有潜在的抗氧化和抗癌作用。

5. 紫色蔬菜

主要品种有紫甘蓝、紫洋葱、紫薯等。紫色蔬菜含有丰富的花青素，花青素是一种强抗氧化剂，可以清除体内自由基，延缓衰老。

（四）按加工方式分类

1. 新鲜蔬菜

直接从田间采摘后未经加工的蔬菜，如新鲜的番茄、黄瓜、菠菜等。新鲜蔬菜营养丰富，口感最佳，适合直接食用或简单烹饪。

2. 腌制蔬菜

通过腌制加工而成的蔬菜，如腌黄瓜、酸菜、泡菜等。腌制蔬菜具有独特的风味，保存时间较长，但营养成分会因加工过程而有所损失。

3.干制蔬菜

通过晾晒或烘干等方式脱水制成的蔬菜，如干香菇、干木耳、梅干菜等。干制蔬菜便于储存和运输，烹饪时需要提前浸泡。

4.冷冻蔬菜

通过冷冻技术保存的蔬菜，如冷冻豌豆、冷冻玉米粒等。冷冻蔬菜在低温下保存，营养成分损失较少，适合长期储存。

二、蔬菜的主要成分

（一）糖类

糖类在蔬菜中普遍存在，是蔬菜维持生命必需的成分，能参与生命功能活动。根据化学结构，糖类是多羟基醛或多羟基酮及其聚合物，可分为单糖、低聚糖、多糖，以及它们的衍生物糖醛酸、糖醛醇等。

1.单糖

自然界常见的单糖为五碳糖或六碳糖，也有三碳糖或八碳糖，最常见的有葡萄糖、果糖、半乳糖、赤藓糖、木糖和鼠李糖等。单糖多为无色晶体，有旋光性，味甜，易溶于水，难溶于无水乙醇，几乎不溶于乙醚、苯等极性小的有机溶剂。糖醛酸是单糖的羧基衍生物，由单糖分子的伯醇基衍生为羧基的一类成分。其具酸性，可溶于碳酸氢钠水溶液，与氢氧化钙生成钙盐沉淀，与醋酸铅生成铅盐沉淀。

2.低聚糖

低聚糖也称为寡糖，是由 2 ~ 10 个分子单糖通过糖苷键连接而成的化合物。其单糖基的结合如是由 2 个端基羟基脱水而成，无游离的醛基或酮基，失去还原作用，则称为非还原糖，如蔗糖、海藻糖等。如非上述方式结合，仍然存在游离的醛基或酮基，则称为还原糖，如芸香糖等。而天然的三糖中，以蔗糖为基础再接上其他糖形成的，一般为非还原糖，如棉子糖等。四糖有水苏糖等。低聚糖仍具甜味，易溶于水，但难溶于或几乎不溶于乙醇等有机溶剂。如在含低聚糖水提取液中，加入乙醇到含醇量为 70% ~ 80% 时，即可沉淀析出低聚糖类成分。

3.多糖

多糖是由 10 个以上单糖分子以"苷键"结合的高分子化合物，也称为多聚糖。其不仅聚合单糖数目多，分子量大，而且性质与生理生化作用也大大改变。如多为无定形化合物，无甜味，少溶或不溶于水，无还原性等。如蔬菜中的多糖，一部分主要是由 β-(1,3) 糖苷键或 β-(1,4) 糖苷键聚合而成的葡聚糖；另一部分则是由各种单糖组成的杂多糖（如半乳糖、阿拉伯糖和葡萄糖等），且在主链上有许多分支侧链。多糖用酸水解能生成多分子单糖。常见多糖有如下几种：

（1）淀粉　是蔬菜中贮藏的重要营养物质，尤以果实或根、茎及种子中含量高。淀粉是 α-1,4 糖苷键结合形成的高聚物。分子结构中有直链的糖淀粉和支链的胶淀粉。前者聚合度为 300 ~ 350，后者聚合度为 300 左右。淀粉通常为白色粉末，几乎不溶于冷水，在热水中呈糊状，含淀粉的水溶液中加入乙醇后淀粉则被沉淀析出；加入碱式醋酸铅生成白色铅盐沉淀。

（2）纤维素　是构成蔬菜细胞壁的重要成分，由 β-D-葡萄糖（1→4）糖苷键结合形成的高聚物，为直链葡聚糖，聚合度为 3000～5000。半纤维素是木聚糖、甘露聚糖、半乳聚糖及两种以上糖的杂多糖。纤维素不溶于冷水及热水，不溶于有机溶剂。

（3）黏液质　是蔬菜器官（根、茎、种子、果实等）内存在的一类黏多糖，多存在于蔬菜黏液细胞内，是蔬菜细胞正常的生理产物。由于它在水中膨胀，形成糊状，冷后又呈冻状，故具保持水分作用。黏液质由阿拉伯糖、葡萄糖、半乳糖、木糖、鼠李糖或糖醛酸及其甲酯等连接而成，有主链和支链。干燥的黏液质为白色粉末，有强烈吸湿性，在水中迅速膨胀，溶解成黏稠胶浆，几乎不溶于乙醇等有机溶剂，也可和氢氧化钙（石灰水）、醋酸铅等生成难溶于水的钙盐和铅盐沉淀。

（4）果胶　是由 D-呋喃半乳糖醛酸通过 α-1,4 糖苷键结合而成的聚半乳糖醛酸。半乳糖醛酸中的部分羧基可被甲醇酯化，剩余部分可与钠离子、钾离子或铵离子中和形成盐；分子中的仲醇基也可部分乙酯化。果胶是蔬菜细胞壁的组成成分之一，存在于胞间层中，起着黏着细胞的作用。果胶在蔬菜加工过程中因不同加工方式表现出不同作用。如在以青菜头为主要原料加工榨菜过程中，因为果胶易水解，果胶原有结构被破坏，榨菜失去脆度而变软；同时果胶在食品方面可以利用其高黏性作为增稠剂使用。果胶提取物为黄白色粉末，其溶液具高黏性，在一定条件下具有胶凝能力；胶凝能力影响因素主要有含水量、pH 值等。当果胶水溶液在含糖量 60%～65%，pH 2.0～3.5，果胶含量 0.3%～0.73%，室温或较高温度时，该果胶溶液则可形成凝胶。果胶在食品等工业中广泛用作乳化剂、脱水剂等。

（二）氨基酸和蛋白质

1. 氨基酸

氨基酸是一类分子中既含有氨基又含有羧基的有机化合物，广泛存在于蔬菜体中，是组成蛋白质的基本单位，也是许多生物碱的前体物质。蔬菜中普遍含有氨基酸，有些氨基酸具有特殊的生理活性。如天冬氨酸具有镇咳平喘作用。氨基酸通常呈白色结晶状，一般能溶于水，难溶于乙醇、乙醚、氯仿等有机溶剂。氨基酸分子中既有羧基（显酸性）又有氨基（显碱性），因此兼有酸碱两性，能与强酸或强碱生成盐，既能溶于酸，又能溶于碱。并且，氨基酸分子内的氨基和羧基能相互作用而生成内盐。氨基酸在水溶液中，其氨基和羧基可离子化，在强酸溶液中主要以阳离子状态存在，在强碱溶液中则主要以阴离子状态存在。当将氨基酸溶液调至某一特定的 pH 值时，其分子中的羧基电离和氨基电离的趋势正好相当，即以电中性的内盐形式存在，此时溶液的 pH 值称为该氨基酸的等电点。氨基酸溶液处于等电点时，其溶解度最小，可沉淀析出。利用此特性，可分离出该种氨基酸。

2. 蛋白质

蛋白质是由氨基酸构成的高分子化合物。蛋白质分子中，氨基酸分子首先以肽键形式相互连接，形成一条多肽链，然后经过盘绕折叠形成有复杂空间结构的大分子，其分子量在 5000 至几百万。分子中除有氨基酸链外，往往还与磷、镁、锰、锌等元素结合。蛋白质是生物细胞原生质的重要成分，在人体营养中占有重要的地位，可为人体提供热量和参与体内物质的代谢调节等。蛋白质是大分子胶体物质，多数可溶于水形成胶体；其在水溶液中可被乙醇、氯化钠、硫酸铵等沉淀，此沉淀物又可复溶于水，过程是可逆的。但是，当蛋白质被加热或与强酸、强碱作用则产生不可逆沉淀，此种不可逆沉淀作用称为蛋白质变性作用。经变性后的蛋白质称为变性蛋白质，其溶解度和生物活性等都有改变。蛋白质有酸、碱两性，具有等电点，能与鞣酸等多种酸形成不溶性盐，还能与重金属盐如醋酸铅、硫酸铜等产生沉淀。

3.酶

酶是一种由活细胞合成的蛋白质，是生物机体中具有强效的高度专一性和催化性的特殊蛋白质。酶可分为氧化还原酶、水解酶、转移酶、裂解酶、异构酶、连接酶等，在蔬菜中具有特殊的生物活性。如蔬菜中的苷类往往与某种特殊酶共存于同一组织的不同细胞中，当细胞壁破裂，酶与苷接触，在适宜温度和湿度下，酶可把苷水解。如新鲜蒜中大蒜氨基酸基本不具生物活性，但在蒜贮藏过程中，大蒜氨基酸便被酶水解为具广谱抗菌作用的大蒜新素。许多酶具有特殊食疗价值，如菠萝蛋白酶具有抗水肿、抗炎症作用等。酶能溶解于水，可加热或与强酸、强碱、重金属作用而沉淀，往往失去生物活性。这一特性在蔬菜加工中有重要意义，要注意抑制或破坏酶的活性。

（三）脂类

脂类是油脂和类脂的总称。油脂主要由甘油三酯组成，是人体能量的重要来源之一。蔬菜中的油脂含量普遍较低，但也有少数蔬菜油脂含量相对较高，如黄豆芽，每100g中含有2g油脂。类脂包括磷脂、糖脂和固醇等。磷脂是细胞膜的重要组成部分，对维持细胞的正常结构和功能具有重要作用；糖脂主要存在于神经组织中，参与细胞识别和信号转导；固醇类物质如植物固醇，具有调节生理功能的作用。蔬菜中的不饱和脂肪酸，如油酸、亚油酸等，是人体必需脂肪酸，对维持人体正常生理功能具有重要作用，有助于脂溶性维生素（如维生素A、维生素D、维生素E、维生素K）的吸收和利用。

（四）有机酸类

有机酸是一类含有羧基的有机化合物，包括脂肪族有机酸、芳香族有机酸和萜类有机酸。蔬菜中普遍含有有机酸，蔬菜中的有机酸种类多样，主要包括苹果酸、柠檬酸、酒石酸和草酸等。这些有机酸不仅赋予了蔬菜独特的风味，同时也在人体营养和人体健康方面都扮演着重要角色，还在一定程度上影响着人体的健康。以下是几种常见于蔬菜中的有机酸：

（1）苹果酸　是一种广泛存在于蔬菜中的有机酸，尤其在某些蔬菜中含量较高。它在蔬菜中的存在有助于调节蔬菜的酸度，并且在人体内可以被代谢为碱性物质，有助于维持体液的酸碱平衡。

（2）柠檬酸　是最常见的有机酸之一，不仅在柑橘类水果中含量丰富，在一些蔬菜中也能找到其踪迹。柠檬酸具有良好的溶解性和螯合能力，能够帮助人体更好地吸收矿物质。

（3）酒石酸　在某些蔬菜中也有发现。它在食品工业中常被用作酸度调节剂，同时在人体内也发挥着一定的生理功能。

（4）草酸　是一种在许多蔬菜中都存在的有机酸，尤其是菠菜、甜菜根和香菜等。然而，草酸不易被人体氧化代谢，容易与钙结合形成不溶于水的草酸钙，长期大量摄入可能增加尿路结石的风险。

除了上述几种，蔬菜中还可能含有其他类型的有机酸，如琥珀酸和乳酸，但这些有机酸的含量通常较低，且在蔬菜中的分布不如前几种广泛。

（五）天然色素类

蔬菜中含有不同种类的色素，所以它们的外观颜色才显得多姿多彩。由于所含色素的种类和数量的差异，蔬菜会表现出不同的颜色，这种颜色将随着生长条件的改变或成熟度的变化而变化。蔬菜中的色素主要分为两大类：

（1）脂溶性色素 脂溶性色素主要包括叶绿素、叶黄素、胡萝卜素和番茄红素等，叶绿素是形成绿色的色素，常见于菠菜、油菜等深绿色蔬菜；叶黄素和胡萝卜素则赋予蔬菜黄色至橙色，常见于胡萝卜和番茄；番茄红素是赋予番茄红色的色素。

（2）水溶性色素 水溶性色素主要包括花青素、类黄酮和茶多酚等，这些色素通常存在于紫色、黄色、橙色或绿色的蔬菜中，如紫甘蓝、紫薯、芹菜、番茄、胡萝卜、洋葱等。

（六）维生素类

蔬菜富含多种维生素，这些维生素是人们日常饮食中不可或缺的营养物质，它们对人体健康有着重要的作用。以下是几类主要的维生素及其在蔬菜中的分布情况。

（1）维生素 A 对视力保护至关重要，同时也对皮肤健康和免疫系统功能有重要作用。在蔬菜中，维生素 A 的主要来源是 β-胡萝卜素，这是一种可以在体内转化为维生素 A 的物质。富含 β-胡萝卜素的蔬菜包括胡萝卜、西蓝花、菠菜等。

（2）B 族维生素 如维生素 B_1（硫胺素）、维生素 B_2（核黄素）、维生素 B_3（烟酸）、维生素 B_5（泛酸）、维生素 B_6、维生素 B_7（生物素）、维生素 B_9（叶酸）和维生素 B_{12}。这些维生素在能量代谢、细胞生长和维护神经系统健康方面起着关键作用。富含 B 族维生素的蔬菜包括菠菜、青菜、芹菜等。

（3）维生素 C 是一种强效的抗氧化剂，有助于增强免疫系统，促进伤口愈合，以及提高铁的吸收率。富含维生素 C 的蔬菜包括西蓝花、花椰菜、辣椒等。

（4）维生素 D 虽然蔬菜中的维生素 D 含量相对较低，但仍有一些蔬菜含有一定量的维生素 D。维生素 D 对促进钙的吸收和骨骼健康非常重要。富含维生素 D 的蔬菜包括香菇、平菇等食用菌。

（5）维生素 E 是一种脂溶性抗氧化剂，有助于保护细胞膜免受氧化损伤，并维持正常的免疫功能。蔬菜中的维生素 E 含量普遍不高，但仍然可以通过多样化的蔬菜摄入来获取。富含维生素 E 的蔬菜包括菠菜、花椰菜等。

（七）矿物质类

蔬菜中富含各种矿物质，如钾、镁、铁、钙等，这些矿物质对人体的生理功能至关重要。矿物质包含 60 多种元素：含量大于人体体重 0.01% 的元素称为常量元素或宏量元素，如钙、磷、钠、钾、氯、镁等；含量小于体重 0.01% 并有一定生理功能的元素称为微量元素，其中必需微量元素有铁、碘、锌、铜、硒、钴、钼及铬，可能必需微量元素有锰、硅、硼、钒及镍，此外，氟元素对人体也有重要作用。矿物质是构成机体组织如骨骼、牙齿等的重要材料，也是维持机体酸碱平衡和正常渗透压的必要条件，参与生理活性物质如血红蛋白、甲状腺素的合成。

（八）风味物质类

蔬菜的风味主要由其含有的挥发性物质决定，这些物质赋予了蔬菜独特的香气和味道。这些风味化合物不仅影响着蔬菜的口感，也与其营养价值密切相关。例如香菜中的醛类物质给人以青草香气的感觉，而香椿的特殊挥发物则包括萜类和倍半萜类等。了解这些风味化合物有助于更好地利用蔬菜的多样性和美味。其来源主要有以下两个路径：一是脂肪酸代谢形成的风味化合物，如己醛（番茄和橄榄风味的关键组分）、E-2-壬烯醛（黄瓜香气的主要贡献者）、E, Z-2, 6-壬二醛（黄瓜香气的重要贡献者）、E-3-己烯醛和 E-2-己烯醛（新鲜番茄风味的重要贡献者）。二是硫代葡萄糖苷代谢形成的风味化合物，如异硫氰酸酯（十字花科蔬菜刺激性气味关键组分）、烯丙基异硫氰酸酯（甘蓝最重要的风味化合物）、4-甲硫基丁基异硫氰酸酯（西蓝花的特征风味物质）、甲硫醚（煮熟的西蓝花、甘蓝和花椰菜风味的重要贡献者）等。

三、蔬菜的加工特性

蔬菜的加工特性主要包括以下几个方面。

（一）原料多样性

蔬菜原料种类繁多。不同的蔬菜品种可以提供不同的颜色、口感和营养价值，因此在蔬菜加工中可以根据需求选择适合的原料进行加工。

（二）季节性变化

蔬菜受限于季节性变化。由于蔬菜的生长周期和产量受到季节、气候等因素的影响，不同季节的蔬菜供应量和品质有所差异。因此，在蔬菜加工中需要根据不同季节的供应情况进行调整，以保证产品的质量和市场供应。

（三）保鲜与储存

蔬菜加工过程中需要解决的一个重要问题是蔬菜的保鲜与储存。蔬菜作为一种易腐食品，在加工前需要采取适当的措施延长其保鲜期，保持其新鲜度和品质。常见的保鲜方法包括低温冷藏、真空包装、热处理等。

（四）加工工艺多样性

蔬菜加工工艺多样。不同的蔬菜种类和加工目的需要采用不同的加工工艺。常见的蔬菜加工工艺包括切割、破碎、烹调、脱水、浸泡、杀菌等。这些加工工艺能够改变蔬菜的形态、口感和品质，使其更适合人们的消费需求。

（五）营养保持与增值

蔬菜在加工过程中可能会损失部分营养物质，比如维生素C易受热破坏，煮熟后有些营养物质会溶解到汤中而损失。蔬菜加工的目的之一是保持和增加蔬菜的营养成分。因此，在蔬菜加工过程中，需要注意保持蔬菜的营养价值，尽可能减少营养成分的损失。同时，通过加工工艺的改变，可以提高蔬菜的附加值，增加产品的竞争力。

（六）色泽变化

蔬菜在加工过程中，由于氧化、酶解等因素的影响，颜色可能会发生变化。比如，有些蔬菜在切割后可能会产生氧化而变色，如土豆会氧化变黑、西蓝花会变黄等。

（七）质地变化

蔬菜在加工时可能会因为受热或受力而导致质地发生改变。比如，烹饪过程中蔬菜可能变软，煮熟后的土豆可能变成糊状等。

（八）风味变化

蔬菜在加工时可能会因为烹饪方法、搭配调味料等因素导致风味的改变。比如，焖炖会使食材更为鲜嫩，炒制可能让食材具有更丰富的香味等。

（九）抗氧化能力变化

蔬菜经过加工处理后，有些蔬菜的抗氧化能力可能会下降。比如，切碎菜叶后，其抗氧化能力可能会减弱。

总体来说，蔬菜在加工过程中会出现一系列的变化，因此在加工时需要根据不同的蔬菜种类以及加工方法来避免不良影响，保留蔬菜的营养成分和风味。

第二节　酱腌菜加工主要原料

酱腌菜的主要原料是蔬菜，我国蔬菜资源十分丰富，蔬菜种类很多。在同一种类中，有许多变种，每一变种中又有许多品种。蔬菜有三种分类法，分别是植物学分类法、按食用器官分类法和按农业生物学分类法。从加工上讲，按食用器官分类较为适宜。按照食用部分的器官形态分类，可将蔬菜分为根、茎、叶、花和果等。并不是所有蔬菜均适合制作腌制品，制作腌制品以根菜类和茎菜类为主，还有部分叶菜类和瓜果类，而花菜类蔬菜很少用于制作腌制品。此外，有些果仁、果脯、海藻及野生植物也可用来加工酱腌菜。由于取用部位不同、要求各异，它们差异很大，无法统一规格。但总体来说，腌制用的蔬菜必须新鲜，无病虫害，肉质应紧密而脆嫩，粗纤维少，以在适当的发育程度时采收为宜。各种不同的蔬菜，其规格质量和采收成熟度均会直接影响蔬菜腌制品的品质，必须充分考虑。

一、根菜类

根菜类是指具有可食用的肥大而肉质的直根类蔬菜，如萝卜、胡萝卜、蔓菁、蔓菁甘蓝等。

1.萝卜

（1）类别　十字花科，萝卜属，一、二年生草本。根肉质，长圆形、球形或圆锥形，根皮红色、绿色、白色、粉红色或紫色。原产于我国，各地均有栽培，品种极多，常见有红萝卜、青萝卜、白萝卜、水萝卜和胭脂萝卜等，腌渍加工最多的是白萝卜。

（2）营养及功效　一是增强机体免疫功能：萝卜含丰富的维生素C和微量元素锌，有助于增强机体的免疫功能，提高抗病能力。二是帮助消化：萝卜中的芥子油能促进肠胃蠕动，增加食欲，帮助消化。三是帮助营养物质吸收：萝卜中的淀粉酶能分解食物中的淀粉、脂肪，使之得到充分吸收。四是辅助防癌抗癌：萝卜含有木质素，该成分在一些研究中被发现能提高巨噬细胞的活力；萝卜所含的多种酶，被发现能催化分解致癌的亚硝酸铵，可能具有防癌作用。

（3）产地　中国是原产地之一，南北均产。

（4）产季　四季均产，冬季为佳。

（5）品种（按产季分）　①冬萝卜：9～12月，肉根肥大，脆嫩，味甜、辣味轻，可腌渍、泡渍、酱渍。②春萝卜：2～3月，中等偏小，肉松泡，纤维多，可制泡菜。③夏秋萝卜：7～8月，中等偏大，辣味重，宜作酱菜加工。④四季萝卜：偏小，结实，可干制及腌制。

（6）腌制用要求　肉厚皮薄，质地紧密，嫩脆味甜，辣味少，不糠心，干物质含量高，不带苦味，无粗纤维，幼嫩时采收，圆球形或卵圆形，一般均选用秋冬萝卜。萝卜头大小需根据加工需要而定，适宜腌制的萝卜品种有河南洛阳的"露头青"、湖北的"黄州萝卜"、广州的"火车头萝卜"、济南的"算盘子"、南京的"皇城小萝卜"、成都的"白玉春"等。萝卜一般被用来制作泡菜、酱菜、萝卜干、糖醋萝卜等。

2.胡萝卜

（1）类别　伞形科，胡萝卜属，二年生草本植物。

（2）产地　原产于亚洲西部，大约在宋代传入中国，中国南北方均有产出。

（3）产季　9月至次年2月。

（4）特点　形状有圆形、扁圆形、圆锥形、圆筒形等。色泽有紫红、橘红、粉红、黄绿等。

（5）营养及功效　含蔗糖、葡萄糖及丰富的维生素A原（胡萝卜素）、维生素C、铁。味甘、辛，有宽中下气、散胃中邪滞、利尿等功效。

（6）应用　胡萝卜肉质致密、脆甜、色泽鲜艳，适合腌制、酱制、泡渍、糖制、干制、制汁。酱腌加工以质脆嫩、味甜、表皮光滑、形态整齐、心柱小、肉厚、无裂口和无病虫害者为佳。

（7）品种　①"蜡烛台"：分布于山东、山西、河北等地，根圆锥形，皮肉鲜红，质细密，心略黄，极宜腌渍。②"南京红"：分布于南京城郊，根尾尖细，皮肉鲜红，质细密，富香气，甘味淡，最适酱腌。③"吉林雁脖胡萝卜""陕西沙苑红萝卜""常州胡萝卜"等可腌渍或泡渍。④"黄胡萝卜""济南鞭子胡萝卜"宜作酱菜。

3.根用芥菜

（1）类别　包括蔓菁，十字花科芸薹属二年生草本植物。

（2）产地　原产于欧洲北部，我国南北均产。

（3）产季　9月至次年2月。

（4）特点　蔓菁根呈圆柱形、圆锥形、圆球形。

（5）营养　蔓菁含丰富维生素C，含水量低，糖类和蛋白质含量高于萝卜。

（6）特点　蔓菁具有特殊的芳香，并有甜味，肉质较萝卜坚硬，不宜生食，熟后柔软。经腌制后，氨基酸和糖类含量增大，滋味鲜美，因此是盐渍、酱渍的最好原料之一。

（7）品种　济南的"疙瘩菜"，皮厚、肉质坚实，宜作酱菜；湖北来凤县的"大花叶大头菜"，根圆形，组织紧密，含水量少，适合腌渍；"四川成都大头菜"，根圆形，皮嫩白，不空心，宜腌渍和酱渍。蔓菁及蔓菁甘蓝等也是酱腌菜的重要原料。

二、茎类蔬菜

茎类蔬菜分为地上茎类和地下茎类，地上茎类包括：嫩茎——莴苣、茭白、竹笋等；肉质茎——榨菜、擘蓝等。地下茎类包括：块茎类——马铃薯、菊芋；根状茎类——藕、姜；球状茎——荸荠、芋等；鳞状茎类——蒜等。酱腌菜行业习惯把叶类蔬菜的鳞茎类（叶鞘膨大而来）也归于茎类蔬菜。茎类蔬菜的茎，肉质肥厚、脆嫩、粗纤维少，是酱腌菜的良好原料。

1.莴笋

（1）类别　又称莴苣，菊科，莴苣属，一、二年生草本植物。分为叶用和茎用两类。叶用又称生菜。

（2）产地　原产于地中海，我国各地栽培面积大。

（3）产季　秋冬春季。

（4）特点　莴笋的茎肥大，肉质嫩脆多汁，适宜酱制、腌渍、糖制和泡制。

（5）营养及功效　莴笋茎中的钾含量大大高于钠含量，对高血压、水肿、心脏病有一定的食疗作用；含有多种维生素和矿物质，具有调节神经系统功能的作用；富含人体可吸收的铁元素，对缺铁性贫血患者十分有利。红叶莴苣粗纤维较多，不宜腌制。

2.擘蓝

（1）类别　又称球茎甘蓝，俗名玉蔓青。十字花科，芸薹属，二年生草本植物。

（2）产地　我国西北、华北较多，云南普遍栽培。

（3）产季　冬春季。

（4）特点　茎为肉质球茎，肉质致密脆嫩，外在皮层较厚，适合酱腌加工。

（5）营养　富含蛋白质、糖类和维生素C。

（6）品种　擘蓝依球茎的色泽可分为绿白色、绿色及紫色三种，以绿白色的品质较好。依生长期的长短可分为小型的早熟种和大型的晚熟种。长江流域生长期较短，应栽培早、中熟品种。南京、武汉栽培的"早白"种，适合酱渍；四川栽培的"二叶子"，单株产量低，宜腌渍；河北、天津、辽宁主栽的"小英子"，春播夏收，单株产量高，皮薄肉嫩，宜酱制；甘肃"陇西大甘蓝"，春播秋收，单株产量高，肉质致密，脆嫩，味甜，可腌渍。

3.茎瘤芥

（1）类别　茎用芥菜，属十字花科芸薹属，芥菜种的变种，一、二年生草本，加工产品称为榨菜。

（2）产地　原产于重庆涪陵，现主要分布于重庆、浙江、四川等地，湖北、江西、福建、江苏、安徽、河南等省也有栽培。

（3）产季　9月至次年2月。

（4）特征　叶柄基部长着瘤状的肉质茎，明显的瘤状凸起一般3～5个。瘤茎表皮青绿光滑，皮下肉质色白而肥厚，质地嫩脆。

（5）营养　每500g榨菜含有蛋白质20.5g、糖类45g、钙1400mg、磷650mg、铁33.5mg。

（6）品种　重庆地方品种有"永安小叶""蔺市草腰子""涪丰14""三转子""枇杷叶""露酒壶""鹅公苞""羊角菜"等，现有杂交种"涪杂1～4号"。其中加工品质较好的是"永安小叶""蔺市草腰子""涪丰14""涪杂1～4号"。浙江有"浙桐1号""半碎叶""余缩1号"以及杂交种"惠圆早"。加工应选择圆球形或近球形，肉质肥厚、瘤钝圆、质地坚硬、皮薄筋少的品种。重庆收获期最好在雨水节前，浙江春榨菜宜在3月中旬收获。

4.姜

（1）类别　姜科，姜属，多年生宿根草本。根茎肉质，肥厚，扁平，有芳香和辛辣味，水分少，耐贮藏。

（2）营养及功效　生姜含有大量的维生素A和维生素C，矿物质含量也很丰富，常用于发散风寒、化痰止咳，又能温中止呕、解毒，临床上常用于辅助治疗外感风寒，更是一种重要的调味料。

（3）产地　生姜原产于印度东南部等地，我国栽培分布甚广。

（4）产季　生姜一季栽培，全年消费，7～8月即可陆续采收。

（5）用途　可食用，炒食，作香料，加工盐渍、糖渍食品。新姜——夏秋收的嫩姜，适于泡制；黄姜——后熟到第二年年初，适于腌渍；老姜——第二年春收，适于作调料。

5. 蒜

（1）类别　石蒜科，葱属，为多年生宿根草本植物。

（2）营养及功效　含挥发油约0.2%，油中主要成分为大蒜素，大蒜素是由蒜氨酸酶催化氧化产生。蒜的主要作用有：杀菌；排毒清肠，预防肠胃疾病；降低血糖，预防糖尿病；保护肝功能；预防感冒等。此外，蒜中尚含多种烯丙基、丙基和甲基组成的硫醚化合物等。

（3）产地　原产于亚洲西部，我国各地都普遍栽培。

（4）产季　春种夏秋收。

（5）用途　北方喜好生食蒜瓣；南方则喜食蒜叶或蒜苗、花薹，蒜瓣主要供烹饪作调味香料之用。鳞茎（蒜坨）、花薹适宜加工盐渍、糖醋渍。鳞茎还可提取大蒜精，供医药之用。

6. 藠头

（1）类别　别名小蒜，石蒜科，葱属，一、二年生草本植物。叶鞘抱合成假茎，基部形成粗的鳞茎。鳞茎球形，似洋葱，白色，是主要的食用部分。

（2）营养及功效　含有挥发性的磷质、钙质以及维生素C，糖类和纤维素。把它加工制成副食品具有开胃、促进食欲之功效。

（3）产地　起源于中国，南方普遍种植，北方种植较少。江西新建被农业农村部命名为"中国藠头之乡"。

（4）产季　秋种，第二年4～9月均可采收。

（5）用途　鳞茎和嫩叶均可炒食、煮食，鳞茎可醋渍、盐渍、蜜渍、酱渍。

三、叶菜类

凡是以肥嫩叶片和叶柄作食用部分的蔬菜均属于叶菜类。叶菜类蔬菜包括两类，第一类是以嫩叶和茎供食用的蔬菜，如小白菜、芹菜、菠菜、苋菜等，称绿叶菜类；第二类是以叶球供食用蔬菜，如野甘蓝、结球白菜等，称为结球叶菜类。尽管叶菜类蔬菜品种较多，但在营养需求上，也有其共性：

① 在氮、钾、磷要素的吸收量上，主要以氮、钾为主，两者比例约为1:1，与果菜类相比，氮的需求量明显增加，若缺乏氮、钾，则难以形成鲜嫩、质优的产品。另外，白菜、甘蓝、菠菜等都是需磷较多的蔬菜。

② 叶菜类蔬菜根系入土较浅，属浅根性作物，根系抗旱、抗涝能力都低，土壤干旱会严重阻碍其对钙、硼的吸收，因而更易发生缺钙、缺硼症状，在施肥时也应注意施肥量和部位，宜浅层、少层多次施肥。

③ 叶菜类蔬菜体内养分元素在整个生育期不断积累，但养分吸收速度的高峰在生育前期，结球叶菜类养分吸收高峰则在结球初期，因此，前期营养供给对叶菜类蔬菜产量、品质非常重要。

叶菜类蔬菜起源于温带，叶菜分布地区遍及南北各地，大多数叶菜生长期短，一年四季都有供应。蔬菜除鲜菜供作煮食、炒食外，还是主要的加工蔬菜，可供制作腌菜、泡菜、酸菜、干菜等。其著名加工成品如浙江省宁波市、绍兴市的梅干菜，贵州省都匀市的盐酸菜，北方的京冬菜，四川的川冬菜等，不仅被我国广大人民群众喜爱，而且多已成为外销名产。

1. 雪里蕻

（1）类别　也叫雪菜、雪里红、春不老、霜不老。为十字花科芥菜种的一个变种，一年生或越年生草本植物。因其耐寒冷，可在雪里穿蕻，因此叫雪里蕻。

（2）营养及功效　胡萝卜素的含量比青菜多，维生素 C 和维生素 B_2 的含量丰富，此外，还含有很多磷质和钙质等营养成分。可解毒消肿，开胃消食，温中利气。

（3）产地　原产于我国，分布于南北各地。

（4）产季　秋播冬春收。也有夏播或冬播。

（5）用途　干制或腌制。腌制后辛辣味消失。

2. 白菜

（1）类别　十字花科，芸薹属，一、二年生草本植物。包括结球及不结球两大类群。

（2）营养　含大量纤维素，含丰富的维生素 C、维生素 E。

（3）产地　白菜是我国原产蔬菜，南北地区均大量种植。

（4）产季　夏秋播种，冬春收获。

（5）用途　腌渍、泡渍、半干态腌渍。

白菜中硝酸盐的含量高，腌渍食用需时间稍长一点。腐烂的白菜含有亚硝酸盐等有毒物质，食用后可使人体严重缺氧甚至有生命危险。所以腐烂的白菜一定不能食用。

3. 甘蓝

（1）类别　十字花科，芸薹属，一、二年生草本植物。其顶芽或腋芽能形成叶球。

（2）营养及功效　含有丰富的维生素 C、维生素 E、维生素 U，胡萝卜素，钙、锰、钼以及纤维素。甘蓝中含有半胱氨酸和优质蛋白，它们是协助肝脏解毒的重要物质，甘蓝是一种重要的护肝食材。

（3）产地　原产于地中海北岸，我国各地均有栽培。

（4）产季　夏秋播种，冬春收获。

（5）用途　是盐渍、泡渍和酱渍的重要原料。其他如大叶芥、宽柄芥是酸菜的主要原料。

四、瓜果菜类

瓜果菜类起源于亚洲、非洲、美洲等地，传入我国已有两千多年历史，现全国各地都有栽培。瓜果菜类的品种繁多，在夏季蔬菜供应中占有重要的地位，包括瓜类、茄果类和豆类。瓜果菜类物美价廉，除生食、炒食外，还是腌渍、酱渍、泡渍的原料。

1. 黄瓜

（1）类别　别名胡瓜，也叫王瓜。属葫芦科黄瓜属，是一年生蔓性的瓜果蔬菜之一。黄瓜一般为浓绿色，也有黄绿色、白色，其形状或顶端稍尖，或呈纺锤形。

（2）营养及功效　黄瓜肉脆多汁，甘淡芳香，含有维生素 A、B 族维生素、维生素 C 和维生素 E、黄瓜酶、挥发性油，所含的丙醇二酸，可抑制糖类物质转变为脂肪。

（3）产地　原产于印度，现世界各地均有栽培。

（4）产季　春种夏收，南方及设施栽培可周年生产。

（5）用途　无论生食、炒食、盐腌、酱渍都很适宜。

2.菜瓜

（1）类别　别名蛇甜瓜、梢瓜，是葫芦科甜瓜属甜瓜种中适于酱渍的变种，为一年生攀援或匍匐状草本植物。

（2）营养　含丰富的矿物质钙、磷、铁，还含糖类、柠檬酸和少量的维生素 A 原、B 族维生素、维生素 C 等。

（3）产地　原产于我国，在我国西北、华南、华东、西南、华中都有栽培，以浙江、广东较多。

（4）产季　春种夏收。

（5）用途　菜瓜甘寒，瓜肉清甜，熟后酸甜，是夏季极佳的消暑蔬菜，最适宜凉拌、酱制。

3.辣椒

（1）类别　别名番椒、海椒、辣子等，为茄科辣椒属一年生草本植物。果实通常呈圆锥形或长圆形，未成熟时呈绿色，成熟后变成鲜红色、黄色或紫色，以红色最为常见。辣椒种类较多，基本上可分为甜椒和辣味辣椒两大类。

（2）营养　果皮含有辣椒素而有辣味，具有抗炎及抗氧化作用。维生素 C 的含量在蔬菜中居第一位。还含有 β-胡萝卜素、叶酸、镁及钾等。

（3）产地　原产于南美洲热带，明朝时传入我国。现全国栽培甚广，特别是四川、湖南等地。

（4）产季　春种夏秋收。

（5）用途　盐渍和泡渍，尤其可作为酱渍、泡渍和调味的原料。

第三节　酱腌菜加工主要辅料

酱腌菜生产的主要原料是蔬菜，但在生产过程中大多要加入一些不同的辅助原料，加入的辅助原料对酱腌菜的色、香、味、体起着很大的作用，有的甚至起着决定作用，辅料对提高酱腌菜质量、延长保存时间也起着重要作用。

酱腌菜的辅料由多种调味料及香辛料组成。各种调味料和香辛料的选用，应当适合酱腌菜生产的特点，利于保持和增进酱腌菜产品的风味，适合当地人民群众的不同需要。常用的辅助原料有食盐、水、调味品、香辛料、甜味料、着色料、防腐剂等。

一、食盐

食盐是酱腌菜的主要辅助原料之一，能使酱腌菜具有咸味，并可与谷氨酸结合生成谷氨酸钠而具有鲜味。更重要的是，在酱腌菜的制作过程中，食盐发挥着多重作用。

（一）食盐的作用

1.高渗透压作用

食盐的高渗透压能够使微生物细胞内的水分渗透到细胞外，导致细胞脱水，从而抑制微生物的代谢和生长，防止食品腐烂。

2. 降低水分活性

食盐通过降低食品的水分活性，减少微生物可利用的水分，进一步抑制微生物的生长。

3. 抗氧化作用

食盐的添加可能有助于减少氧气与食品的接触，从而减缓氧化反应，延长食品的保质期。

4. 抑菌杀菌作用

食盐具有很强的抑菌杀菌作用，能够有效地抑制有害微生物的活动，保持酱腌菜的色香味。

5. 保持食材原始样貌

通常使用粗盐而非精盐进行腌制，粗盐的渗透力较慢，能够更好地保持食材的原始样貌和风味。

综上所述，食盐在酱腌菜的制作中不仅起到防腐保藏的作用，还通过其独特的物理和化学性质（如高渗透压、降低水分活性、抑菌杀菌等），以及选择合适的盐种来保持食材的原始风味，确保酱腌菜的质量和口感。

（二）食盐使用要求

食盐的质量直接影响酱腌菜的质量，从加工角度来看，人们选择食盐时应注意以下几点：一是水分及夹杂物要少；颜色洁白；氯化钠含量高（应在 97% 以上）。二是含其他盐类（如氯化钙、氯化镁、硫酸钙、硫酸镁、硫酸钠等）要少，含其他盐类过多会使酱腌菜带有苦味，使酱菜品质降低。三是以干盐处理时，盐必须干燥不结团块，必要时需炒过再用，用量通常按准备就绪的菜重计算。四是加盐时往往与菜一同搓揉，其目的在于破坏菜的外皮，促进盐分的渗透，使菜汁可以迅速地抽出，淹没菜体，对腌制有利。

二、酱类

酱是酱腌菜生产的主要辅助原料。酱腌菜质量的好坏在很大程度上是由酱的质量来决定的，特别是风味与酱的质量有直接的关系。酱有黄酱和面酱两类。

（一）黄酱

黄酱又称豆酱，分为干黄酱和稀黄酱两种。黄酱中含有丰富的蛋白质和多种维生素等营养成分。黄酱既是生产花色调制酱的主要原料，也是生产酱菜的辅料及其他调味品的调味料，其质量好坏直接影响着相关产品的质量优劣。

1. 黄酱的作用

黄酱在酱腌菜中具有多方面的重要作用，决定着相关产品色、香、味的形成，主要包括以下几点：

（1）提供独特的风味　黄酱本身具有浓郁的酱香和酯香，能够为酱腌菜增添独特的风味。在腌制过程中，黄酱的香气会逐渐渗透到蔬菜中，使酱腌菜具有浓郁的酱香味，提升酱腌菜整体的口感和风味。

（2）增强菜品的鲜味　黄酱富含蛋白质，这些蛋白质在微生物的作用下会分解为氨基酸，从而使酱腌菜具有鲜味。这种鲜味能够提升酱腌菜的整体风味，使其更加开胃。

（3）提供咸味和一定的甜味　黄酱本身具有咸甜适口的特点。在酱腌菜中，黄酱的咸味可以替代部分食盐，同时其甜味能够平衡咸味，使酱腌菜的口感更加丰富。

（4）促进蔬菜的风味转化　在腌制过程中，黄酱中的微生物和酶类能够进一步分解蔬菜中的成分，促进风味物质的生成。这种发酵过程不仅提升了酱腌菜的风味，还能使蔬菜的质地更加柔软。

（5）增加营养价值　黄酱富含蛋白质、维生素、钙、磷、铁等营养成分。在酱腌菜中使用黄酱，可以为人体补充这些营养成分，同时黄酱中的不饱和脂肪酸和大豆磷脂等成分还具有一定的保健作用。

（6）延长保质期　黄酱中的盐分和微生物发酵过程能够抑制有害微生物的生长，从而延长酱腌菜的保质期。这种天然的防腐作用使得酱腌菜能够在较长时间内保持良好的品质。

总之，黄酱在酱腌菜中不仅提供了独特的风味和口感，还增强了菜品的营养价值和保质能力，是一种不可或缺的重要调味料。

2. 黄酱的生产方法

主要包括以下几个步骤：

（1）原料处理　首先将黄豆过秤计量后，筛去沙土、草棍等杂物，再放入池中放水漂洗，去除豆中的杂质、豆皮。然后将豆子入池用清水浸泡 3～5h，使黄豆含水量达到 75%～80%，至豆皮全部膨胀没有褶皱为止。

（2）蒸料　将泡好的黄豆入锅蒸煮，用大火蒸 1h，然后改小火蒸 2h 左右。目前多使用旋转蒸料罐，这是一种高压蒸料容器，有较新式的附带减压冷却装置，可以使原料蒸熟后迅速降温。

（3）接种　装料时不宜将蒸料罐装满，装至蒸料罐容积的 70% 即可，这样能使罐中原料混匀，压力、温度比较均匀。蒸料时，先排除气管中的冷凝水，防止蒸料中进入过多水分。开汽后先把罐内空气排尽，不然罐中空气加热后产生压力会使罐内形成虚假气压。

（4）制曲　制酱方法多采用人工培养的纯种米曲霉制曲，制曲工序采用通风制曲，发酵一般多采用天然常温下发酵的方法。最好的方法是采用控温发酵，通过调节玻璃罩房的温度湿度，使酱坯在比较稳定且适宜的温度条件下进行发酵。

（5）发酵　采用现代发酵方法需要一个月，这个时间是在控制温度的条件下得出的，其中发酵早期温度控制在 42～45℃以促进蛋白质水解，后期为 50～52℃以促进淀粉酶作用。

（二）面酱

面酱也被称为甜面酱或甜酱，是我国民间传统的酱状调味品。由于生产时所用的原料及配比不同，生产工艺操作的不同，所以成品的特点及用途也不一样，如北方的火烤甜面酱主要作佐餐和烹调用，稀甜面酱和天然面酱作酱腌菜用，味鲜甜。面酱是以面粉为主要原料，通过制曲和保温发酵的方式制成。面酱的味道特点是甜中带咸，具有酱香和酯香，非常适合用于烹饪酱爆和酱烧类的菜肴。大部分酱腌菜的制作会使用面酱，少部分则会采用黄酱，或同时使用两种酱。用甜面酱制醅时，盐水的用量较少，使得成品含水量较低，而用稀甜面酱制醅时，盐水用量较多，其成品含水量相对较高。

1. 面酱的作用

面酱在酱腌菜中的作用主要体现在以下几个方面：

（1）提供风味　面酱经过发酵后，含有多种风味物质，如酱香、酯香以及甜味和咸味。这些风味物质会渗透到蔬菜中，使酱腌菜具有独特的香气和滋味。

（2）增加鲜味　面酱中的鲜味主要来源于发酵过程中蛋白质分解产生的氨基酸。这些氨基酸能够赋予酱腌菜鲜美的口感。

（3）改善口感　面酱具有一定的黏稠度，能够均匀地附着在蔬菜表面，使酱腌菜的口感更加丰富，同时也能让风味物质更好地渗透到蔬菜内部。

（4）促进发酵　面酱中的微生物和酶类（如淀粉酶、蛋白酶等）在酱腌菜的制作过程中可以继续发挥作用，促进蔬菜的发酵，进一步改善风味和口感。

（5）提升营养价值　面酱富含糖类、氨基酸、维生素等营养成分，这些成分在酱腌过程中会部分转移到蔬菜中，从而提升酱腌菜的营养价值。

（6）防腐保鲜　面酱中的盐分和发酵产生的有机酸具有一定的防腐作用，能够延长酱腌菜的保质期。

（7）调节色泽　一些面酱（如红面酱）在制作过程中会加入红曲，使酱体呈现鲜艳的玫瑰红色，这种色泽会传递到酱腌菜中，使其外观更加诱人。

总之，面酱在酱腌菜中不仅起到调味的作用，还能通过其发酵特性改善蔬菜的风味、口感，是一种不可或缺的调味品。

2. 面酱的生产方法

全国各地制作稀甜面酱的工艺不同，产品风味各异。一般酱腌菜都用稀甜面酱，有些高档酱腌菜往往用两种酱，即先用黄酱渍一次，再用甜面酱渍一次，这种酱渍菜风味更好。面酱的酿造过程主要包括以下几个步骤：

（1）原料准备　面酱的制作首先需要面粉和水作为基础原料。面粉和水的混合物经过搅拌后，进行蒸煮处理。

（2）制曲　蒸煮后的面团进行冷却，然后接种曲霉，通过培养使面团发酵，这一过程称为制曲。曲霉能够分解面团中的蛋白质和淀粉，为后续的发酵过程提供必要的酶类。

（3）发酵　制曲后的面团与盐水混合，进行保湿发酵，形成酱醪。这一过程会进一步分解面团中的成分，形成面酱特有的风味。

（4）成熟与加工　经过一段时间的发酵后，面酱达到成熟状态。此时的面酱需要进行磨细、过筛和灭菌处理，以完成整个酿造过程。

三、酱油类

酱油是一种通过大豆（或脱脂大豆）、小麦（或麸皮）等原料，经微生物发酵制成的液体调味品。在发酵过程中，原料中的蛋白质和淀粉在微生物的作用下分解，产生氨基酸和其他风味物质，从而形成酱油特有的色、香、味。

（一）酱油的作用

酱油在酱腌菜中具有多种重要作用，主要体现在以下几个方面。

1. 提供色泽

酱油含有焦糖色素等成分，能够赋予酱腌菜诱人的红褐色或棕褐色外观。这种色泽不仅使产品看起来更加美观，还能增加消费者的食欲。例如，在酱黄瓜、酱萝卜等酱腌菜中，酱油的色泽使产品呈现出自然的酱色，提升了产品的整体品质。

2. 增加风味

酱油本身含有多种风味成分，如氨基酸、糖类、有机酸等，这些成分在发酵过程中相互作用，产生了独特的酱香和鲜味。酱油能够增强酱腌菜的风味层次，使蔬菜的味道更加浓郁、醇厚。例如，在酱包菜中，酱油的酱香与蔬菜的清甜相结合，形成了独特的口感。

3. 调节酸碱度

酱油的酸碱度（pH 值）通常在 4.5 ～ 6.5 之间，具有一定的缓冲作用。它可以调节酱腌菜的酸碱平衡，防止蔬菜在腌制过程中因酸度过高或过低而影响其口感和质地。例如，在腌制一些易变软的蔬菜（如黄瓜）时，酱油能够帮助维持蔬菜的脆嫩。

4. 防腐保鲜

酱油中含有一定量的盐分和乙醇成分，这些成分具有一定的防腐作用。盐分可以抑制微生物的生长繁殖，乙醇则能进一步增强防腐效果。因此，酱油能够延长酱腌菜的保质期，使其在常温下能够保存较长时间。

5. 增强质地

酱油中的成分可以渗透到蔬菜细胞中，使蔬菜在腌制过程中保持一定的水分，防止蔬菜因失水而变得干硬。同时，酱油还能使蔬菜的质地更加紧实，增强其口感。例如，在酱茄子中，酱油的渗透作用使茄子保持了软糯而不失弹性的质地。

6. 促进发酵

酱油中含有丰富的营养成分，如氨基酸、糖类等，这些成分可以为发酵过程中微生物的生长提供营养物质，促进发酵的顺利进行。例如，在一些传统酱腌菜的制作中，酱油有利于乳酸菌等有益菌群进行繁殖，从而加速腌制过程。

7. 掩盖异味

一些蔬菜在腌制过程中可能会产生不良气味，如萝卜的辛辣味、洋葱的刺激性气味等。酱油的浓郁酱香可以掩盖这些异味，使酱腌菜的风味更加纯净、自然。

总之，酱油在酱腌菜的制作中不仅是一种调味剂，更是一种多功能的添加剂。它通过提供色泽、产生风味、防腐等多种作用，提升了酱腌菜的整体品质，使其成为人们喜爱的传统美食。

（二）酱油的生产方法

酱油的生产方法按生产工艺不同可分为高盐固稀发酵法、高盐稀醪发酵法、低盐固态发酵法和无盐固态发酵法四种酿造方法。前两种方法酿造的酱油色泽红褐、酱香浓郁、滋味鲜美，最适于酱菜使用，可分为天然发酵和人工控制发酵两种，以天然发酵的酱油色、香、味最好。后两种方法发酵的酱油质量略次，一般不宜在酱腌菜加工中使用。

（三）优质酱油的特征

优质酱油的特征主要包括以下几点。

1. 氨基酸态氮含量高

氨基酸态氮是酱油的核心指标，其含量越高，酱油的鲜味越浓，品质越好，特级酱油的氨基酸态氮含量可达 0.8g/100mL，而三级酱油的含量为 0.4g/100mL。

2. 配料简单

优质的酱油通常只包含水、大豆、小麦和盐等天然原料，不添加或少添加其他成分如麦麸、谷氨酸钠、呈味核苷酸和酵母抽提物等。

3. 色泽光亮

优质酱油通常呈红褐色或棕褐色，色泽鲜艳且有光泽，如果色泽发乌或无光泽，可能是质量较低的酱油。

4. 香味浓郁

优质酱油应具有浓郁的酱香、酯香和豉香，而劣质酱油可能香气较少或带有不良气味。

5. 味道鲜美

优质酱油的味道应咸甜适口，滋味鲜美、醇厚，诸味协调，不应有酸、苦、涩、麻和焦霉异味。

6. 浓度较高

优质酱油的浓度较高，黏性较大，流动稍慢。

7. 清澈无杂质

优质酱油应澄清、无沉淀、无浮膜，如果酱油不透明或附着力差，则为劣质酱油。

四、食醋

食醋是一种历史悠久的酸性调味品，主要由粮食、果品或其他含淀粉和其他糖类的物料通过微生物发酵酿造而成。

（一）食醋的作用

食醋在酱腌菜的制作过程中具有多方面的重要作用，主要体现在以下几个方面。

1. 调节酸度，改善风味

一是增强酸味：食醋的主要成分是醋酸，它能够为酱腌菜提供酸味，使菜品口感更加鲜美、爽口。这种酸味可以刺激唾液和胃液的分泌，增加食欲。二是平衡风味：酱腌菜中往往含有多种调料和食材，食醋可以中和一些过于甜腻或咸涩的味道，使整体风味更加协调。

2. 抑制微生物生长，延长保质期

一是防腐作用：醋酸具有一定的抗菌性，可以抑制细菌、霉菌和酵母菌等微生物的生长繁殖。在酱腌菜的制作过程中，食醋能够有效减少有害微生物的滋生，从而延长产品的保质期。二是降低 pH 值：食醋的酸性可以降低酱腌菜的 pH 值，创造一个不利于微生物生长的环境，进一步增强防腐效果。

3. 促进食材的软化和入味

一是软化食材：醋酸可以分解食材中的纤维素和果胶等成分，使蔬菜等食材变得更加柔软，口感更佳。例如，在腌制萝卜、黄瓜等蔬菜时，加入食醋可以使它们更容易被咀嚼和消化。二是加速入味：食醋的酸性成分能够促进食材对其他调料的吸收，使酱腌菜的味道更加均匀、深入。

4. 抗氧化作用，保持色泽

一是防止氧化：食醋中的酸性成分可以减缓食材的氧化过程，防止蔬菜变色，保持酱腌菜的鲜艳色泽。例如，在腌制富含维生素 C 的蔬菜（如辣椒、番茄等）时，食醋可以防止其因氧化而变色。二是稳定色泽：食醋还可以与食材中的某些成分发生化学反应，形成稳定的色素，进一步增强酱腌菜的色泽。

5. 辅助发酵，增加营养

一是促进发酵：在一些酱腌菜的制作过程中，食醋可以作为发酵的辅助剂，促进乳酸菌等有益菌的生长，加速发酵过程。二是增加营养：食醋本身含有多种有机酸、氨基酸和矿物质等营养成分，这些成分在酱腌菜中可以被人体吸收，增加酱腌菜的营养价值。

6. 改善质地，提升口感

一是增加脆性：食醋可以调节酱腌菜的质地使其保持一定的脆性。例如，在腌制黄瓜时，适量的食醋可以使黄瓜在腌制后仍然保持爽脆的口感。二是减少涩味：对于一些含有单宁等成分的食材，食醋可以中和涩味，使酱腌菜的口感更加柔和。

总之，食醋在酱腌菜的制作中不仅是一种调味剂，还具有防腐、抗氧化、促进发酵等多种功能，是制作酱腌菜不可或缺的重要成分。

（二）食醋的生产方法

醋的原料多样，包括大米、高粱、小麦等谷物，以及糖类和酒类，其发酵过程会产生醋酸，从而使醋具有独特的酸味和香味。以淀粉原料酿造食醋要经历液化、糖化、乙醇发酵、醋酸发酵四个生化阶段，其中醋酸发酵在固态下进行的称为固态发酵法，在液态下进行的称为液体发酵法。用于酱腌菜的食醋要求呈琥珀色或红棕色，具有食醋特有的香气，无其他不良气味；酸味柔和，稍有甜味，不涩无异味；体态澄清，浓度适当，无悬浮物和沉淀物，无霉花浮膜和醋螨等杂质。

五、味精

味精学名为谷氨酸钠，是一种具有鲜味的调味品，存在于各种食物中，尤其富含于肉类、海鲜和蔬菜中。其对应的氨基酸谷氨酸是一种天然氨基酸，在人体内参与蛋白质合成、能量代谢等生理过程，也是一种重要的神经递质。

（一）味精的作用

味精在酱腌菜中的作用主要有以下几点。

1. 增强鲜味

味精能够刺激味蕾，增强食物的鲜味。在酱腌菜中加入适量味精，可以使酱腌菜的味道更加鲜美可口，提升整体风味。

2. 缓冲口感

味精对酸味、苦味有一定的抑制作用，可以起到一定的缓冲作用，使酱腌菜的口感更加柔和。

3. 提高食欲

由于味精具有增味作用，在酱腌菜中使用味精可以使其更具吸引力，从而提高消费者的食欲。

4. 部分替代食盐

味精可以增强食物的风味，因此在一定程度上可以减少盐的用量，同时仍能保持或改善食物的味道。这对于需要控制盐摄入的人群来说是一个优点。

5. 防止变色和抑制微生物活动

在酱腌菜加工中，味精除了调味外，还对防止蔬菜变色和抑制微生物活动有一定作用。

（二）味精的生产方法

味精生产一般采用酵母菌或细菌发酵等方式。通常会采用特定的菌株，如枯草芽孢杆菌或野生谷氨酸产生菌等，将其培养于适宜的培养基中。在培养过程中，这些菌株会产生酶，将培养基中的谷氨酸转化为谷氨酸钠。其次，酵母菌或细菌在培养基中会通过一系列的代谢过程来产生味精的前体物质，如 α-酮戊二酸。然后，将培养基中的菌体进行破碎、提取和精制，得到含有丰富谷氨酸钠的物质。接下来，会对这种提取物进行精制，去除其中的杂质。最后，通过结晶、干燥等工艺，得到味精的成品。

此外，也可通过酸性水解的方式生产味精。酸性水解是将含有谷氨酸的原料在强酸作用下发生水解，使原料中的蛋白质分解，其中的谷氨酸经过后续加工，生成谷氨酸钠，即味精。无论是酵母发酵或细菌发酵，还是酸性水解，上述过程都是将谷氨酸转化为味精的关键步骤。这是因为谷氨酸本身具有呈鲜特性，能够带来鲜味。而在转化为谷氨酸钠后，它的呈鲜效果会更加集中和突出。

味精的产生原理主要是基于味觉感受。味觉是人们感受食物味道的一种方式，主要包括咸、甜、酸、苦和鲜味。而谷氨酸钠恰恰是能够引起鲜味的物质，其在口腔中与味蕾上的味觉感受器结合，会使人们感觉到鲜味。因此，将谷氨酸提取、转化为味精，就是为了增强食物的鲜味，提升食品的口感。

味精在酸性介质中容易生成不溶性的谷氨酸，从而降低鲜味，故一般不用于制作酸泡菜类，主要用于制作酱菜。味精用水稀释 3000 倍仍能感到鲜味，因此味精使用量不需很多就能达到增加鲜味的目的，而使用晶体味精时最好先用少量开水化开后再拌入酱腌菜中。

六、甜味料

（一）甜味料的种类

酱腌菜主要使用白砂糖、红砂糖、绵白糖、饴糖、蜂蜜、安赛蜜及其他甜味剂，以增加甜味。

1. 白砂糖

是白糖中的一种，含蔗糖达 99% 以上，色泽洁白明亮，晶粒晶莹整齐，水分、杂质、还原糖含量均少，在酱腌菜生产中使用较广泛。

2. 绵白糖

是白糖中的一种，主要成分是蔗糖，含糖量约为 98%，水分低于 2%，质地绵软、细腻，其结晶颗粒细小，是人们在日常生活中常见的食用糖之一。由于在生产过程会加入少量转化糖浆，其纯度低于白砂糖。因其细腻的质地，绵白糖可以作为白砂糖的替代品使用。

3. 红砂糖

是甘蔗或甜菜炼制而成的赤色结晶体。含总糖分（蔗糖和还原糖）89%，并含有微量元素，糖蜜、水分等含量较大。酱腌菜生产使用的红砂糖除增加甜味外，还可增加色泽。

4. 饴糖

也称麦芽糖浆、水饴或糖稀，主要成分是麦芽糖和葡萄糖。饴糖是一种历史悠久的糖类食品，主要由玉米、大麦、小麦、粟或玉蜀黍等粮食经发酵糖化制成。能增加腌菜的甜味及黏稠性，适用于甜蒜头等，还具有增加色泽、保护光泽的作用。由于饴糖甜味差，加工时还需加入其他糖来提高甜味，故在外销产品中一般不使用。

5. 蜂蜜

是由蜜蜂采集植物的花蜜、分泌物或蜜露，与自身分泌物结合，经过充分酿造而成的天然甜味物质。其主要成分包括葡萄糖和果糖，并含有少量的蛋白质和维生素等。蜂蜜在低温时可能会产生结晶，其中产生结晶的部分主要是葡萄糖，而不产生结晶的部分主要是果糖。蜂蜜能够为酱腌菜增添独特的甜味，同时带来花香或果香等复杂风味，提升整体的口感层次。

6. 安赛蜜

化学名称为乙酰磺胺酸钾。作为一种低热量甜味剂，其甜度为蔗糖的 200 ～ 250 倍。安赛蜜对光、热稳定，能耐 225℃的高温，pH 值适用范围较广（pH=3 ～ 7），是当前世界上稳定性最好的甜味剂之一，适用于制作酱腌菜类，通常没有任何的营养价值。正规厂家生产的食品，通常添加的甜味剂剂量在安全范围之内。每日摄入量不得超过 15mg/kg。在此标准下安赛蜜能够自行通过人体排出体外，不代谢不堆积，并不会对人体产生伤害。此外，安赛蜜的添加量和食用量应控制在安全范围内，以避免可能的健康风险。

（二）甜味料的作用

甜味料在酱腌菜中的作用主要体现在以下几个方面：

1. 调味作用

甜味料能够平衡酱腌菜的咸味，使口感更加柔和、丰富。例如，白砂糖、红砂糖等天然糖类可以提供纯净的甜味，与咸味相互补充，形成独特的风味。

2. 增加色泽

某些甜味料如红砂糖、饴糖等，除了提供甜味外，还能增加酱腌菜的色泽。红砂糖的赤红色和饴糖的黄褐色可以使酱腌菜看起来更加诱人。

3. 提高黏稠性

饴糖等甜味料含有糊精和其他多糖成分，能够增加酱腌菜的黏稠性，改善产品的质地和口感。

4. 防腐作用

甜味料可以通过提高酱腌菜的渗透压，抑制微生物的生长和繁殖，从而起到一定的防腐作用。

5. 增强风味

甜味料与其他调味料（如香辛料、酱油等）配合使用时，可以产生复杂的风味反应，进一步提升酱腌菜的整体风味。

6. 提供营养

天然甜味料（如白砂糖、蜂蜜等）含有一定的营养成分，能够为酱腌菜提供额外的能量和营养。

总之，甜味料在酱腌菜生产中是重要的辅助原料，但需要注意的是，甜味料的使用需要严格遵守食品安全标准，避免过量添加，以免对人体健康造成不良影响。

七、着色料

（一）着色料的种类

酱腌菜品种的色泽可以影响其质量，如蔬菜腌渍制品多数不用着色，瓜类、蒜苗、豇豆、辣椒、胡萝卜等应尽量保持蔬菜本身的天然色泽，而有些产品如酱萝卜、甜咸芥菜疙瘩等应使其改变颜色，才能体现出一定的特色，改善酱菜的外观和风味。改变蔬菜颜色在加工中就需要使用一定的着色料，即色素。酱腌菜生产中使用的着色料主要有酱色、姜黄等。酱油、食醋及红糖等在增加制品风味的同时，也可改变产品的颜色。

1. 姜黄

姜黄是一种中药材，其黄色色素的主要成分是姜黄素。将姜黄洗净晒干磨成粉末即得姜黄粉。姜黄是我国民间传统的食用天然色素。在蔬菜腌渍品中，姜黄主要用于黄色咸萝卜等制品上，其使用量可根据正常生产需要使用。

2. 胭脂红

胭脂红是一种现代合成的色素，是单偶氮类化合物，国际标准代码为124，别名有丽春红4R、红2（英国）、食用赤色102号（日本）等。胭脂红是使用广泛、用量较大的色素，其在酱腌菜生产中最大使用量为0.05g/kg。

（二）着色料的作用

着色料在酱腌菜中的作用主要体现在以下几个方面：

1. 改善外观

着色料可以赋予酱腌菜特定的颜色，使其外观更加诱人，从而提高产品的市场竞争力。例如，酱色常用于蔓菁，使其呈现出黑褐色；姜黄则可以为腌制蔬菜增添亮黄色。

2. 增强风味

某些着色料不仅具有着色作用，还能增强酱腌菜的风味。例如，酱油在酱腌菜中既可以作为着色剂，也可以增加酱香风味。

3. 提高产品特色

一些酱腌菜需要通过着色料来形成独特的颜色，以体现产品的特色。例如，红曲可用于制作红色酱腌菜。

4. 防止褪色

着色料还可以防止酱腌菜在加工和储存过程中褪色或变色。例如，护色剂可以保护酱腌菜中的天然色素，防止其在光照或氧化条件下褪色。

5. 提高产品稳定性

某些天然色素（如姜黄素）可以通过物理吸附作用渗入蔬菜内部，增强产品的稳定性。需要注意的是，着色料的使用应符合国家相关标准，应避免过量添加对健康造成危害。

八、防腐剂

（一）防腐剂的种类

1. 化学合成防腐剂

高温季节酱腌菜易受到一些细菌、酵母及霉菌的作用而变质，使酱腌菜的保质期缩短，因此为了延长蔬菜腌制品的储存期限，可根据生产中的情况添加少量防腐剂，以抑制细菌、酵母、霉菌等微生物的生长繁殖。酱腌菜生产中主要使用的防腐剂有苯甲酸及其钠盐、山梨酸及其钾盐、冰醋酸等，但必须符合国家相关标准，限量使用。

（1）苯甲酸钠 又名安息香酸钠，化学式为$C_7H_5NaO_2$，是一种白色颗粒或晶体粉末，无臭或微带安息香气味，味微甜，有收敛味，分子量为144.12。它在空气中稳定，易溶于水，其水溶液的pH值为8，也可溶于乙醇。苯甲酸及其盐类是一种广谱抗微生物试剂，其抗菌有效性依赖于食品的pH值。随着介质酸度的增高其杀菌、抑菌效力增强，在碱性介质中则失去杀菌、抑菌作用。其防腐的最适pH值为2.5～4.0，尤其是对霉菌和酵母菌作用较强，但对产酸菌作用较弱。在酱腌菜中最大使用量为1.0g/kg。

（2）山梨酸钾　又名 2,4-己二烯酸钾，为无色至白色的鳞片状或粉末状结晶，有吸湿性，易溶于水、乙醇，是较好的防腐剂，对霉菌、酵母菌及好气性细菌均有抑制作用，但对厌气性芽孢菌和嗜酸乳杆菌作用较弱。最大使用量为 1.0g/kg。

2. 天然防腐剂

有人以中药肉桂提取物肉桂酸作为复配原料的主要成分，复配壳聚糖、茶多酚、聚赖氨酸及曲酸，作为酱腌菜天然防腐剂取得较好成效，其中起抑菌作用的主要是肉桂酸及其他活性成分。

在使用防腐剂时必须严格按照《食品安全国家标准 食品添加剂使用标准》（GB 2760—2024）进行添加。由于各种防腐剂抑菌特点不同，应根据具体产品微生物腐败的具体特征，有选择性地使用，也可以组合使用。目前使用较为广泛的防腐剂为山梨酸及其钾盐，此类防腐剂副作用小，且添加量少，效果比较明显。防腐剂应用于贮藏，只能作为一种辅助手段。

香辛料是一类具有辛、香、麻辣、甘苦等典型气味的天然植物调味品，主要用于为食物增加香味，而不是提供营养。香辛料的种类繁多，包括来自植物的种子、花蕾、叶茎、根块等，或其提取物。香辛料在烹饪中具有多种功能，包括增加食物的风味、提高食欲、帮助消化吸收等，在某些情况下还具有保健和药用价值。部分香辛料因自身成分特性，具有一定的防腐和抑菌特性。常见的香辛料有胡椒、丁香、肉桂、桂皮、香叶、花椒、辣椒、姜、大蒜等。

用于腌制的香辛料种类很多，有些植物如洋葱、大蒜、辣椒、生姜、芫荽、香芹等，本身就有香料的作用。一般将香辛料植物组织干燥后用于酱腌菜生产，现将常用的几种香辛料介绍如下。

（1）花椒　是花椒树的果实，花椒树是落叶灌木，枝带刺，叶小呈椭圆形，生长在温带较干燥地区。果实裂口的花椒，在市场上被称为"睁眼"，有大小之分，大花椒叫"大红袍"，小花椒叫"小红袍"。花椒味涩麻辣、香味浓烈，我国西南地区居民尤为喜爱。花椒以皮色大红或淡红、肉色黄白、果实"睁眼"（椒果裂口）、麻味足、香味大、干燥、无硬梗、无枝叶、黑籽少、无腐霉者为佳。四川汉源花椒以色黑红、香气浓、麻味长而闻名。

（2）桂皮　是桂树的树皮，普遍栽培于我国广东、广西、云南等地。干桂皮应卷曲成圆筒或半圆筒形，外带红棕色或黑棕色，常附有灰色的栓皮，桂皮气似樟脑，味微辛甜，内是棕红色，以皮肉厚、香气纯正、无霉变、无白色斑点者为佳。桂皮是五香粉的主要成分。

（3）八角　又称大料、大茴香、八角茴香等，八角的果实有 6 ～ 8 个茴香瓣（有八瓣的果实称为八角，而六瓣、七瓣者为茴香，一般八角茴香混用不分），状如五角星，是我国广西、云南、广东土产，以广东的八角最为有名。八角果实沿腹缝裂开，每箱中含有 1 粒种子，种皮坚硬，呈红褐色，具有浓烈香气。八角以褐红、朵大饱满、完整不破、身干味香、无杂质、无腐烂者为佳。

（4）茴香　又名谷茴香或香丝菜，有辛辣香气，是我国用于食品中的传统调味香料，主要产于甘肃、内蒙古、山西等地。茴香以粒大饱满、色黄绿、鲜亮、无梗、无杂质、无土者为佳。

（5）胡椒　是胡椒树的果实，分黑胡椒与白胡椒两种，以颗粒饱满、均匀、洁净、干燥者为佳。黑胡椒（又名青胡椒）在果实未成熟时采摘，用沸水浸泡到果皮色发黑，晒干后则变黑棕色，研成粉末称为黑胡椒粉；白胡椒又名银椒、白古月，果实完全成熟后采摘或 $Ca(OH)_2$ 溶液浸渍后晒干，除去外果皮即成淡黄灰色圆球形的白胡椒，研细后即成白胡椒粉，其辛辣味及芳香味均较黑胡椒弱，但气味较佳，是常用的调味佳品。

（6）橘皮　柑橘为芸香科常绿小乔木或灌木，枝有刺，花白色，果实为柑果，种类颇多。柑橘的果皮，又名陈皮、青皮和甜皮，有芳香而味稍苦，能消痰、化食、增进食欲，可作为药物和香辛料。

（7）五香粉　具有多种香味，一般由八角、花椒、桂皮、茴香、白芷等五种香辛料研粉制成，香味浓郁持久。五香粉选料须新鲜、无霉变、不含杂质，一般干燥磨粉后过60目筛使用。

（二）防腐剂的作用

防腐剂在酱腌菜中的作用主要包括以下几个方面。

1.抑制微生物生长

防腐剂能够有效抑制酱腌菜中细菌、霉菌和酵母等微生物的生长繁殖，减少因微生物活动导致的腐败变质现象，从而延长酱腌菜的保质期。例如，苯甲酸钠、山梨酸钾和脱氢乙酸钠等常用防腐剂对多种腐败菌具有良好的抑制效果。

2.协同增效作用

通过复配多种防腐剂或与抗氧化剂结合使用，可以发挥协同增效的作用，进一步提升防腐效果。例如，乳酸链球菌素（Nisin）、纳他霉素和茶多酚的复配防腐剂在酱腌菜中表现出优异的防腐性能，能够延长保质期至21d。

3.适应不同加工条件

一些天然防腐剂如苯甲酸及其钠盐，具有广谱抑菌性和良好的酸碱度适应性，在pH值2～7之间均能保持稳定的抑菌效果，适用于不同加工工艺的酱腌菜。

4.提升产品品质

防腐剂不仅能延长保质期，还能在一定程度上保持酱腌菜的口感和风味。例如，肉桂酸钾除了防腐作用外，还具有保香作用，能够提升酱腌菜的香气和口感。

5.满足食品安全标准

合理使用防腐剂可以确保酱腌菜在生产、储存和销售过程中的安全性，符合国家食品安全标准。例如，《食品安全国家标准 食品添加剂使用标准》（GB 2760—2024）规定了防腐剂的使用范围和最大使用量，以保障消费者的健康。

6.减少对传统防腐方法的依赖

传统酱腌菜加工中常依赖高盐、高温等方法来防腐，但这些方法可能影响产品口感和营养成分。使用防腐剂可以在较低盐分和温和条件下实现防腐效果，同时减少对传统防腐方法的依赖。

总之，防腐剂在酱腌菜中的合理应用，不仅能有效延长保质期，还能提升产品质量和安全性，满足现代消费者对健康和品质的需求。

◆ 参考文献 ◆

[1] 王庆彪，王艳萍，吴翔宇，等.萝卜生物育种研究现状及展望 [J].蔬菜，2025（Z1）：87-99.

[2] 张斌，苏同兵，李佩荣，等.大白菜生物育种研究进展 [J].蔬菜，2025（Z1）：67-78.

[3] 郑依楠，卢宇婷，冯慧敏，等.芥菜对盐胁迫的响应机制研究进展 [J].蔬菜，2024（10）：17-23.

[4] 耿鹏飞.百年涪陵榨菜：一颗青菜头的数智化蜕变 [N].中国工业报，2025-03-03（006）.

[5] 唐坡.挑选木耳四法 [J].农家致富，2023（16）：58.

[6] 王建升，沈钰森，虞慧芳，等.中国西兰花育种研究进展 [J].浙江农业学报，2024，36（08）：1934-1944.

[7] 史平.叶菜类蔬菜工厂化育苗技术要点 [J].上海蔬菜，2022（04）：32-34.

[8] 蔡冰冰，薛占军，李青云.2023 年河北省果菜类蔬菜生产现状分析 [J].现代农业科技，2024（17）：196-200.

[9] 孙晓妍，樊自东，杨静，等.根用芥菜晚抽薹性状遗传规律初步研究 [J].长江蔬菜，2024（08）：51-56.

[10] 孟平红，蔡霞，李晓慧，等.贵州球茎甘蓝（苤蓝）周年栽培技术 [J].农技服务，2018，35（06）：19-20+23.

第三章
酱腌菜加工原理

第一节　酱腌菜中的微生物

一、酱腌菜微生物种类与多样性

酱腌菜中的微生物种类丰富，从 7 种酱腌菜分离鉴定出来的微生物群落组成各不相同，但它们在门水平上的组成都主要属于厚壁菌门（Firmicutes）和变形菌门（Proteobacteria）。7 种发酵蔬菜的微生物多样性组成如表 3-1 所示。

表 3-1　7 种发酵蔬菜的微生物多样性组成

蔬菜种类	细菌	真菌
四川泡菜	乳杆菌属（*Lactobacillus*） 乳球菌属（*Lactococcus*） 片球菌属（*Pediococcus*） 果胶杆菌属（*Pectobacterium*） 气单胞菌属（*Aeromonas*） 魏斯氏菌属（*Weissella*） 明串珠菌属（*Leuconostoc*） 肠杆菌属（*Enterobacter*）	毕赤酵母属（*Pichia*） 有孢汉逊酵母属（*Hanseniaspora*） 德巴利酵母属（*Debaryomyces*） 酿酒酵母属（*Saccharomyces*）
东北酸菜	乳杆菌属（*Lactobacillus*） 假单胞菌属（*Pseudomonas*） 产碱杆菌属（*Alcaligenes*） 弓形杆菌属（*Arcobacter*） 片球菌属（*Pediococcus*） 丛毛单胞菌属（*Comamonas*） 普雷沃氏菌属（*Prevotella*） 乳球菌属（*Lactococcus*） 克雷伯氏菌属（*Klebsiella*） 魏斯氏菌属（*Weissella*） 小球菌属（*Micrococcus*） 沙雷氏菌属（*Serratia*） 拉氏杆菌属（*Ralstonia*） 明串珠菌属（*Leuconostoc*）	德巴利汉森酵母（*Debaryomyces hansenii*） 假丝酵母属（*Candida*） 酿酒酵母属（*Saccharomyces*） 门冬卡氏酵母（*Saturnispora mendoncae*）

蔬菜种类	细菌	真菌
西北浆水菜	明串珠菌属（Leuconostoc） 乳杆菌属（Lactobacillus） 乳球菌属（Lactococcus） 醋酸杆菌属（Acetobacter） 魏斯氏菌属（Weissella）	酒香酵母属（Brettanomyces） 汉逊酵母属（Hansenula） 毕赤酵母属（Pichia） 德巴利酵母属（Debaryomyces） 假丝酵母属（Candida）
韩国泡菜	魏斯氏菌属（Weissella） 乳杆菌属（Lactobacillus） 明串珠菌属（Leuconostoc）	假丝酵母属（Candida） 酿酒酵母属（Saccharomyces）
美式酸黄瓜	乳杆菌属（Lactobacillus） 明串珠菌属（Leuconostoc） 乳球菌属（Lactococcus） 魏斯氏菌属（Weissella）	德巴利汉森酵母（Debaryomyces hansenii） 异常威氏酵母（Wickerhamomyces anomalus）
德国酸菜	乳杆菌属（Lactobacillus） 明串珠菌属（Leuconostoc）	德巴利汉森酵母（Debaryomyces hansenii） 葡萄牙掷孢酵母（Clavispora lusitaniae） 胶红酵母（Rhodotorula mucilaginosa）
涪陵榨菜	乳杆菌属（Lactobacillus） 鲁氏酵母（Saccharomyces rouxii） 肠膜明串珠菌（Leuconostoc mesenteroides） 清酒乳杆菌（Lactobacillus sakei） 乳酸乳球菌（Lactococcus lactis subsp. lactis）	

（一）四川泡菜

四川泡菜在发酵过程中的微生物种群是不断变化的。在门水平上，现在发酵过程中主要的门是变形菌门和厚壁菌门，前期主要为变形菌门，到了发酵后期以厚壁菌门为主。在属水平上，发酵前期的细菌群落较为复杂，主要为明串珠菌属、魏斯氏菌属和肠杆菌属等。在发酵过程中，体系中的 pH 值下降，可直接利用的营养物质减少，乳杆菌属、明串珠菌属和乳球菌属逐渐成为优势菌属。到发酵后期，植物乳杆菌（Lactobacillus plantarum）则成为绝对优势菌，促进了整个发酵体系的稳定。在四川泡菜发酵过程中，风味物质的形成跟相对丰度较低的细菌菌群密切相关，由于不同发酵原料中携带的细菌菌群不一样，它们在发酵之后的风味也别具一格。

（二）东北酸菜

东北酸菜中的微生物菌群主要有变形菌门、厚壁菌门、拟杆菌门（Bacteroidetes）和放线菌门（Actinobacteria）。通过对不同盐浓度的酸菜进行研究，发现样品中共有 44 个细菌属，主要包括乳杆菌属、乳球菌属、克雷伯氏菌属（Klebsiella）、魏斯氏菌属、小球菌属（Micrococcus）等。在酸菜发酵过程中的优势菌属则为假单胞菌属、沙雷氏菌属（Serratia）、拉氏杆菌属（Ralstonia）、明串珠菌属和乳杆菌属。发酵前期的优势菌属主要是克雷伯氏菌属，与泡菜中所报道的前期优势菌群为魏斯氏菌属的情况不同，在酸菜中魏斯氏菌属在前期的丰度较低，但会随着盐浓度的增加而增加。到发酵后期，酸菜体系中的优势菌属逐渐成为明串珠菌属。乳杆菌属是后期优势菌属，乳杆菌属与亚硝酸盐含量呈显著负相关，在发酵过程中能消耗亚硝酸盐，降低 pH 值，抑制有害杂菌生长，增加酸菜的风味，确保酸菜正常成熟。

（三）西北浆水菜

西北浆水菜中的优势菌属主要为醋酸杆菌属和乳杆菌属。采用 MiSeq 技术对西北浆水菜中细菌 16SrRNA 的 V3-V4 区进行测序分析，得到的微生物多样性显示，乳杆菌属是主要的优势菌属，它能产生有益于肠道微生物区系和人类健康的代谢物。研究人员采用依赖培养的方法和非依赖培养的变性梯度凝胶电泳法（denaturing gradient gel electrophoresis，DGGE）对传统发酵蔬菜食品浆水菜的细菌菌落进行分析，发现乳杆菌属和魏斯氏菌是优势菌属。

（四）韩国泡菜

韩国泡菜中存在的优势菌属主要为明串珠菌属和乳杆菌属。以韩国泡菜作为研究对象，通过分离鉴定其在腌制和发酵过程中的微生物群落变化，发现在腌制过程中的优势菌是短乳杆菌（*Lactobacillus brevis*）、植物乳杆菌，在发酵过程中的优势菌群除了前两者外还有弯曲乳杆菌（*Lactobacillus curvatus*）和肠膜明串珠菌肠膜亚种（*Leuconostoc mesenteroides* subsp. *mesenteroides*），这使得韩国泡菜酸味较淡，风味柔和饱满。

（五）美式酸黄瓜

美式酸黄瓜中的优势菌属主要为乳杆菌属、魏斯氏菌属、明串珠菌属和乳球菌属。利用培养依赖和独立技术对新鲜和发酵黄瓜样品的微生物组进行表征，重点研究了非乳酸菌（non-LAB）种群，发现发酵后的微生物组成中还存在诸如假单胞菌属、泛胞菌属（*Pantoea*）、不动杆菌属（*Acinetobacter*）、漫游球菌属（*Vagococcus*）、微球菌属（*Micrococcus*）和黄杆菌属（*Flavobacterium*）等一些次要的微生物菌系。

（六）德国酸菜

通过高通量测序，在目和属水平上分析了德国酸菜中的优势菌，发现其优势菌属是乳杆菌属和明串珠菌属，这结果与 1969 年通过传统检测手段检测的结果相似。由此可知，在德国酸菜发酵过程中乳杆菌属、明串珠菌属发挥了主要作用。

（七）涪陵榨菜

传统的分离纯化培养方法从盐脱水和风脱水两种腌制工艺中分离的微生物纯培养形态学及生理生化分析显示，盐脱水和风脱水榨菜中主要优势微生物一致，乳杆菌属、鲁氏酵母是两种腌制过程中的最主要优势菌群，同时风脱水还分离到盐杆菌、气球菌两株高耐盐性菌，并发现风脱水榨菜微生物多样性明显低于盐脱水榨菜中的微生物。榨菜腌制过程中细菌 16SrRNA V3 区间的序列与现有的数据库中的细菌序列有很高的相似性，都在 97% 以上，对分离得到的 21 条优势条带测序结果显示，优势细菌主要属于肠膜明串珠菌、清酒乳杆菌和乳酸乳球菌，同时，融合魏斯氏菌和不可培养菌在图谱中呈现出较高的荧光强度。

二、酱腌菜中的生物活性物质

（一）γ-氨基丁酸

γ-氨基丁酸（gamma aminobutyric acid，GABA）是一种四碳非蛋白质氨基酸，其分子式为 $C_4H_9NO_2$，广泛存在于植物、动物和微生物中。据相关报道，GABA 在植物中的含量为 $0.007 \sim 174.30mg/g$，其中常被用于发酵的新鲜黄瓜中 GABA 的含量约为 105mg/kg，白菜叶和根的含量约为 4.96μg/g 和 7.02μg/g。目前生产 GABA 的方法主要有化学合成法、植物富集法、酶法和微生物发酵法。其中采用微生物发酵法生产 GABA 主要有两种途径，分别为支路途径和腐胺途径。1970 年，支路途径生产 GABA 首次被提出，即通过谷氨酸脱羧酶（glutamic acid decarboxylase，GAD）将 L-谷氨酸催化脱羧合成 GABA，这是目前微生物发酵生产 GABA 的主要途径。目前腐胺途径生产 GABA 的报道相对较少，它主要是由一些生物胺或鸟氨酸等物质经过一系列降解反应合成 GABA。在最新的研究中发现了一株新的乳杆菌（*Lentilactobacillus curieae*）（菌株保藏编号为 CCTCC M 2011381T），该乳酸菌的 GABA 合成途径跟前两种的合成途径不同，它主要是通过 GABA 转氨酶和 L-谷氨酸为氨基供体催化琥珀酸半醛上的转氨基反应生成，少量通过 5-氧杂-3-烯-1, 2, 5-三羧酸脱羧酶催化的 L-谷氨酸脱羧基生成。因此，蔬菜在经过乳酸发酵后 GABA 的含量会增加。GABA 具有许多益处。研究表明，GABA 可以有效地辅助治疗精神病-肥胖症共病。以癫痫患者及红藻氨酸（KA）或戊四氮（PTZ）诱导的 C57/BL6 小鼠癫痫模型为研究对象，证实 GABA 能激活 GABA 受体抑制癫痫病。除了能辅助治疗肥胖、癫痫外，相关研究表明，GABA 还具有延缓衰老、降血压、改善肾和肝脏功能以及辅助治疗糖尿病等作用。

（二）生物活性肽

生物活性肽是由 2 ～ 20 个氨基酸组成的短肽，分子质量小于 10kDa，其通过化学合成法、酶解法、微生物发酵法和 DNA 重组技术等方法制备获得。在蔬菜发酵过程中微生物产生蛋白酶，将蛋白质降解为短肽或氨基酸。在报道过的研究中能被用于生产生物活性肽的乳酸菌主要有植物乳杆菌、瑞士乳杆菌（*Lactobacillus helveticus*）、干酪乳杆菌（*Lactobacillus casei*）、鼠李糖乳杆菌（*Lactobacillus rhamnosus*）、香肠乳杆菌（*Companilactobacillus farciminis*）、旧金山果实乳杆菌（*Fructilactobacillus sanfranciscensis*）、乳酸乳球菌、德氏乳杆菌乳酸亚种（*Lactobacillus delbrueckii* subsp. *lactis*）和乳酸片球菌单一菌株（*Pediococcus acidilactici* single strain）。一般来说，蔬菜中的生物活性肽含量非常低，在已有报道中，白菜和黄瓜的生物活性肽含量相对较高，分别约为 1.5% 和 0.65%。研究人员分别在酸化黄瓜、自然发酵黄瓜和接种 *Lactobacillus pentosus* strain LA0445 菌株发酵的黄瓜中发现 5 种降血压的生物活性肽，其中在接种发酵的黄瓜中发现的生物活性肽最多。据相关研究报道，生物活性肽具有抗氧化、抗炎、延缓衰老和抗癌等生理功能。

研究表明，生物活性肽能够上调转录因子核受体 Nur77 表达，抑制小肠上皮细胞凋亡、坏死性凋亡及细胞焦亡，从而缓解产肠毒素大肠埃希菌感染导致的小鼠肠道炎症及屏障功能损伤。有研究发现，肿瘤相关成纤维细胞（CAFs）能够激活 Hedgehog 信号通路，从而促进食管癌细胞增殖，而抗癌生物活性肽可在与肿瘤相关成纤维细胞共培养条件下通过抑制 Hedgehog 信号通路，抑制食管癌细胞的生长。

（三）多酚化合物

多酚化合物广泛存在于果蔬中，主要分为类黄酮和酚酸。目前，国内外对多酚的研究已经非常广泛，它是仅次于生物碱和萜类的第三大生物活性物质，对植物抵御氧化应激、促进光合作用、维持细胞结构稳定、参与信息传递和提高果实色泽等具有重要作用。据相关研究报道，蔬菜中的多酚（GAE）含量相对较低，鲜黄瓜的含量约 0.17mg/100g，鲜白菜的含量在 0.58 ～ 1.42mg/100g 之间，贵州辣椒中的 GAE 含量在 1.92 ～ 3.85mg/100g。多酚的含量与诸多因素有关，如蔬菜品种、生长环境以及加工和储存环境等。在发酵蔬菜中测定了 30 种发酵果蔬的果肉和汤汁中的总酚含量，其中泡胡萝卜和泡甘蓝的果肉部分没有检测到总酚，但是在汤汁中均检测到总酚，分别为（19.68±0.88）μg/mg 和（27.81±1.01）μg/mg。在测定的番茄、小黄瓜和白黄瓜泡菜中，也都发现果肉中的多酚含量比汤汁低。由此可见，发酵能提高蔬菜的多酚含量。对发酵会提高多酚含量的原因进行分析，发现主要原因有两部分，首先是因为植物细胞壁的结构解体使酚类化合物释放出来，其次是通过 β-糖苷酶将糖苷转化为苷元。一些乳酸菌（特别是植物乳杆菌）可以降解食品中的各种酚类化合物（特别是羟基肉桂酸），并影响食品的香味。多酚化合物的生理功能主要是抗氧化性、降血压、预防慢性病和抗炎等。多酚作为还原剂能减缓或防止其他分子氧化，多酚中的酚基能接受电子，形成相对稳定的苯氧基自由基，破坏细胞成分的链式氧化反应，由此能刺激内源性防御系统限制人体的氧化损害。有研究发现，属于多酚物质之一的白藜芦醇在治疗缺血性和神经退行性疾病中发挥了重要作用，被证实具有抗炎活性。

（四）胞外多糖

胞外多糖是一些细菌在生长代谢过程中分泌出来的一种水溶性生物聚合物，能够释放到环境中，又称黏多糖。根据它的结构可以分为分子质量在 $10 \sim 6000 kDa$ 的同多糖（homopolysaccharide）和 $10 \sim 6000 kDa$ 的杂多糖（heteropolysaccharide）。能够产生胞外多糖的乳酸菌主要有乳杆菌、明串珠菌、魏斯氏菌、乳球菌、链球菌（Streptococcus）。乳酸菌的胞外多糖的产生途径主要分为同多糖合成途径和杂多糖合成途径。同多糖合成途径主要是通过固定在细胞壁上的糖基转移酶转移葡萄糖，然后再由果糖基转移酶连接形成高聚糖链。杂多糖的合成主要是通过以下 5 个步骤：①单糖和双糖在细胞内被磷酸化为 1-磷酸葡萄糖或 6-磷酸葡萄糖；②通过磷酸葡萄糖变位酶或半乳糖-1-磷酸尿苷转移酶转化成糖核苷酸尿苷二磷酸葡萄糖（UDP-glucose）、UDP-半乳糖和脱氧胸苷二磷酸鼠李糖（dTDP-rhamnose）；③将单个重复单元在内膜中由几种糖基转移酶连接到嵌入细胞膜的十一烯醇二磷酸（UDA）上，并通过几个糖基转移酶（GTF）合成这些单元；④通过 Flippase（Wzx）蛋白将重复的糖单位转移到外膜；⑤外膜蛋白 WXY 将糖单元聚合成杂多糖，并将其释放到细胞外环境。胞外多糖的主要生理功能有抗氧化活性、抗肿瘤活性、调节肠道菌群、免疫活性和抗生物膜活性等。用 DPPH（1, 1-二苯基-2-三硝基苯肼）法和还原能力测定法对乳酸菌胞外多糖抗氧化能力进行了测定，发现当植物乳杆菌 NTMI05 和 NTMI20 的胞外多糖浓度分别为 500g/mL 时，DPPH 的自由基清除率分别为 96.62% 和 91.86%。这主要是因为它们胞外多糖的存在可以提供电子的羟基和其他官能团，能够将自由基还原到更稳定的形式。

三、酱腌菜中微生物的作用

（一）酱腌菜中微生物的益生作用

酱腌菜是分离筛选益生菌的优质来源，如乳杆菌属、明串珠菌属、片球菌属和魏斯氏菌属等乳酸菌是参与酱腌菜发酵过程的主要益生菌，具有抗炎、抗氧化、抗肿瘤、免疫调节、降低脂肪及胆固醇、抑制病原菌等益生作用。对酱腌菜产品中益生菌的益生作用的研究不仅有助于功能性发酵食品的研发，而且可以为疾病的诊断和治疗提供新的手段。

1. 抗炎及免疫调节活性

炎症是机体免疫系统对刺激的一种防御反应，这些刺激可能激活炎症信号通路，如核因子（NF-κB）、丝裂原活化蛋白激酶（MAPK）、转录激活子（JAK-STAT）通路，这些通路是许多慢性疾病的病理基础。研究发现，作为酱腌菜中的益生菌，乳酸菌及其代谢产物对多种炎症及免疫反应具有调节功能。研究还发现芥菜酱腌菜中的植物乳杆菌通过降低细胞中白细胞介素-6（IL-6）、肿瘤坏死因子-α（TNF-α）、诱导型一氧化氮合酶（iNOS）和环氧化酶2（COX2）的表达水平而显著抑制促炎因子 NO 的产生，对脂多糖诱导的小鼠巨噬细胞炎症反应发挥抑制作用。研究表明，从泡菜中分离的植物乳杆菌对由 2, 4-二硝基氯苯（DNCB）诱导的小鼠皮炎具有抑制作用。

2. 抗氧化及抗癌活性

从酱腌菜中分离筛选的优势益生菌菌株，通过上调 Nrf2 等具有抗氧化作用的转录调控因子的表达而发挥抗氧化、抗癌作用。研究发现，从四川泡菜中分离的一株植物乳杆菌，能显著上调 nNOS、Mn-SOD、Nrf2 等因子的表达，下调 iNOS 在小鼠肝脏和脾脏的表达，进而拮抗 D-半乳糖诱导的小鼠氧化和衰老，说明该植物乳杆菌是具有抗氧化、延缓衰老作用的优质乳酸菌。研究表明，从印度酸菜中筛选和鉴定出了副干酪乳杆菌，其产生的胞外多糖具有自由基和过氧化氢清除能力等抗氧化能力，说明副干酪乳杆菌及其多糖可用于抗氧化剂的开发。

3. 降低脂质及胆固醇作用

国内外研究表明，含有乳酸菌的发酵食品具有降低胆固醇的能力，长期服用乳酸菌发酵食品可以预防心血管疾病的发生。有研究发现，从自然发酵的传统东北发酵酸菜中分离出了具有降低胆固醇能力的植物乳杆菌。从四川泡菜中分离的一株植物乳杆菌能通过 PPAR-α 信号通路有效抑制高脂饮食诱导的小鼠肥胖。从东北酸菜中分离出的戊糖乳杆菌可通过 AMPK 信号通路改善高脂饮食诱导的高脂血症。因此酱腌菜中的优势乳酸菌可通过对体内信号通路的调节，从而调控心血管疾病的发生。

4. 其他有益功能

酱腌菜中的微生物还具有缓解便秘、预防糖尿病、改善非乙醇性脂肪肝等作用。有研究发现，从泡菜中分离的一株植物乳杆菌能有效缓解便秘，具有良好的益生菌潜力和应用价值。从酸菜中筛选鉴定出一种植物乳杆菌，其代谢产生的胞外多糖能有效抑制胰腺 α-淀粉酶的活性，在预防和缓解糖尿病方面具有潜在的应用价值。从韩国发酵甘蓝中分离的两株植物乳杆菌对高脂肪、高糖饮食诱导的大鼠非乙醇性脂肪肝具有控制作用，是非乙醇性脂肪性肝病的潜在治疗剂。

（二）酱腌菜微生物与风味品质的关系

近年来，利用转录组学、宏基因组学等对酱腌菜中的微生物的代谢研究表明，在酱腌菜发酵过程中，首先是由微球菌属等环境微生物启动发酵，然后是以明串珠菌为主导的同型乳酸发酵，最后是以乳杆菌属为主导的异性乳酸发酵，整个代谢过程中形成了有机酸、游离氨基酸、游离糖以及挥发性风味物质等多种代谢产物。因此，酱腌菜中的微生物与风味品质的形成具有重要关系，是风味物质形成最重要的途径。

1. 微生物代谢产生有机酸

有机酸是酱腌菜中最重要的呈味物质。在酱腌菜发酵初期，微生物会将蔬菜汁液中的糖类通过糖酵解途径生成丙酮酸等代谢产物，丙酮酸等代谢产物在微生物体内酶的作用下又会进一步被降解为乳酸，如榨菜发酵过程中，片球菌属和乳杆菌属体内含有的 L-乳酸脱氢酶能将丙酮酸分解为L-乳酸。目前，大量研究表明，乳杆菌属、魏斯氏菌属、片球菌属等优势乳酸菌都与有机酸的生成有关。如有研究发现，魏斯氏菌和植物乳杆菌共接种发酵泡菜可以加速泡菜发酵初期非挥发性有机酸的形成。此外，研究发现，乳杆菌属和片球菌属是东北酸菜发酵过程中的主要优势菌属，并且与乳酸、乙酸、琥珀酸、草酸等有机酸的产生有关，片球菌属与发酵后期丙酸和戊酸含量的增加有关，能使酸菜具有尖酸味。酱腌菜中的乳酸菌与有机酸生成的相关性还需要进一步分析，并且有机酸可能有助于酱腌菜产品最终风味的形成。

2. 微生物代谢产生氨基酸

氨基酸是酱腌菜中呈鲜物质的重要贡献者，目前，在腌制蔬菜中已发现的氨基酸达30多种。根据氨基酸的呈味特性，可以将其分为鲜味、甜味、苦味、无味四种。天冬氨酸和谷氨酸具有鲜味特征；丝氨酸、半胱氨酸具有甜味特征；亮氨酸、苯丙氨酸具有苦味特征。研究发现，谷氨酰胺、精氨酸、天冬酰胺是辣椒糜发酵过程中含量较高的氨基酸，它们是苦味和鲜味的来源。在酱腌菜发酵过程中，氨基酸含量随着发酵时间的增加呈现先增加后减少的趋势。首先，酱腌菜中的微生物利用蛋白质作为氮源，将蛋白质分解为多种氨基酸。有研究表明，酱腌菜发酵中期氨基酸浓度普遍升高，产生四种必需氨基酸：缬氨酸、亮氨酸、异亮氨酸和赖氨酸。除此之外，泡菜卤水中的植物乳杆菌、布氏乳杆菌和乙醇球菌共同作用可显著增加泡菜中的谷氨酸、甘氨酸含量。研究显示，用明串珠菌、乳杆菌和魏斯氏菌混合接种发酵酱腌菜，可使产品中乳酸、甘露醇、鲜味和甜味氨基酸含量增加。可见，酱腌菜中氨基酸种类和含量的增加是多菌共同作用的结果。其次，随着发酵的进行，酱腌菜中的微生物也可分解氨基酸产生苯乳酸、乙酸苯酯及苯乙醇等风味物质，如在泡菜发酵后期，微生物含有的谷氨酸脱氢酶可将谷氨酸转化为γ-氨基丁酸，氨基酸含量逐渐减少并趋于稳定。

3. 微生物代谢产生游离糖

游离糖既是酱腌菜中重要的呈甜物质，也是微生物代谢的能量来源。发酵初期，异型乳酸发酵会将糖类大分子转化为葡萄糖、果糖等游离糖，使酱腌菜中的游离糖含量上升。如在榨菜发酵前期，明串珠菌会将多余的大分子糖类转化为葡萄糖和甘糖醇。随着微生物的大量繁殖，游离糖又会被分解为醇类、酸类、酯类等挥发性风味物质。故在酱腌菜发酵过程中，游离糖含量先短暂增加，后一直呈减少趋势。

4. 微生物代谢产生挥发性风味物质

酱腌菜中微生物发酵产生的挥发性风味物质有酸类、酮类、醛类、酚类、醇类、酯类、烃类、醚类、含硫化合物等。表3-2是利用气相色谱-质谱联用法（GC-MS）分析的几种酱腌菜产品中的主要挥发性风味物质。

由表3-2可知，利用不同蔬菜种类发酵而成的酱腌菜产品中的风味物质不同。如竹笋经微生物发酵后，生成了乙醇、1-己醇、己醛、对甲氧基苯基肟等风味物质，这些风味成分共同构成了酸笋的酸臭味。大叶芥菜发酵过程中生成了具有芳香气味的腈类物质，主要是3-丁烯腈，对发酵芥菜的香气成分有很大影响。腈类物质主要是通过硫代葡萄糖苷经芥子酶降解生成的配糖体脱去硫原子而形成。然而，在发酵过程中，新鲜蔬菜中一些原有的风味成分含量逐渐减少，如在芥菜发酵过程中，原本含有的异硫氰酸酯类和醛类物质逐渐被酶和微生物分解，使生成的榨菜辛辣味减弱。

不同种酱腌菜中所含的风味成分不同，主要归因于不同种类蔬菜发酵过程中发挥作用的核心微生物有所差别，然而，有研究发现，同种蔬菜发酵过程因加入的优势菌种不同，产生的风味也有差别。如用植物乳杆菌发酵酸菜可以提高酸菜中醇类、酯类、烃类和腈类物质的浓度，而用副干酪乳杆菌接种发酵酸菜，相比于自然发酵，其可以加速和增加酸菜中游离糖的消耗，并且生成更多的萜类、酮类和醚类等风味成分。酱腌菜中某些优势菌种的添加可以促进特定风味物质的生成，研究显示，将戊糖乳杆菌作为益生菌发酵剂用于葱属植物的发酵，发酵过程中能产生更多具有强烈香味和多种健康益处的烯丙基硫醇，说明戊糖乳杆菌可以促进烯丙基硫醇的生成。

表 3-2　几种酱腌菜产品中的主要挥发性风味物质

酱腌菜	挥发性风味物质
发酵辣椒	芳樟醇，4-甲基-1-戊醇，桉树脑，水杨酸甲酯，癸酸乙酯，α-紫罗兰酮，苯酚，苯乙烯，十一酸乙酯，2-甲氧基-4-乙烯基苯酚
发酵萝卜	哌啶-2-硫酮，二甲基三硫，3-（甲硫基）丙基异硫氰酸酯，二甲基苯甲醛，壬醛
发酵豇豆	3-辛醇，3-辛烯醇，2,5-二甲基-2-己烯，环庚-1-烯-1-乙醇，二甲基苯甲醛，壬醛
东北酸菜	壬酸乙酯，2-甲基戊酸乙酯，二甲基二硫化物
糖醋蒜	二烯丙基硫醚，二烯丙基二硫醚，异丁香酚，乙酸丁酯，3-甲基丁醇，丙酮
腌雪菜	异硫氰酸酯类，苯甲醛，苯乙醇，二甲基二硫代乙酸乙酯，3-丁烯腈，苯酚，乙醇，3-（2,6,6-三甲基-1-环己烯-1-基）丙烯醛
发酵竹笋	乙醇，1-己醇，己醛，对甲氧基苯基肟，1-辛烯-3-醇，香叶醇，对甲酚，壬醛，癸醛，(E)-2-壬烯醛，苯乙醇
榨菜	异硫氰酸酯，己醛，(E)-2-己烯醛，苯甲醛，苯乙醛，乙醇，(Z)-3-己烯醇，苯乙醇，乙酸乙酯，乙酸丁酯，二甲基二硫化物
发酵大叶芥菜	异硫氰酸烯丙酯，苯甲醛，苯乙醛，β-紫罗兰酮，6-甲基-3-庚酮，3,5,5-三甲基-1-己烯，3-丁烯腈

四、酱腌菜中微生物的控制与利用

微生物发酵是蔬菜腌制过程中最重要的生物过程，其中，有益微生物利用蔬菜中的蛋白质、糖类等营养物质，代谢产生多种风味物质，赋予酱腌菜清脆、爽口的口感和适宜的酸味。而有害微生物会大量分解糖类，产生有不愉快气味的丁酸、生成有害物质亚硝胺及使产品发霉、变质。因此，为提高酱腌菜的风味品质，对酱腌菜中有害微生物的控制及功能性微生物的利用显得越来越重要。

（一）酱腌菜中有害微生物的控制技术

1. 非热杀菌工艺

非热杀菌技术有超高压杀菌、辐照杀菌、臭氧杀菌、低温等离子体杀菌、高密度二氧化碳（DPCD）杀菌。近年来，低温等离子体处理、高密度二氧化碳杀菌作为新型的非热加工技术在食品保鲜方面显示出了极大潜力。低温等离子体处理原理是等离子体中存在的活性自由基、带电粒子、紫外线灯与细菌发生物理化学反应，可以有效地破坏细菌、病毒及其他代谢产物，在产品贮藏期间抑制腐败微生物生长，是一种快速、安全、无毒性残留的新型广谱杀菌技术。研究发现，低温等离子体处理萝卜酱腌菜能够有效地去除酵母菌，尤其是产气酵母菌，同时保留乳酸菌，具有与巴氏杀菌相似的安全品质。高密度二氧化碳杀菌是通过二氧化碳的分子效应和压力来达到杀菌和钝酶的目的，相较于热杀菌，DPCD技术在低温条件下就能有效杀菌，相较于超高压杀菌，DPCD技术能最大限度地保持食品的营养、风味及新鲜度。研究表明，DPCD 作为一种新型的非热杀菌技术，显著提高了腌制胡萝卜的硬度、色泽，增加了 β-胡萝卜素含量。

2. 真空包装技术

目前，酱腌菜常用的包装技术有充气包装、气调包装、罐装、无菌包装、盐溶液包装、真空包装等。因导致酱腌菜腐败变质的微生物多数为好氧性微生物，而在真空条件下大多数好氧细菌和真菌的繁殖受到抑制，因此真空包装是现今酱腌菜生产中应用较广的包装技术，它能延长产品的货架期，防止产品腐败变质，保持产品的色、香、味、形及营养价值。研究发现，与充气包装和盐溶液包装相比，真空包装能抑制微生物入侵，降低果胶酶活性，使酱腌菜的可溶性果胶含量增加，从而使酱腌菜在贮藏过程中的硬度提高。还有研究表明，与传统的盐溶液包装相比，真空包装对生物胺、亚硝酸盐和氨基酸态氮的产生抑制效果最好，这说明真空包装在酱腌菜生产中的应用更具有安全性。

（二）酱腌菜中功能性微生物的利用

1. 新型功能性发酵剂的选用

从酱腌菜中分离筛选出的优势菌株可用作发酵剂生产具有目标功能特性的酱腌菜。一是人工接种可用来生产低盐酱腌菜的发酵剂，研究发现，酸菜中的弯曲乳杆菌在低盐浓度下生长更占优势，且可滴定酸和乳酸浓度均高于高处理盐浓度的酸菜，可见，该弯曲乳杆菌菌株可作为优良新型发酵剂来生产低盐酱腌菜。二是某些优势菌株作为发酵剂还可降解酱腌菜中的亚硝酸盐，人工接种具有亚硝酸盐还原作用的优势菌株是目前控制酱腌菜中亚硝酸盐含量的新工艺。研究发现，酸菜中的假单胞菌具有硝酸还原酶基因和亚硝酸盐还原酶基因，其中亚硝酸盐还原酶可介导亚硝酸盐还原为氨，该发现为酸菜中亚硝酸盐的检测乃至消除提供了新的有力依据。有实验表明，以干酪乳杆菌作为发酵剂接种发酵酸菜，降低了酸菜发酵过程中的亚硝酸盐浓度。三是选择无毒的不产生生物胺的益生菌作为发酵剂可作为目前酱腌菜生产的新工艺，由微生物分泌的脱羧酶对氨基酸进行脱羧产生生物胺，生物胺含量超标是酱腌菜产品存在的主要问题，具有危害人体健康的风险。研究表明，从传统家庭自制酱腌菜中分离的一株植物乳杆菌分离物未检测到任何生物胺，说明该植物乳杆菌不产生生物胺，是一种理想的发酵剂，可用于酱腌菜的发酵生产。

2. 新型天然微生物防腐剂的利用

天然微生物防腐剂是一种新型防腐剂，相较于化学防腐剂，天然微生物防腐剂具有安全、无毒、价格低廉、易获取等优点。微生物对病原菌的抑制机理是：细菌在代谢过程中会生成细菌素，细菌素是一种具有抑菌活性的多肽或前体多肽，对病原菌具有拮抗作用。目前，已在酱腌菜中分离和鉴定了多种具有抑制病原菌作用的益生菌。研究发现，分离筛选的植物乳杆菌能产生对单核细胞增生李斯特菌具有抑制作用的细菌素，说明该植物乳杆菌可作为一种新型天然生物防腐剂。从自然发酵泡菜中分离筛选和鉴定了一株产细菌素的解淀粉芽孢杆菌，该菌株产生的细菌素对食源性致病菌单核细胞增生李斯特菌具有抑制作用，表明从泡菜中分离的解淀粉芽孢杆菌可被视为候选生物防腐剂，应用于食品加工。另外，有实验从泡菜中分离出了具有较强群体猝灭活性的植物乳杆菌，该菌株能够破坏温和气单胞菌（一种革兰氏阴性病原体，其毒力因子的产生和生物膜的形成受群体感应系统的调节）的生物膜结构、降低预制生物膜的厚度，因此，该植物乳杆菌是一种很有前途的群体感应抑制剂，可作为食品加工过程中的新型防腐剂使用。

第二节 蔬菜腌制过程的理化变化

酱腌菜的制作过程是一个复杂的发酵过程，也是一个复杂的物质置换过程，同时还伴随着一系列的化学和生物化学变化。这不仅使有害微生物的活动受到抑制，蔬菜得以长久储藏，而且蔬菜的质地及各种营养成分也都得到了改善，蔬菜的食用品质和营养价值得到了明显提高，并形成了各种独特的风味。

一、正常的发酵作用过程中的化学变化

酱腌菜在腌制过程中均进行乳酸发酵、乙醇发酵与醋酸发酵，其中以乳酸发酵为主。这些发酵作用的主要生成物，不但能够抑制有害微生物的活动而起到保藏制品的作用，而且能够赋予酱腌菜酸味及香味。酱腌菜在腌制过程中的发酵作用，是借助天然附着在蔬菜表面上的微生物来进行的。

（一）乳酸发酵

1.蔬菜的乳酸发酵过程

蔬菜发酵过程中的微生物来源于各个发酵阶段，其数量多且种类复杂。在发酵环节，它们能分解利用原料中的糖类、蛋白质和矿物质等营养素，不仅能丰富产品风味，同时还可提高其营养价值。其中，乳酸菌（lactic acid bacteria，LAB）是一类能利用可发酵糖类产生大量乳酸的细菌的统称，至少包含 18 个属，200 多个种。根据《伯杰氏细菌鉴定手册》，乳酸菌为革兰氏阳性菌，过氧化氢酶阴性，细胞呈杆状或球状，能将葡萄糖发酵成乳酸，不形成内生孢子，不具有运动性或仅具微弱运动性。乳酸菌分布广泛，是人和动物重要的生理菌群，在维护肠道健康、增强人体免疫力、促进营养物质吸收、降低胆固醇、缓解便秘等方面具有重要作用。鉴于其独特的保健和生理功能，目前已广泛应用于食品领域。在制作发酵蔬菜的过程中，蔬菜中的天然乳酸菌会利用蔬菜中的糖类进行发酵，产生乳酸等有机酸，使蔬菜变酸、松软、易于消化，赋予蔬菜独特的香气和口感。具体而言，LAB 通过代谢产生氨基酸、多肽、有机酸及其他物质，这些代谢产物不仅能抑制腐败菌及致病菌的繁殖，还可丰富发酵蔬菜的风味。

蔬菜的发酵一般包括微酸、酸化、过酸 3 个阶段，各个时期都有大量的微生物活动。由于在腌制过程中会带入一些空气，在发酵初期，蔬菜中各种微生物开始繁殖、共同生长，消耗蔬菜中的糖分和淀粉质，此时乳酸菌并不活跃，主要是新鲜蔬菜表面的革兰氏阴性需氧菌和酵母菌在进行发酵作用，其发酵过程会不断消耗氧气。到发酵中期，氧气已经消耗尽，作为厌氧菌的乳酸菌开始大量繁殖，产生大量乳酸和其他有机酸，使发酵环境的 pH 值下降。在酸性环境下，其他菌的生长受到抑制，随着乳酸含量不断增加，逐步达到酸化阶段。在发酵后期，蔬菜中的有机酸含量达到峰值，乳酸菌的繁殖逐渐减缓，进入过酸阶段，此时蔬菜的口感和风味已经完全形成。

乳酸发酵是酱腌菜在腌制过程中最主要的发酵作用。在蔬菜腌制中最常见的乳酸菌是植物乳杆菌和短乳杆菌。乳酸发酵是乳酸菌将蔬菜中的糖类转化成乳酸的生物化学过程。乳酸发酵过程总的反应式如下：

$$C_6H_{12}O_6 \longrightarrow 2CH_3CHOHCOOH + 83.68J$$

如果发酵原料为二糖，则在乳酸菌的作用下先变为单糖。实际上，乳酸发酵的过程是十分复杂的。首先，在发酵过程中产生许多中间产物；其次，参与乳酸发酵作用的往往是一种具有不同特性的乳酸菌；再次，除单糖及二糖之外，戊糖（如阿拉伯树胶糖、木糖）和多元醇（如甘露醇）也可作为乳酸发酵的原料。最后，由于发酵的原料和引起发酵作用的乳酸菌不同，在发酵作用的生成物中，除了乳酸以外，还有醋酸、琥珀酸、乙醇、二氧化碳、氢气等。例如，乳酸菌（*Lactobacillus pentosus*，戊糖乳杆菌）在用戊糖作为发酵原料时，除生成乳酸外，还生成醋酸。发酵作用总的反应式如下：

$$C_5H_{10}O_5 \longrightarrow CH_3CHOHCOOH+CH_3COOH$$

又如，另外一种乳酸菌（*Leuconostoc mesenteroides*，肠膜明串珠菌）在用单糖和二糖作为发酵原料时，除生成乳酸外，还生成乙醇及二氧化碳。发酵作用总的反应式如下：

$$C_6H_{12}O_6 \longrightarrow CH_3CHOHCOOH+C_2H_5OH+CO_2$$

又如大肠埃希菌（*Escherichia coli*）在利用单糖、二糖作为发酵原料时，也生成乳酸，并同时生成琥珀酸、醋酸、乙醇、二氧化碳和氢气。

2. 乳酸发酵对蔬菜风味物质的影响

乳酸发酵在发酵蔬菜中扮演着至关重要的角色，它们通过复杂的代谢活动，不仅改善了蔬菜的风味，还提升了其营养价值和安全性。

（1）挥发性香味成分的增加　乳酸发酵能够增加蔬菜中挥发性香味成分的含量，如醇类、醛类、酮类等，这些物质能够赋予发酵蔬菜独特的香气和味道，是构成蔬菜风味的重要组成部分。

（2）有机酸的变化　发酵过程中，蔬菜中的有机酸会发生变化，乳酸菌将蔬菜中的糖类物质转化为乳酸，不仅降低了蔬菜的 pH 值，还产生了特有的酸味，增强了蔬菜的风味。

（3）蛋白质的水解　蔬菜中的蛋白质在乳酸菌的作用下被水解成氨基酸，某些菌株还能对氨基酸进行转换作用，生成更多的风味物质。

（二）乙醇发酵

1. 蔬菜的乙醇发酵过程

蔬菜乙醇发酵过程是一个复杂的生化过程，涉及多种酶和中间产物，其发酵过程主要包括酵母菌的作用、糖酵解、丙酮酸的生成与转化、乙醇的生成等步骤。乙醇的产生主要是由于酵母菌或细菌的活动引起的。其总反应式如下：

$$C_6H_{12}O_6 \xrightarrow{\text{酶}} 2CH_3CH_2OH+2CO_2+ 少量能量$$

（1）酵母菌的作用　乙醇发酵主要由酵母菌进行，在缺氧条件下，酵母菌被用来产生能量。在有氧条件下，酵母菌通过一系列化学、酶促（即酶催化）反应（糖酵解柠檬酸循环-呼吸链）消耗氧气，将糖类完全氧化成二氧化碳和水。如果没有氧气可用，酵母有另一种方式在乙醇发酵过程中产生能量。

（2）糖酵解　在乙醇发酵过程中，首先发生的是糖酵解。在这个过程中，一个 D-葡萄糖分子被转化为两个丙酮酸分子。两分子三磷酸腺苷（ATP）由两分子二磷酸腺苷（ADP）和两个磷酸残基（Pi）通过底物链磷酸化形成。此外，在这两种途径中，两个烟酰胺腺嘌呤二核苷酸（NAD）分子被还原为两个还原型烟酰胺腺嘌呤二核苷酸（NADH）分子。

（3）丙酮酸的生成与转化　在糖酵解过程中，为使反应持续进行，需再生 NAD，这发生在厌氧条件下的后续发酵反应中。丙酮酸脱羧酶催化从每个丙酮酸分子中产出一个二氧化碳分子。焦磷酸胺素（维生素 B_1 的衍生物）和两个镁离子在该反应中充当辅因子。丙酮酸脱羧酶不应与丙酮酸脱氢酶复合物中的丙酮酸脱氢酶 E1（EC1.2.4.1）混淆，后者在丙酮酸的有氧分解中起着核心作用。

（4）乙醇的生成　乙醇脱氢酶可使乙醛上的羰基极化。这允许两个氢和一个质子从 NADH 转移到乙醛，将其还原为乙醇并再生 NAD。在乙醇发酵过程中，大部分乙醛被还原为乙醇。

2. 乙醇发酵对蔬菜风味物质的影响

在乙醇发酵过程中，酵母菌将糖类转化为乙醇和二氧化碳。这一过程不仅会产生乙醇，还会生成多种副产物，如有机酸、酯类、醛类等化合物。这些化合物可以显著影响食品的风味。具体的影响取决于发酵条件、蔬菜种类以及发酵过程中产生的副产物。

（1）风味增强　乙醇发酵过程中产生的有机酸和酯类化合物可能会增强蔬菜的风味，使其更加复杂和丰富。例如，在泡菜的制作过程中，乳酸发酵会产生乳酸，使泡菜具有独特的酸味。

（2）风味改变　乙醇本身具有一定的挥发性，可以携带和放大其他风味物质。这可能导致蔬菜原有的风味变得更加突出，或者产生新的风味。

（3）质地变化　发酵过程中产生的气体（如二氧化碳）可能会改变蔬菜的质地，使其变得更加柔软或有气孔，这种质地的变化也可能间接影响风味的感知。

（三）醋酸发酵

1. 蔬菜的醋酸发酵过程

在腌制蔬菜的过程中，醋酸菌能够将乙醇氧化成醋酸，同时也能产生少量的丙酸与甲酸等挥发性酸。如腌渍泡菜（甘蓝）中的挥发性酸含量为 $0.2\% \sim 0.4\%$（以醋酸计）。醋酸生成，是由于好气性醋酸菌的作用，但也有可能是由于其他细菌活动的结果。在醋酸菌的作用下，将乙醇转化为醋酸。其反应式如下：

$$CH_3CH_2OH + O_2 \longrightarrow CH_3COOH + H_2O$$

2. 醋酸发酵对蔬菜风味的影响

（1）酸度调节　在醋酸发酵过程中，醋酸菌能够产生醋酸，这有助于调节发酵蔬菜的酸度。适当的酸度不仅能够抑制有害微生物的生长，还能赋予蔬菜独特的酸味，提升其风味。

（2）风味物质生成　在醋酸发酵过程中，醋酸菌与其他微生物（如乳酸菌）协同作用，可以生成多种风味物质。这些物质包括有机酸、酯类、醛类等，能够丰富蔬菜的口感和香气。

（3）质地变化　在醋酸发酵过程中，醋酸菌的代谢活动还可能影响蔬菜的质地。通过控制发酵条件，可以使蔬菜保持脆嫩的口感，或者达到特定的软化程度。

二、正常发酵过程中的物理与化学变化

（一）色泽变化

色泽是构成酱腌菜制品感官质量的主要指标。良好的色泽能够直接刺激人们的感觉器官，给人们以赏心悦目的感觉，引起人们的食欲。蔬菜在腌制过程中色泽的主要变化，因加工方法不同而异。

发酵强烈的腌制品（如泡菜、酸菜）及糖醋腌制品在制作过程中，由于受乳酸或其他

酸的作用，叶绿素会因脱镁而失去原有鲜艳的色泽。在不是以乳酸发酵为主的蔬菜腌制过程中，因为渗出的菜汁也呈酸性，所以也会使蔬菜逐渐失去绿色。如盐腌制品经过腌制，常常会失去鲜绿色而变成黄绿色或灰绿色。

酱腌菜由于吸附了酱的色素而改变了酱的颜色，制品呈棕黄色，这是一种物理吸附过程。蔬菜在腌制液中，细胞因缺乏正常的氧气供应而发生窒息死亡，细胞膜的原生质膜被破坏，失去了对进入细胞物质的选择，其结果使蔬菜细胞吸附了料液中的色素，赋予产品类似辅料的色泽。

另外，在腌制过程中，会发生酶促褐变和非酶促褐变。发生褐变的制品会呈淡黄色、金黄色及棕红色。褐变引起的颜色变化对不同类别的酱腌菜有不同的作用。就某些酱制品（如干酱菜）而言，褐变是必需的一项质量指标。而就那些洁白、新绿的脆制品（如腌菜、虾油渍产品）而言，褐变往往是降低这类产品色泽品质的主要原因。在蔬菜腌制的过程中，可通过适当的工艺处理来控制色泽变化。

（二）香气和滋味的变化

蔬菜在腌制过程中，蔬菜原有的某些香气和味道会消失，而形成了一些原来没有的香气和味道。这种变化对酱腌菜的加工有十分重要的意义，它不仅使某些鲜食不佳的蔬菜改变了风味，提高了实用价值，而且还可以根据人们口味的不同需要，形成独特风味。

在腌制过程中，一些蔬菜中含有的某些苷类物质会被水解，并生成带有芳香气味的物质。如十字花科的蔬菜（芥菜等）所含有的黑芥子苷，有令人不快的苦辣味，经水解后可产生具有特殊香气的芥子油。

在新鲜蔬菜加工过程中，蔬菜细胞周围的物质包括盐液、姜汁、酱油、食醋、糖液、虾油以及添加的调味料如大蒜、生姜、辣椒、花椒、胡椒和桂皮等产生的香气和滋味，渗入到蔬菜细胞之中，从而赋予制品咸味、滋味。

蔬菜中的蛋白质在腌制过程中，由于蛋白质水解酶的作用，产生了某些不同类型的氨基酸，如丙氨酸，散发出一种令人愉悦的香气，谷氨酸与食盐形成谷氨酸钠，能给腌制品增添鲜味。

蔬菜在腌制过程中，正常的微生物发酵作用是以乳酸为主，并伴随少量的乙醇发酵和微量的醋酸发酵。这些发酵产物本身能赋予产品一定的风味。如乳酸可使产品增加爽口的酸味，醋酸具有刺激性的酸味，乙醇则含有酒的香味。各种有机酸又与乙醇生成各种酯类化合物，使腌制品获得了特殊的香气和滋味。

（三）质地的变化

蔬菜的质地主要是脆度或硬度，往往表现在人们食用时的咀嚼感受，是酱腌菜制品重要的感官指标之一。蔬菜的脆性主要与细胞膨压及细胞壁果胶成分有关。当蔬菜失水萎缩导致细胞膨压降低时，脆性减弱，但在使用大量的盐液进行腌制的过程中，由于盐液与细胞壁之间的渗透平衡，能恢复和保持蔬菜细胞的膨压，倒也不会造成脆性显著降低。在那些先经湿腌再晾晒至干燥的半干性和干性的腌菜中，由于细胞失去一部分水分，腌制品由"坚脆"变为"柔脆"，呈现出独特的质地风格。

蔬菜在腌制过程中，细胞壁原果胶的水解是影响腌制品脆性的一个重要因素。原果胶是一种含有甲氧基的多缩半乳糖醛酸的缩合物，存在于蔬菜细胞壁的中胶层中，并与纤维素结合在一起，具有黏合细胞和保持组织硬脆性能的作用。当原果胶在果胶酶的作用下，水解为水溶性果胶，水溶性果胶进一步水解为果胶酸和甲醇时。黏结作用丧失，蔬菜组织的脆度下降，甚至变成软烂状态，严重影响腌制品质量。

在实际生产中，造成原果胶水解而引起脆性减弱的主要原因为：①蔬菜过熟或受到机械损伤，原果胶被酶水解，以致蔬菜腌制前就变软。②腌制过程中一些有害微生物所分泌的果胶酶能使果胶水解为果胶酸，使蔬菜变软而失去脆性。

（四）营养成分的变化

蔬菜在腌制过程中，除上述各种变化外，其营养物质也有较大的变化，因此在加工过程中必须对构成这些营养物质的各种化学成分加以控制，使产品不仅具有良好的质地及色、香、味，同时还有较高的营养价值。

发酵性的腌制品在腌制过程中，由于乳酸菌的发酵作用，其含糖量大大降低，而酸的含量则相应增加，非发酵性（发酵作用弱）的酱腌品与原料相比，含酸量基本没有变化，但含糖量可因其加工方法的不同而出现两种情况：咸菜等腌制品，由于部分糖分扩散到盐水中，含糖量降低；而糖醋渍菜及酱菜，由于在腌制过程中加入大量糖分，含糖量大大提高。

在腌制过程中，发酵作用较强烈的腌制品，含氮物质明显减少。其原因为一部分含氮物质（蛋白质）被微生物消耗，另一部分含氮物质渗入到发酵液中。对于非发酵性（发酵作用弱）的脆制品（如咸菜）而言，由于部分蛋白质在腌制过程中被浸出，蛋白质含量较少，而对于酱菜（酱渍品），由于酱内蛋白质渗入到蔬菜组织内，腌制品的蛋白质含量则有所提高。

在腌制过程中新鲜蔬菜的维生素 C 因氧化作用而大量减少，一般而言，腌制时间越长，维生素 C 的损耗越大；食盐的用量越大，维生素 C 损耗越大；产品露出盐卤表面接触空气越多，维生素 C 损耗越大。对于这些变化，在加工过程中都应以注意，以减少维生素 C 的损失。在蔬菜腌制过程中，其他维生素含量比较稳定。

在腌制过程中，咸菜类的含钙量一般高于新鲜蔬菜，而其含磷量、含铁量则有所减少。酱菜类在酱制过程中，由于酱内食盐及有关化合物的大量渗入，所以与新鲜原料相比，其含钙量及其他矿物质的含量均明显提高。

第三节　蔬菜腌制的基本原理

蔬菜腌制的基本原理是利用食盐的防腐作用、微生物的发酵作用、蛋白质的分解作用，并对有害微生物加以抑制，增加产品的独特风味，从而加强制品的保藏性能。

食盐是蔬菜发酵中必不可少的物质，利用食盐形成的高渗透压抽出蔬菜汁液，为乳酸菌生长提供生长基质，同时还具有紧实组织的作用。另外，食盐对微生物的生长还有抑制作用和防腐作用。需注意的是，只有适量食盐才能充分发挥这一作用，不加食盐或加少量食盐不仅不能抑制有害微生物的生长，在发酵后期发酵蔬菜还会有不同程度的腐烂和异味；食盐量过多会抑制有益菌的发酵速度及发酵作用，还会影响发酵品的质量。因此，适量食盐对蔬菜腌制发酵有至关重要的作用。

微生物的发酵作用主要有乳酸发酵、乙醇发酵、醋酸发酵等，目前普遍认为乳酸发酵是发酵蔬菜中最主要的发酵作用，不过在蔬菜腌制过程中，乳酸菌属确实起着重要的发酵作用。

同型发酵和异型发酵是乳酸菌发酵的 2 种方式，乳酸是同型发酵乳酸菌的重要代谢产物，同型发酵过程不产气，大量乳酸不仅能抑制杂菌的生长，而且还有保鲜功能，又可增强产品风味。除产生乳酸外，异型发酵乳酸菌发酵还产生二氧化碳、乙酸、乙醇、甘露醇等多种化合物，在蔬菜发酵过程中引发各种生化反应。例如，异型乳酸发酵、乙醇发酵、醋酸发酵等发酵产生的乙醛、甘露醇、乙酸、乙醇等风味化合物，形成了发酵蔬菜特有的口感和风味。由于异型乳酸菌产酸量较少，其发酵活动随乳酸的积累受到了抑制，不过异型乳酸菌在蔬菜发酵过程中的产物和发酵机理都是比较复杂的。此外，也有对发酵制品品质不利的发酵（如丁酸发酵），应尽量避免这种发酵发生。

蛋白质的分解作用主要是在蔬菜发酵加工过程中，蛋白质及氨基酸的变化对制品的色、香、味有不同的影响。有些氨基酸是由微生物蛋白酶催化分解蛋白质而逐渐释放出来的，众所周知，有些氨基酸有一定的甜味和鲜味，其鲜味一般是由谷氨酸与食盐作用所产生的；氨基酸在酸的作用下变成醇，醇与酸化合为酯，酯产生香味。此外，许多风味物质的前体物质就是氨基酸，如许多芳香化合物的前体物质是蛋氨酸、芳香氨基酸和侧链氨基酸；甲烷硫醇是由蛋氨酸代谢产生的；在醛缩酶的作用下，苏氨酸分解产生甘氨酸和乙醛。总之，发酵蔬菜的组织脆性及色、香、味都与糖类的发酵作用和蛋白质的分解作用有密切的关系。

有害的发酵作用是丁酸发酵及腐败细菌、有害酵母和霉菌的发酵作用。其中丁酸具有强烈的刺激性气味，会缩短产品保藏期。但微弱的丁酸发酵不会对酱菜产品有影响。腐败细菌能使蔬菜组织蛋白质及含氮物质遭到破坏，产生恶臭味，造成腌制品的腐烂。在腌菜过程中会发现盐液表面一层粉状并有皱纹的薄膜，这是一种产膜酵母所形成的菌层，它能大量消耗蔬菜组织的有机物质，造成腌制品质量降低，减弱保藏性，造成腌制品败坏。在腌菜过程中有时会出现生霉现象，生霉的部位大部分都在盐液表面或菜缸菜池上层，它能使产品变劣，并使产品失去保存力。同时，它还能分解蔬菜中的果胶物质，使腌菜质地变软。

总而言之，蔬菜腌制的基本原理可以概括为：一是利用有益微生物进行发酵作用，以产生所需的风味物质，同时抑制有害微生物造成产品败坏。二是利用食盐的渗透作用，使物质分布均匀，组织内外的品质达到一致。三是利用各种有益的生物催化反应，产生各种有利于改善产品色、香、味的物质，以提高产品质量。蔬菜腌制的基本原理将从以下几个方面进行阐述。

一、酱腌菜加工中的防腐作用

酱腌菜在加工或保存过程中，如果出现有害微生物的活动、发生各种化学变化，以及受到温度、光照等因素的影响，会引起发酵、表面生霉、酸败、软化、腐臭、变色，降低制品的品质，甚至失去食用价值。

（一）食盐的防腐作用

食盐（化学名称为氯化钠，化学式为 NaCl）具有防腐作用，这主要体现在以下几个方面。

1. 高渗透压作用

食盐溶液具有高渗透压。当食盐添加到食品中时，高浓度的盐溶液会使食品中的微生物细胞（如细菌、霉菌和酵母菌）失水。这是因为细胞内外的渗透压差导致细胞内的水分向外渗透，使微生物细胞发生质壁分离，从而失去活性，无法正常生长和繁殖。在腌制咸菜等食品时，大量的食盐会使微生物细胞脱水，抑制了微生物的生长，延长了食品的保质期。

2. 降低水分活度

食盐可以结合食品中的水分，降低食品的水分活度。水分活度是指食品中可被微生物利用的自由水分的含量。当水分活度降低时，微生物的生长和代谢活动会受到抑制。在制作火腿、腊肉等食品时，食盐通过降低水分活度，减少了微生物可利用的水分，从而起到防腐作用。

3. 改变 pH 值

食盐本身是中性的，但在某些情况下，它可以与其他成分（如发酵过程中产生的酸）相互作用，间接影响食品的 pH 值。酸性环境不利于大多数有害微生物的生长，而一些有益的微生物（如乳酸菌）可以在这种环境中生长，从而抑制有害微生物的繁殖。在腌制泡菜时，乳酸菌发酵产生乳酸，使环境变酸，而食盐的存在可以进一步抑制有害微生物的生长，同时维持乳酸菌的活性。

4. 抑制酶的活性

许多微生物的生长和代谢依赖于酶的活性。食盐可以通过改变食品的化学环境，抑制酶的活性，从而减缓微生物的代谢过程，延长食品的保质期。

酱腌菜中，食盐可以抑制酶的活性，减缓蛋白质分解和脂肪氧化的过程，防止肉类变质。

5. 物理屏障作用

在一些酱腌菜加工过程中，食盐可以形成一层物理屏障，阻止微生物的侵入。在腌制时，盐水可以形成一层保护膜，防止微生物的侵入，同时通过渗透作用使蔬菜内的水分向外渗透，达到防腐的效果。

尽管食盐具有防腐作用，但它也有一定的局限性：一是防腐效果有限。食盐的防腐作用主要针对微生物，但对于一些耐高盐的微生物（如某些嗜盐菌）可能效果不佳。二是影响口感和健康。过量使用食盐会使食品过咸，影响口感，同时长期食用高盐食品对健康不利，可能导致高血压等疾病。三是不能完全替代其他防腐措施。在现代食品加工中，食盐通常与其他防腐剂（如苯甲酸钠、山梨酸钾等）或加工方法（如冷藏、真空包装等）结合使用，以达到更好的防腐效果。

总之，食盐的防腐作用在传统食品加工中有着重要的应用，但在现代食品工业中，需要结合其他方法和成分，以确保食品的安全和品质。

（二）有机酸的防腐作用

有机酸在酱腌菜中具有显著的防腐作用，主要通过以下几种机制实现。

1. 降低 pH 值

有机酸（如乳酸、乙酸、柠檬酸等）能够降低酱腌菜的 pH 值，从而抑制微生物的生长和繁殖。大多数腐败微生物（如细菌、霉菌和酵母菌）在较低的 pH 值下难以生存，因此有机酸可以有效延长酱腌菜的保质期。

2. 破坏微生物细胞膜

有机酸可以影响微生物细胞膜的通透性，导致细胞内代谢物渗漏，从而抑制微生物的生长。例如，乳酸和苯乳酸能够破坏细胞膜的结构，抑制革兰氏阳性菌、革兰氏阴性菌和腐败真菌的生长。

3. 抑制特定微生物生长

不同有机酸对特定微生物的抑制能力不同。例如，乳酸对大肠埃希菌、黄曲霉、单核细胞增生李斯特菌等有抑制作用；乙酸对革兰氏阳性菌、酵母菌和霉菌也有一定的抑制效果。

此外，柠檬酸对大肠埃希菌的抑制效果优于乙酸和乳酸。

4. 协同作用

在实际应用中，有机酸常与其他防腐剂或抗氧化剂复配使用，以达到更好的防腐效果。例如，乳酸与乙酸钠的组合可以有效防止酱油胀气，而复合有机酸（如乙酸、柠檬酸、琥珀酸和乳酸）的使用可以有效抑制产膜酵母的生长。

5. 天然防腐剂的优势

许多有机酸来源于天然植物或微生物代谢产物，具有安全性高、对人体无害的特点。例如，苯乳酸作为一种新型高效生物防腐剂，对多种腐败微生物具有广谱抗菌活性，且对人和动物无毒无害。

6. 实际应用效果

研究表明，在酱腌菜中添加有机酸复配型天然防腐剂，可以在无真空包装的条件下显著延长保质期，同时保持酱腌菜的风味和营养。例如，肉桂酸复配型天然防腐剂在酱腌菜中的应用效果良好，能够有效抑制腐败微生物。

综上所述，有机酸通过降低 pH 值、破坏微生物细胞膜、抑制特定微生物生长以及与其他防腐剂协同作用等方式，在酱腌菜中发挥了重要的防腐作用，且具有天然、安全的优势。

（三）香料与调味品的防腐作用

蔬菜在腌制时，常常加入一些香料和调味品，如大蒜、生姜、醋、酱、糖液等，不仅能赋予酱腌菜特殊的香味，而且还具有不同程度的防腐能力。香料与调味品的防腐作用原理涉及降低 pH 值、高渗透压、抑菌杀菌作用等多个方面。这些原理共同作用，使得香料和调味品在食品保存中发挥着重要的防腐作用。具体表现为：

1. 降低 pH 值

调味品中的醋可以使环境的 pH 值下降（即酸度增加），从而抑制微生物生长。

2. 高渗透压

调味品中的酱和糖液由于渗透压很高，可以抑制有害微生物的生长。

3. 抑菌杀菌作用

大蒜中的蒜氨酸在细胞破碎时分解出的蒜素，具有强烈杀菌作用；花椒中含有的柠檬烯、柠檬烯醛、烯醇、桂皮醇、花椒酮、花椒醇等成分，不仅能抑制革兰氏阴性菌，也能抑制革兰氏阳性菌，同时对霉菌、真菌也有抑制作用，尤其对青霉和黑曲霉的抑菌效果最好。

（四）生物大分子代谢产物防腐

1. 胞外多糖防腐作用

胞外多糖在酱腌菜中的防腐作用及应用主要体现在以下几个方面。

（1）抑制有害微生物生长　胞外多糖具有抗菌能力，能够抑制酱腌菜中腐败微生物的生长繁殖。例如，乳酸菌胞外多糖可以通过在微生物细胞膜上形成微孔，增加细胞膜的通透性，从而抑制致病菌生物膜的形成，杀灭或抑制有害微生物。

（2）提高发酵稳定性　在酱腌菜的发酵过程中，胞外多糖能够增加发酵过程的稳定性，提高发酵效率，有助于维持发酵环境的平衡，减少杂菌的干扰。

（3）增强食品的抗氧化性　胞外多糖具有抗氧化性，能够减少酱腌菜在加工和储存过程中因氧化作用导致的品质劣化，从而延长保质期。

（4）改善食品质地和口感　胞外多糖具有良好的持水性和稳定性，能够改善酱腌菜的质地和口感，使其更加爽脆，同时不会改变食品的原有风味。

（5）环保包装应用　胞外多糖可以用于制作食品外包装，其生物可降解性、密封性好，能够防止外来微生物的污染，进一步延长酱腌菜的保质期。

综上所述，胞外多糖作为一种天然的生物防腐剂，在酱腌菜中具有显著的防腐作用，同时还能提升产品的品质和安全性。

2. 乳酸菌细菌素抑制杂菌生长

乳酸菌细菌素在酱腌菜中的防腐作用主要体现在以下几个方面。

（1）抑制腐败菌的生长　乳酸菌细菌素是一类由乳酸菌代谢产生的具有抗菌活性的小分子肽类物质，能够有效抑制引起食品腐败的细菌繁殖。在酱腌菜的制作过程中，添加乳酸菌细菌素可以显著减少腐败菌的数量，从而延长酱腌菜的保质期。

（2）广谱抗菌特性　乳酸菌细菌素对多种革兰氏阳性菌和部分革兰氏阴性菌具有抑制作用。例如，乳酸链球菌素（Nisin）对芽孢杆菌属的多种腐败菌有很强的抑制作用。此外，某些细菌素如 AS-48 和 Helvetin-M 等，能够同时抑制革兰氏阳性菌和革兰氏阴性菌，进一步增强了防腐效果。

（3）作用机制　乳酸菌细菌素通过多种机制发挥抗菌作用：一是细胞膜损伤。许多细菌素能够破坏细菌细胞膜的完整性，导致细胞内物质（如离子、ATP 等）泄漏，从而抑制细菌生长。二是抑制细胞壁合成。某些细菌素可以抑制细胞壁合成的关键环节，如脂质 II 的转运，从而阻止细胞壁的形成。三是质子动力耗散。细菌素通过形成孔道，导致细胞膜内外离子失衡，耗散质子动力，最终使细胞失去活性。

（4）天然安全性　乳酸菌细菌素被认为是天然、安全的生物防腐剂，对人体无害，且在人体内可被蛋白酶降解。这使得其在酱腌菜等食品中的应用更加符合消费者对天然、健康食品的需求。

（5）提高产品质量　乳酸菌细菌素的使用不仅可以延长酱腌菜的保质期，还能在一定程度上改善产品的风味和口感。同时，其抗菌特性可以减少化学防腐剂的使用，提升产品的整体品质。

综上所述，乳酸菌细菌素在酱腌菜中的应用具有显著的防腐效果，同时符合现代食品工业对天然、安全防腐剂的需求。

二、酱腌菜加工中的渗透作用

在酱腌菜加工过程中，渗透作用通过高盐环境引发细胞脱水和微生物抑制，是延长保质期、改善质构的核心机制。其与扩散作用的协同效应进一步优化了食品的保藏性和风味形成。

渗透作用是指溶剂通过半透膜从低浓度溶液向高浓度溶液扩散的过程。其驱动力是渗透压，渗透压与溶液的浓度和温度成正比。在酱腌菜加工中，渗透作用主要体现在以下几个方面。

（一）盐渍过程中的渗透作用

一是脱水与保质：在盐渍过程中，食盐溶解后形成高渗透压溶液，使蔬菜细胞内的水分向外渗透，导致细胞失水、体积缩小。这一过程不仅减少了蔬菜的水分含量，还通过提高渗透压抑制了腐败菌的生长，从而延长了蔬菜的保质期。二是分批下盐法的应用：为了减缓蔬菜因高渗透压而快速失水导致的皱缩，分批下盐法被广泛应用。这种方法可以减慢水分外渗的速度，使蔬菜保持较为饱满的外观。

（二）酱渍过程中的渗透作用

在酱渍过程中，酱料中的成分（如盐、糖、酱油等）通过渗透作用进入蔬菜组织内部，同时蔬菜中的部分水分被置换出来。这一过程不仅使蔬菜吸收了酱料的风味，还进一步降低了水分活度，增强了产品的保藏性。

（三）渗透作用对品质的影响

一是对风味和口感的影响：渗透作用使酱料中的盐、糖、香辛料等成分均匀分布到蔬菜组织中，赋予酱腌菜独特的风味和口感。二是对营养保留的影响：渗透脱水是一种非热加工技术，温度相对较低，不会破坏蔬菜的营养成分和感官特性。

（四）影响渗透速度的因素

一是浓度差因素：浓度差越大，渗透速度越快。二是温度因素：温度升高会加速渗透作用。三是溶质的分子量因素：溶质分子量越小，渗透压越高，渗透速度越快。

（五）渗透作用的动态平衡

酱腌菜加工中的渗透是一个动态平衡过程。当蔬菜组织内外的渗透压达到平衡时，渗透作用逐渐停止。因此，加工过程中需要通过控制盐、糖等溶质的浓度和温度来调节渗透速度，以达到理想的腌制效果。

综上所述，渗透作用在酱腌菜加工中起着关键作用，不仅影响产品的风味和口感，还对保藏性有重要影响。

第四节　蔬菜腌制的影响因素

蔬菜腌制的影响因素很多，主要有以下几个方面。

一、食盐浓度

食盐浓度对蔬菜腌制的影响体现如下。

（一）微生物抑制与发酵

低浓度食盐：低浓度的食盐溶液（如 6% 以下）对微生物的抑制作用较弱，不能有效抑制有害微生物的生长，可能导致蔬菜腐败变质。然而，低盐环境有利于乳酸菌等有益微生物的生长，促进发酵，生成乳酸、醋酸等有机酸，使蔬菜产生酸味。

高浓度食盐：高浓度的食盐溶液（如 10% 以上）能有效抑制大部分微生物的生长，包括有害微生物和部分有益微生物，从而延长蔬菜的保质期。但过高的盐浓度可能会抑制发酵过程，导致蔬菜口感变差。

（二）亚硝酸盐含量

食盐浓度对亚硝酸盐的生成有显著影响。低浓度食盐环境下，亚硝酸盐生成速度快，高峰期出现早，但峰值较低；而高浓度食盐环境下，亚硝酸盐生成速度慢，高峰期出现晚，但峰值较高。因此，合理控制食盐浓度可以有效降低亚硝酸盐含量，减少健康风险。

（三）蔬菜质地和口感

低浓度食盐：低盐腌制的蔬菜通常口感较脆，因为较低的渗透压不会使蔬菜细胞过度脱水。

高浓度食盐：高盐环境下，蔬菜细胞会大量脱水，导致蔬菜质地变硬、口感变差，甚至出现皱缩。

（四）风味和色泽

风味：适量的食盐可以促进发酵过程中风味物质的生成，如氨基酸、有机酸等，赋予蔬菜独特的风味。过高的盐浓度可能会掩盖这些风味物质。

色泽：对于绿叶蔬菜，低盐环境可能导致腌制液酸性增加，使绿叶蔬菜褪色或变暗。而经过护色处理后，低盐腌制可以较好地保留蔬菜的绿色。

（五）健康与营养

低盐腌制蔬菜更符合现代健康饮食的需求，可以减少因高盐摄入引发的健康风险，如高血压等心血管疾病。同时，低盐腌制还能保留更多的营养成分。

总体来说，食盐浓度对蔬菜腌制的影响是多方面的。低盐腌制有利于保持蔬菜的口感和营养，但需要控制微生物生长和亚硝酸盐含量；高盐腌制则能有效抑制微生物生长，延长保质期，但可能影响蔬菜风味和口感。因此，在腌制蔬菜时，需要根据具体需求和蔬菜种类选择合适的食盐浓度。

二、温度

温度对蔬菜腌制的影响主要体现在以下几个方面。

（一）微生物活动

高温：温度升高会加速微生物的生长和繁殖，尤其是乳酸菌等有益菌的繁殖速度加快，从而促进乳酸发酵，使发酵液迅速酸化。这种酸性环境能够抑制有害微生物的生长，减少亚硝酸盐的生成。

低温：低温会抑制微生物的活性，尤其是乳酸菌的繁殖速度减慢，导致发酵液酸化速度降低。此时，硝酸还原菌等有害微生物的生长相对不受抑制，可能会导致亚硝酸盐的生成量增加。

（二）亚硝酸盐的生成

高温：亚硝酸盐的生成速度较快，但峰值较低，且亚硝酸盐在酸性环境中会被分解。
低温：亚硝酸盐生成速度较慢，但峰值较高，且分解速度较慢。

（三）腌制时间与成熟速度

高温：发酵速度快，腌制时间缩短，蔬菜成熟较快。
低温：发酵速度慢，腌制时间延长，蔬菜成熟较慢。

（四）蔬菜品质

高温：可能导致蔬菜变软、变色，影响其脆度和色泽。

低温：有助于保持蔬菜的脆度和色泽，延长保质期。

（五）发酵液的稳定性

高温：发酵液分解和变质速度加快，可能导致腌制液的品质下降。

低温：发酵液相对稳定，有利于保持腌制液的品质。

总之，合理的温度控制是蔬菜腌制过程中的关键因素。一般来说，较高的温度有利于缩短腌制时间，减少亚硝酸盐的生成，但可能会对蔬菜的品质产生不利影响；而较低的温度则有助于保持蔬菜的品质和延长保质期，但腌制时间会相对较长。

三、空气

空气对蔬菜腌制过程有重要影响，主要体现在以下几个方面。

（一）影响发酵类型

（1）乳酸发酵　乳酸菌是厌氧菌，只有在缺氧环境下才能进行正常的乳酸发酵。乳酸发酵是蔬菜腌制中最重要的发酵类型，它能产生乳酸，使腌制液酸化，抑制有害菌的生长，同时赋予蔬菜独特的酸味。

（2）抑制有害菌　大多数有害菌（如霉菌等）是需氧菌，空气的存在会促进这些菌的生长，导致蔬菜腐败变质。

（二）影响营养成分

（1）维生素损失　空气中的氧气会加速维生素C的氧化，导致其大量流失。在缺氧环境下，维生素C的保存率更高。

（2）其他营养成分　空气中的氧气还可能影响其他营养成分的稳定性，如B族维生素等。

（三）影响感官品质

（1）色泽变化　空气中的氧气会导致蔬菜中的叶绿素氧化，使绿色蔬菜变黄或变黑。此外，氧气还会促进酶促褐变，使蔬菜表面变黑。

（2）风味变化　空气中的氧气可能促进某些微生物的生长，产生不良风味，如酸臭味。

（四）影响腌制环境

（1）气体排出　在腌制过程中，乳酸发酵会产生二氧化碳，这些气体会将容器内的空气排出，形成缺氧环境。

（2）容器密封　为了减少空气的影响，腌制时通常需要将容器装满、压紧，用盐水淹没蔬菜，并密封容器。

（五）微生物活动

空气中的氧气会促进一些好氧菌或兼性厌氧菌的生长，如芽孢杆菌和酵母菌，这些菌可能导致腌制蔬菜"生花"，产生白膜或酸臭味，最终导致变质。

综上所述，空气对蔬菜腌制的影响主要体现在发酵类型、营养成分、感官品质、腌制环境和微生物活动等方面。为了保证腌制蔬菜的品质，通常需要尽量减少与空气的接触，创造缺氧环境。

四、酸度

酸度对蔬菜腌制的影响主要体现在以下几个方面。

(一)微生物抑制作用

酸度是腌制蔬菜过程中重要的品质指标之一,低 pH 值环境(如 pH 值在 4.5 以下)可以有效抑制有害微生物的生长和繁殖。乳酸菌在腌制过程中通过发酵产生乳酸,使环境酸度增加,从而抑制其他有害微生物的活动,降低亚硝酸盐的生成。

(二)影响蔬菜品质

(1)色泽　酸性环境会使蔬菜中的叶绿素逐渐降解或转变为其他色素,导致蔬菜失去鲜艳的绿色,变成黄绿色或灰绿色。如果希望保持蔬菜的绿色,可以通过添加碱性物质(如氢氧化钙)来中和部分酸性。

(2)风味　酸度的增加是腌制蔬菜独特风味的重要来源。例如,乳酸发酵产生的酸味是酸菜等腌制品的主要风味特征。

(3)质地　酸度对蔬菜的质地也有显著影响。酸性环境会促进细胞壁中果胶的水解,使细胞壁之间的连接作用力减弱,导致蔬菜变软。如果酸度过高,蔬菜可能会过度软化甚至腐烂。

(三)影响营养成分

酸性环境可以抑制酶的活性,减缓蔬菜的腐败速度,从而延长腌制蔬菜的保质期。此外,酸度还可以影响蔬菜中营养成分的保留和吸收。例如,乳酸发酵过程中产生的有机酸可以促进某些矿物质的溶解和吸收。

(四)腌制工艺的优化

在低盐腌制过程中,对酸度的控制尤为重要。例如,通过添加有机酸(如柠檬酸)可以提高腌制效果,同时减少盐的用量。此外,对酸度的控制还可以通过调节发酵时间和温度来实现。

综上所述,酸度在蔬菜腌制过程中起着关键作用,合理控制酸度可以优化腌制效果,提升产品质量。

五、菜坯的细胞结构

菜坯的细胞结构在蔬菜腌制过程中起着重要作用,主要通过以下几个方面影响腌制效果。

(一)细胞壁成分的变化

(1)果胶物质的分解　蔬菜细胞壁中的果胶是维持其脆度的关键成分之一。原果胶是一种不溶于水的大分子物质,它与纤维素和蛋白质结合,使细胞紧密黏合在一起,从而赋予蔬菜较高的脆度。然而,在腌制过程中,果胶可能在果胶酶、酸性环境或加热条件下水解为可溶性果胶和果胶酸,导致细胞间失去黏附力,使得蔬菜变软。

(2)纤维素和半纤维素的变化　纤维素和半纤维素是细胞壁的另一重要组成部分,它们为细胞壁提供支撑结构。虽然纤维素本身较难被降解,但在某些情况下,纤维素酶催化可能会导致纤维素的微弱降解,进而影响蔬菜的质地。

（二）细胞膨压的变化

新鲜蔬菜细胞中液泡饱满，细胞膨压较高，从而使蔬菜保持脆性。在腌制过程中，由于食盐的渗透作用，细胞内的水分会向外流失，导致液泡体积缩小，细胞壁与原生质体分离，细胞膨压下降，脆性也随之降低。

（三）细胞结构的完整性

在腌制过程中，由于缺氧或盐溶液的渗透作用，细胞膜的通透性会增加，甚至破裂。这使得细胞内的营养物质和水分更容易流失，进一步影响蔬菜的质地和口感。

（四）微生物和酶的作用

（1）微生物分泌的酶　腌制液中可能存在微生物分泌果胶酶、纤维素酶等，这些酶会加速细胞壁成分的降解，导致蔬菜软化。

（2）内源性酶的活性　蔬菜自身的内源性果胶甲酯酶和多聚半乳糖醛酸酶等在腌制过程中会被激活，进一步分解果胶，导致细胞壁结构松散。

菜坯的细胞结构对蔬菜腌制的影响主要体现在细胞壁成分的降解、细胞膨压的降低、细胞结构的完整性破坏以及细胞间结合力的减弱等方面。这些变化共同导致蔬菜在腌制过程中质地变软、脆性下降。因此，在腌制过程中，控制腌制条件（如盐浓度、温度、微生物种类等）以及采用保脆技术（如添加钙离子、使用外源酶等）可以有效延缓蔬菜的软化过程。

六、料液浓度

料液浓度是影响蔬菜腌制效果的重要因素之一，主要体现在以下几个方面。

（一）对腌制速度的影响

料液浓度越高，渗透压越大，蔬菜细胞内的水分会更快渗出，腌制速度加快。例如，在高盐浓度下，腌制初期蔬菜中的水分会迅速渗出，使蔬菜变软。

（二）对蔬菜口感的影响

高浓度料液：会使蔬菜脱水过多，导致质地变硬、口感变差。

低浓度料液：腌制效果不明显，蔬菜可能保持较软的质地，但入味不足。

（三）对微生物发酵的影响

（1）盐浓度　盐浓度过高会抑制乳酸菌等有益微生物的生长，延缓发酵过程；而盐浓度过低则可能导致有害微生物滋生，影响腌制品质。

（2）酸浓度　适当增加酸浓度可以抑制有害微生物的生长，同时促进乳酸发酵，使蔬菜具有独特的风味。

（四）对营养成分的影响

高盐腌制会导致蔬菜中的维生素C等营养成分流失，而低盐腌制则有助于保留更多的营养成分。例如，低盐腌制雪里蕻时，4%～6%的盐溶液既能缩短发酵时间，又能保证产品质量。

（五）对保藏性的影响

高浓度的盐或酸可以降低水分活度，抑制微生物的生长和繁殖，从而延长蔬菜的保藏期。例如，15%～20%的盐溶液可以产生较高的渗透压，有效抑制细菌生长。

（六）对风味的影响

料液浓度直接影响腌制蔬菜的风味。高盐浓度会使蔬菜咸味过重，而低盐浓度则可能需要通过添加其他调味料（如糖、醋等）来平衡风味。例如，使用糖醇替代部分食盐可以降低盐浓度，同时保持腌制效果。

综上所述，料液浓度对蔬菜腌制的效果具有多方面的影响，需要根据具体的腌制需求和蔬菜种类进行合理调整，以达到最佳的腌制效果。

七、蔬菜的成熟度

蔬菜的成熟度对其腌制过程和最终品质有显著影响，主要体现在以下几个方面。

（一）脆度方面

（1）成熟度适中的蔬菜　成熟度适中的蔬菜含有适量的原果胶，这些物质能够维持细胞壁的结构和脆性。在腌制过程中，这类蔬菜更容易保持良好的脆度，口感更佳。

（2）成熟度过高的蔬菜　随着成熟度的增加，蔬菜中的原果胶会逐渐分解为果胶酸，导致细胞壁结构松散，蔬菜变软，腌制后脆度下降。

（3）未成熟的蔬菜　未成熟的蔬菜虽然含有较多原果胶，但由于其细胞结构尚未完全发育，腌制后可能口感较硬，缺乏成熟蔬菜的风味。

（二）风味方面

成熟度适中的蔬菜在腌制过程中能够更好地保留自身的风味成分，并且在发酵过程中产生独特的酸味、鲜味和香气。过度成熟的蔬菜可能会因细胞结构松散而失去部分风味，腌制后风味不足。

（三）营养成分方面

成熟度适中的蔬菜含有丰富的营养成分，如维生素、矿物质和膳食纤维。在腌制过程中，这些营养成分能够更好地保留。未成熟的蔬菜虽然营养成分也较为丰富，但由于其细胞结构和酶活性的差异，腌制后营养成分的保留率可能不如成熟度适中的蔬菜。

（四）微生物发酵方面

成熟度适中的蔬菜在腌制过程中更有利于有益微生物的发酵，如乳酸菌的生长和繁殖。这些微生物能够产生乳酸，抑制有害微生物的生长，同时赋予腌制蔬菜独特的风味。成熟度过高或过低的蔬菜可能会因细胞结构和酶活性的差异，影响微生物的发酵效果，导致蔬菜腌制品质下降。

（五）保绿方面

对于一些绿色蔬菜，成熟度适中的蔬菜在腌制过程中更容易通过保绿技术（如烫漂、添加碱性物质等）保持绿色。成熟度过高的蔬菜由于细胞结构松散，保绿效果可能较差。

总之，蔬菜的成熟度对腌制品质有重要影响。为了获得最佳的腌制效果，建议选择成熟度适中的蔬菜作为原料，避免使用过度成熟或未成熟的蔬菜。

第五节　蔬菜腌制的品质控制

酱腌菜是指以新鲜蔬菜为主要原料，经腌渍或酱渍加工而成的各种蔬菜制品，如酱渍菜、盐渍菜、酱油渍菜、糖渍菜、醋渍菜、糖醋渍菜、虾油渍菜、发酵酸菜和糟渍菜等。我国实施食品质量安全市场准入制度以来，纳入实施食品生产许可证管理的酱腌菜是以新鲜蔬菜为主要原料，经淘洗、腌制、脱盐、切分、调味、分装、密封和杀菌等工序，采用不同腌渍工艺制作而成的各种蔬菜制品的总称。食品安全关系到人的生命安全，更是企业的生存之本，当前对食品安全的重视已上升到国家战略高度。传统的酱腌菜企业生产技术相对落后，建立健全食品安全管理体系、加强生产过程的质量控制，是酱腌菜生产企业预防食品安全事故的必要条件，是确保"农田到餐桌"安全有效的重要环节。

传统加工酱腌菜食品可能存在许多食品安全问题。酱腌菜作为我国一种重要的传统蔬菜腌制食品，多以家庭自制自食方式为主，在酱腌菜制作过程中由于原辅料及人为操作原因，极易产生亚硝酸盐、生物胺等有害物质及蜡样芽孢杆菌、粪肠球菌等致病菌。

现代工业生产酱腌菜主要存在的质量问题是食品添加剂（苯甲酸、山梨酸、二氧化硫、甜味剂、着色剂）及微生物（主要为大肠菌群）含量超标。近年来食品抽检结果显示，酱腌菜中主要存在以下不合格项：防腐剂混合使用超标（即各自用量占其最大使用量的比例之和超过标准）、二氧化硫残留量超标，以及苯甲酸、甜蜜素、糖精钠、脱氢乙酸和铅含量不符合规定，对酱腌菜食品安全具有较大的影响。酱腌菜中常添加苯甲酸作为抗菌剂以延长产品货架期，但过量的苯甲酸会扰乱人体的正常代谢。近年来，大肠埃希菌 O157：H7 及沙门菌等食源性病原菌都在酸性食品中（pH ＜ 4.5）有检出报道，因此，在酱腌菜产品中，防止大肠埃希菌 O157：H7 等致病菌污染尤其需要注意。

除了食品添加剂非法使用所带来的安全风险外，酱腌菜原辅料中的乳酸菌、酵母菌、肠杆菌、葡萄球菌及假单胞菌等微生物通过参与发酵或在储藏期感染等途径进入，使游离氨基酸发生脱羧或醛酮发生转氨等反应生成生物胺，生物胺主要包括组胺、酪胺、色胺、腐胺、尸胺、亚精胺及精胺。生物胺是低分子质量的有机碱，在生物体内发挥重要的生理作用，如胃酸分泌、体温控制、细胞分化及生长、免疫反应及大脑活动等，但较高的生物胺摄入量会引起头痛、恶心、呼吸窘迫、呕吐等症状，严重者可导致休克，甚至死亡。目前，对于酱腌菜中组胺、酪胺、2-苯基乙胺及总生物胺的推荐限量值分别为 100mg/kg、100mg/kg、30mg/kg 和 100 ～ 200mg/kg。

据统计，83% 的酱腌菜中都存在生物胺，如韩国泡菜中组胺和腐胺的含量均大于 100mg/kg，我国东北、川渝、北京及台湾等地区不同种类的酱腌菜中均检出不同种类的生物胺，且含量较高。但通过添加益生菌菌株，如植物乳杆菌、干酪乳杆菌等可能减少酱腌菜中生物胺的形成。酱腌菜中亚硝酸盐被认为对人体健康有害，因其与高铁血红蛋白血症及一些胃肠道癌症有关。但研究表明，蔬菜在发酵初期，亚硝酸盐浓度上升，当 pH 值低于 4.5 时亚硝酸盐浓度逐渐下降，直至稳定。

统计数据显示，我国各地区酱腌菜中亚硝酸盐含量一般都低于 2.0mg/100g（以亚硝酸钠计），符合我国国家食品标准《食品安全国家标准 食品中污染物限量》（GB 2762—2022）规定，并低于世界卫生组织建议的健康成年人每日摄入量 [0.06mg/（kg·d）]。需要注意的是，烹饪或保藏方法会显著增加产品中硝酸盐含量，且酱腌菜生产过程中盐、糖、姜及蒜等成分，也可能通过影响发酵过程从而直接或间接地影响硝酸盐及亚硝酸盐含量。

一、原料方面的品控

保障产品质量，原料的质量是关键，对原料严格把控，可从源头上保证产品的品质。

（一）原料的采购

2002 年国家推出食品质量安全市场准入制度以来，至今已有 32 大类食品纳入食品生产许可管理。采购已纳入食品生产许可管理的白砂糖、食品添加剂时，应选择获取食品生产许可证资质的企业生产的产品，查验供货者的许可证和购进批次产品的合格证明文件；对未纳入食品生产许可管理的食用盐，企业应依照食品安全标准进行检验；选购无法提供合格证明文件的新鲜蔬菜时，要注意蔬菜的新鲜度，是否具有该类蔬菜应有的色、香、味和组织形态特征，是否含有毒有害物质或受其污染，且新鲜蔬菜在采收后，为便于加工、运输和贮存而采取的简易加工应符合卫生要求，不应造成对食品的污染和潜在危害；采购的包装容器和材料，也应符合国家相关标准。

（二）原料的验收

原料在采购后入库前要经过验收，合格后方可使用。对白砂糖、食品添加剂等已纳入食品生产许可管理的原料，企业进货时除应查验供货者提供的购进批次的产品合格证明文件外，还应查看购进产品的包装是否完整，标签信息是否齐全，购进产品的感官是否符合其产品执行标准的相关要求。如白砂糖应符合《白砂糖》（GB/T 317—2018）、柠檬酸应符合《食品安全国家标准 食品添加剂 柠檬酸》（GB 1886.235—2016）、苯甲酸钠应符合《食品安全国家标准 食品添加剂 苯甲酸钠》（GB 1886.184—2016）的标准要求等。对食用盐等未纳入食品生产许可管理的原料，除查看购进产品的包装是否完整，标签信息是否齐全外，企业应对这类原料制定内控标准，明确对购进原料的品质要求。同时还应依照《食品安全国家标准 食用盐》（GB 2721—2015）标准进行检验。采购新鲜蔬菜这类农产品时，应查看其新鲜度，是否具有该品种应有的色、香、味和组织形态特征。有条件的企业还可检查此类农产品的农药残留，从源头上排除农药残留超标的蔬菜原料。

二、腌制蔬菜脆度的保持

（一）蔬菜脆的原因

蔬菜的脆度是由原果胶决定的，原果胶是细胞壁的组成部分，它和纤维素在细胞层间与蛋白质结合成黏合剂，使细胞紧密黏合在一起，使蔬菜具有较高的脆度。但原果胶在果胶酶或酸性、加热条件下容易水解成果胶和果胶酸，使细胞间丧失连接作用，细胞间失去黏结性而变得松软，脆度随之下降。果胶的分解过程见图 3-1。

（1）细胞膨压的变化　新鲜的果蔬细胞中液泡饱满，水分含量充足，细胞脆性强。当果蔬组织细胞脱水后，液泡体积缩小，细胞壁与原生质层发生质壁分离，细胞膨压下降，脆性

原果胶 —原果胶酶或酸→ 纤维素 / 果胶

果胶 —果胶酶或酸、碱→ 甲醇 / 果胶酸

果胶酸 —果胶酸酶或酸、碱→ 还原糖 / 半乳糖醛酸

原蔬菜组织　　　变软　　　软烂　　　腐烂

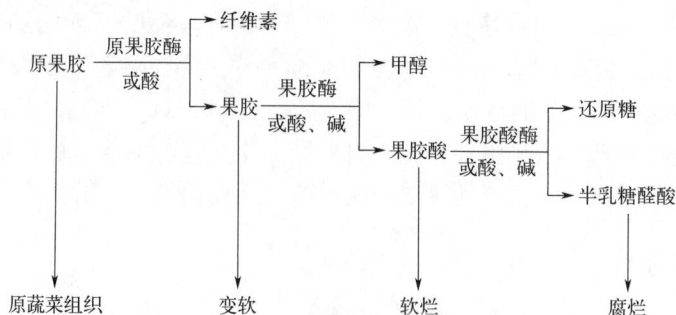

图3-1　果胶的分解过程

随之降低。

（2）细胞结构的变化　细胞的结构、形态、大小、空间排列及细胞间的结合力直接影响果蔬的质构。此外，蔬菜原料成熟度、食盐浓度、腌制环境中微生物杂菌情况也会对腌制品脆度产生影响。

（二）腌制蔬菜脆度的保持方法

1. 提高果胶酸盐的含量

Ca^{2+}、Al^{3+}、Fe^{3+}、Na^+ 等金属离子对果胶甲酯酶有激活作用，能催化果胶水解产生果胶酸，再与其作用生成果胶酸盐。当 Ca^{2+} 存在时，果胶酸与 Ca^{2+} 作用生成果胶酸钙，使高分子化合物的摩尔质量及线状或分支状聚合物结构发生改变，加快果胶的胶凝，从而改善了含果胶产品的质地。研究发现，在盐渍金针菇漂煮时，加入一定量的钙盐（质量分数0.05%），2～4个月内可以有效保持即食金针菇产品的脆度。在研究酱渍蔬菜过程中，通过保脆正交试验得出，在pH=4.5条件下，将青椒用质量分数为0.1%的乳酸钙浸泡30min得到的产品脆度最好。

2. 高盐预腌渍

高盐预腌渍可以提高腌制品的脆度。一方面，高浓度食盐使发酵液具有高渗透压，使果肉组织失去自由水，降低了腌制品脆度。另一方面，高盐浓度能够抑制果胶酶和纤维素酶的活性，从而使腌制品脆度得到提高。实验表明，将萝卜放入不同含量的无菌食盐水（0%、2%、4%、6%、8%、10%、15%）中进行预腌渍处理，发现盐浓度对果胶甲酯酶活性有显著影响。随着食盐含量的增加，果胶甲酯酶活性先上升后下降，在低浓度食盐条件下（NaCl＜4%），盐腌渍对果胶甲酯酶活性有促进作用，在高浓度食盐条件下（NaCl＞6%），盐腌渍对果胶甲酯酶活性有显著抑制作用，这可能是由于阳离子竞争底物或酶活性中心引起的。此外，实验结果表明，预腌渍食盐浓度控制在10%左右比较合适。

三、降低亚硝酸盐含量的措施

（一）控制腌制食盐浓度

自然腌渍发酵初期，乳酸菌尚未大量繁殖，主要靠食盐渗透压来进行抑菌，食盐浓度低则高渗透压作用低，抑制杂菌生长及硝酸还原酶活性的能力降低，但是食盐浓度过高则抑制乳酸菌的生长以及亚硝酸盐还原酶的活性。因此，需要根据产品发酵特点选择最适的食盐浓度。研究认为，食盐浓度在5%～10%时，既能通过渗透压有效抑制杂菌生长（如腐败菌

和硝酸盐还原菌），又能维持乳酸菌活性以促进产酸发酵，当浓度低于 5% 时，盐分的渗透压不足以抑制杂菌繁殖，导致杂菌与乳酸菌竞争加剧，发酵初期亚硝酸盐积累风险升高。人工接种乳酸菌发酵时，食盐添加量越多，对发酵剂乳酸菌的抑制越强，产酸量越少，亚硝酸盐含量降低缓慢，因此应结合口感、总酸、亚硝酸盐含量综合考虑食盐添加量。

（二）控制蔬菜发酵温度

发酵温度高，乳酸菌繁殖速度快，产酸量也显著增加，对杂菌的抑制能力也变强。杂菌繁殖数量减少会减少亚硝酸盐形成，同时生成乳酸也会对亚硝酸盐进行降解。但是温度过高，一方面会导致发酵过快，不利于风味物质的形成，另一方面会产生丁酸发酵，生成难闻的气味，因此应综合考虑后选择合适的发酵温度。

（三）调节蔬菜发酵起始 pH 值

酱腌菜发酵过程中低的 pH 值可以抑制有害菌的生长，不利于亚硝酸盐的生成，且亚硝酸盐遇酸后生成亚硝酸，亚硝酸不稳定，易进一步分解。因此酸含量越高，pH 值越低，亚硝酸盐含量越低。研究发现，pH 值为 5.0 是硝酸盐还原酶的启动点，pH 值为 4.5 及以下能够抑制硝酸还原酶的活性，加速亚硝酸盐降解。柠檬酸、醋酸等常被用作酸性物质调节体系 pH 值、降低亚硝酸盐含量。除此以外，草酸、酒石酸、苹果酸、乳酸、丁二酸等均有降解亚硝酸盐的能力，其中草酸的降解能力最显著。

（四）使用工程菌定向发酵

使用工程菌人工接种是酱腌菜生产现代化的发展趋势，具有能够缩短生产周期、改善泡菜品质、有效抑制杂菌、降低亚硝酸盐含量的优点。研究表明，与单一菌种（如纯种植物乳杆菌）相比，混合乳酸菌（例如植物乳杆菌＋肠膜明串珠菌＋短乳杆菌）能显著降低发酵蔬菜中的亚硝酸盐含量。其机制在于：混合菌株通过协同代谢加速 pH 下降（促进亚硝酸盐酸性降解），同时竞争性抑制杂菌的硝酸盐还原活性，从而减少亚硝酸盐的生成。

（五）优化原料与工艺参数

原料是影响发酵蔬菜中亚硝酸盐含量的主要因素之一，控制好蔬菜品质，可有效控制产品中亚硝酸盐含量。选择没有过度施肥、管理得当、抗坏血酸含量高的蔬菜品种是发酵加工前的良好保障。此外，还需注意蔬菜采后的储藏、运输管理，保证原料新鲜、完好。在实际生产中，除了原料外发酵蔬菜的亚硝酸盐含量受多种因素影响，通过消毒器皿以及调节食盐浓度、发酵温度、起始 pH 值等方法，也能在一定程度上减少亚硝酸盐的产生。

发酵初期，没有达到乳酸菌生长最佳环境条件，乳酸积累较少，主要通过食盐发挥抑菌作用，使食盐耐受力差的微生物在高盐环境中生长受到抑制，从而使硝酸盐还原过程减缓。但盐浓度增加到一定量后将抑制乳酸菌的活动，所以传统发酵蔬菜的腌制盐浓度一般在 5%～10%。在 25～30℃ 条件下，乳酸菌发酵产生乳酸，硝酸盐还原酶阳性菌的活动在酸性条件下受到抑制，同时大量积累的乳酸能将已生成的亚硝酸盐分解。高酸度环境能抑制大肠埃希菌等有害微生物生长，同时加速亚硝酸盐的降解。添加醋酸等物质降低发酵起始 pH 值，也能够有效减少亚硝酸盐含量。由于硝酸盐还原酶阳性菌生长一般需要氧气，而乳酸菌偏好厌氧环境，发酵过程中减少容器中的氧气含量也有助于减少亚硝酸盐，因此加工时需将蔬菜压实，发酵液淹没菜体，坛沿加水隔绝空气。此外，还可以通过控制发酵时间降低亚硝酸盐的含量，由图 3-2 可知，随着发酵时间延长，酸菜中亚硝酸盐含量不断上升，7d 时升至最高，随后逐渐下降，20d 后，基本彻底分解。

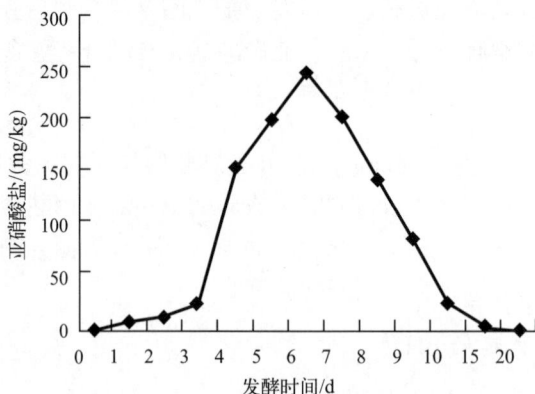

图 3-2　酸菜中亚硝酸盐含量与发酵时间的关系

（六）使用亚硝酸盐还原酶降解亚硝酸盐

亚硝酸盐还原酶（nitrite reductase，NiR）能够将亚硝酸盐降解为 NO 或 NH_3，是一种存在于高等植物、藻类植物和许多微生物中的胞内酶。蔬菜发酵中的亚硝酸盐能够被乳酸菌代谢产生的 NiR 还原，理论上将 NiR 提纯后添加于发酵蔬菜中即可降低亚硝酸盐含量。提取和制备活性酶制剂的方法虽然已有一些报道，但 NiR 在胞外作用的效果还不够理想，离实际生产应用还需要更深入的研究。有研究者将衣藻中的铁氧化还原蛋白-亚硝酸盐还原酶固定化，发现这种方法增加了酶体系在温度和离子强度方面的稳定性，但酶活力有所降低。国内研究者通过紫外诱变产 NiR 菌株、优化培养条件等方法，提高菌株产酶能力，发现纯化后的酶有一定的降低超标食品中亚硝酸盐的效果。这些工作为后续酶法控制发酵蔬菜中亚硝酸盐含量相关研究做了铺垫，但酶的稳定性、安全性等方面问题还需要更加深入、全面地研究。

（七）使用香辛料降低亚硝酸盐

发酵蔬菜中添加的香辛料能一定程度上减少亚硝酸盐积累，如姜油酮等成分可以阻止硝酸盐还原为亚硝酸盐；大蒜、大葱和洋葱中富含的巯基化合物能与亚硝酸盐反应生成其他化合物，减少亚硝酸盐积累。植物提取物如茶多酚、二氢杨梅素等，以及一些富含黄酮类、多酚类化合物的真菌提取物，可以通过抗氧化性或协同作用来降低发酵蔬菜中的亚硝酸盐。如茶多酚可以保护发酵蔬菜中的抗坏血酸，促进抗坏血酸对亚硝酸盐的清除。原花青素能够在有亚硝酸盐存在的酸性缓冲溶液中，将亚硝酸还原并生成 NO。糖类物质也有降低发酵蔬菜中亚硝酸盐的作用，研究发现，葡萄糖、杜仲多糖及壳聚糖等均能有效减少亚硝酸盐含量。

◆ 参考文献 ◆

[1] 酱醃莱选优组. 酱腌菜生产的基本原理 [J]. 调味副食品科技, 1980（05）: 41-43.

[2] 宋碧君. 酱腌菜食品安全与质量控制 [J]. 现代食品, 2016（20）: 20-23.

[3] 杨颖, 王望舒, 吴裕健, 等. 酱腌菜中亚硝酸盐控制技术研究进展 [J]. 中国调味品, 2020, 45（10）: 197-200.

[4] 张爽. 酱腌菜防腐保鲜技术研究进展 [J]. 安徽农业科学, 2011, 39（11）: 6538-6539+6542.

[5] 杨颖，胡梅，王望舒，等.酱腌菜防腐技术的研究进展 [J].食品安全质量检测学报，2020，11（07）：2044-2049.

[6] 何丝汀.西南地区乳酸菌发酵蔬菜制品进展的研究 [J].现代食品，2018（24）：145-146+154.

[7] 姜薇薇.控制蔬菜发酵制品中亚硝酸盐含量的研究 [D].济南：山东轻工业学院，2013.

[8] 赵杰，唐琴丽.发酵蔬菜研究进展 [J].食品工业，2023，44（08）：225-230.

[9] 侯小艺，王建辉，邓娜，等.乳酸菌对发酵蔬菜风味影响研究进展 [J].食品与机械，2023，39（04）：232-240.

[10] 王馨蕊，汤回花，刘毕琴，等.发酵蔬菜中亚硝酸盐的控制技术研究进展 [J].云南农业科技，2021（05）：62-64.

[11] 张庆峰，吴祖芳.发酵蔬菜加工机理与质量控制技术概述 [J].农产品加工，2020（19）：77-79+83.

[12] 纪晓燊，阮晖，樊奇良.我国蔬菜发酵加工现状与发展方向 [J].现代食品，2016（24）：18-20.

[13] 孟良玉，兰桃芳，何余堂.酸菜中亚硝酸盐含量变化规律及降低措施的研究 [J].中国酿造，2005（11）：9-10.

[14] 吕承广.蔬菜腌渍过程中的渗透作用及影响因素 [J].中国调味品，1996（01）：16-17.

[15] 郑超，侯信哲，陈天花，等.乳酸菌在蔬菜发酵中的作用机制研究进展 [J].中国调味品，2024，49（08）：205-210.

[16] 刘卫，董全.腌制蔬菜保脆及保藏研究现状 [J].中国酿造，2015，34（01）：5-9.

[17] 付晓红.榨菜腌制过程中微生物区系多样性分析及发酵剂研制 [D].重庆：重庆大学，2009.

[18] 李生帅，钟秋，姚瑶，等.蔬菜乳酸发酵及其活性成分研究进展 [J].西华大学学报（自然科学版），2024，43（04）：24-36.

[19] 李彤，乌日娜，张其圣，等.酱腌菜中微生物及与产品风味品质关系研究进展 [J].食品工业科技，2022，43（14）：475-483.

第四章
酱腌菜加工工艺

第一节　酱腌菜的种类

酱腌菜是中国传统的风味美食之一。通过将蔬菜或其他食材放入酱汁中进行腌制，以增加食材的口感和味道，同时还能延长食材的保鲜期。酱腌菜通常具有浓郁的风味和独特的口感，引发了人们对于美食更多层次的追求。经过数千年传承，人们依据口味偏好，能够用多种调味品将同一种蔬菜制成多样风味的酱腌菜。依生产方式与辅料，酱腌菜可分几大类别。

一、酱渍菜

酱渍菜以蔬菜为原料，经盐腌制成咸菜坯，再用酱料腌制，即成酱渍菜。在中国，其腌制类型多样，有酱曲醋渍、麦酱渍、甜酱渍等。常见的酱渍菜包括酱菜瓜、酱黄瓜、酱莴笋、酱姜等。

二、糖醋渍菜

经过脱盐和脱水处理的蔬菜咸坯，通过糖渍、醋渍或糖醋渍的方式制成了蔬菜制品。醋渍菜酸味浓郁，添加大量醋酸；糖渍菜含糖量高，甜味重。糖醋渍菜融合二者特色，甜酸适口，代表产品有糖醋蒜、甜酸乳瓜、糖醋萝卜等。

三、虾油渍菜

以蔬菜为基本材料，虾油渍菜是通过先进行盐渍处理，随后用虾油进行浸渍的蔬菜加工品。这种制作方法不仅保留了蔬菜的自然味道，还融入了虾油的特殊香气，创造出一种风味别致的食品。其中，虾油黄瓜和虾油萝卜是其典型代表。

四、糟渍菜

糟渍菜以新鲜蔬菜为原料，经盐渍成咸菜坯后，用黄酒糟或醪糟腌制。我国江南糟菜历史悠久，南京糟茄、扬州糟瓜是黄酒糟腌制的典型，贵州独山盐酸菜则是醪糟腌制的特色代表。糟菜制作基于两大原理：一是食盐渗透，高渗透压吸出蔬菜水分、抑制微生物生长，高浓度离子产生生理毒害，提升保藏性；二是微生物发酵，以乳酸发酵为主，伴随轻微乙醇、醋酸发酵，代谢产物赋予腌制品微酸鲜甜、醇香风味。这两个过程让糟渍菜既耐储存，又独具风味。

五、糠渍菜

糠渍菜是一种蔬菜制品，它是以蔬菜咸坯为原料，通过使用稻糠或粟糠与调味料和辛香料混合后进行腌渍而成。其制作的核心是"糠床"，即由米糠、盐、水以及一些辅助材料（如昆布、干辣椒、大蒜等）混合发酵而成的腌制基底。糠渍菜的食材通常包括黄瓜、茄子、白萝卜等蔬菜，这类食品的例子包括米糠萝卜和米糠白菜等。

六、酱油渍菜

以新鲜蔬菜为基底，通过盐腌或盐渍制成咸坯，再通过减少盐分并结合酱油及香料进行腌制，从而制成的蔬菜制品，我们称之为酱油渍菜。这种制品以其独特的酱油香味和口感而著称，例如北京辣菜、榨菜萝卜、面条萝卜等都是其代表。在制作酱油渍菜时，通常会先进行盐腌或盐渍，接着减少咸坯中的盐分，最终利用酱油和香料进行腌制，以形成其特有的风味。

七、盐水渍菜

盐水渍菜俗称"泡菜"，是通过将新鲜蔬菜浸泡在较低浓度的盐水中，经过乳酸发酵过程而制成的。这种制品的生产工艺与盐渍菜的基本相同，但主要区别在于使用盐水代替食盐进行腌制。在盐水的浸泡过程中，蔬菜会发生乳酸发酵，这是盐水渍菜特有的风味和质地形成的关键过程。在腌制过程中，可以加入各种调味料和香辛料，以增加盐水渍菜的风味和多样性。盐水渍菜的含水量可以根据需要进行调整，可以分为湿态、半干态、干态，但三者之间没有明显的划分界线，主要是根据含水量的相对多少来感观判断。盐水渍菜制作方法简单，适合大众化生产。

八、盐渍菜

盐渍菜即腌渍蔬菜，是用食盐直接腌制的蔬菜产品，依含水量分为湿态、半干态和干态。盐渍菜生产工艺主要有干压腌法和干腌法，我国南方和日本多用干压腌法，将鲜菜洗净后按比例分层加盐，顶部封盐，压重石，借压力和盐渗透使菜汁渗出浸没菜体，实现渍制保鲜。干腌法不用重石和水，直接用盐渍制，用盐量因品种而异，其中分批下盐法用于水分大的蔬菜，能减缓失水，保持饱满外观，促进初期发酵，抑制有害微生物，还可缩短盐渍时间。

九、菜酱类

菜酱类酱腌菜以新鲜蔬菜为主要原料经腌制和酱渍制成。制作包括三步：一是用食盐将新鲜蔬菜腌成咸菜坯，去除多余水分延长其保存期；二是通过压榨或清水浸泡降低咸菜坯盐度；三是用黄酱、甜面酱或酱油等对脱盐后的咸菜坯酱渍，使酱中糖分、氨基酸、芳香气等渗入蔬菜以增风味和营养价值。

第二节　典型酱腌菜加工工艺

一、盐渍菜

盐渍菜以蔬菜为原料，经食盐腌渍制成，如腌香椿、腌韭菜等。按形态分为湿态、半干态、干态三类。腌制初期，蔬菜细胞因外界盐水水势低而失水，虽造成养分流失，但能消除辛辣味、改善风味；腌制中后期，食盐使蔬菜细胞失活，原生质膜变为全透性，腌渍液渗入，加速腌制并恢复蔬菜膨压。

（一）盐渍菜生产通用工艺

1. 工艺流程
鲜菜→预处理→洗涤→盐渍→倒菜→渍制→成品。

2. 操作要点
（1）鲜菜预处理和洗涤　蔬菜进厂后，按标准检查、筛选、整理并洗净，去除杂质。洗净后应尽快转入容器进行盐渍，避免久存。

（2）盐渍　盐渍时要保证食盐与蔬菜充分混合，让每片蔬菜都能接触食盐，防止局部腐败。

（3）倒菜　倒菜是盐渍关键步骤，可促进食盐与菜体充分接触，使腌制更均匀，还能去除异味、改善口感、缩短腌制时间。

（4）渍制　静止渍制是后熟期，食盐继续渗透，微生物作用下形成独特风味，如大头菜、榨菜等。此阶段需严格隔离空气，防止蔬菜腐败。

3. 注意事项
盐渍菜腌制是利用食盐来加强制品的保藏性，同时有益微生物的代谢产物以及各种配料也起到了一定的作用。值得注意的是，任何一种酱腌菜在生产过程中都会进行一定程度的发酵，不存在绝对不发酵的腌制品，所以在生产过程中需要严格控制环境条件。

（1）微生物对食盐的耐受度　各种微生物都有其最高耐受的食盐浓度，3%的盐液对乳酸菌的活动有轻微影响，3%以上时就有明显的抑制，10%以上时乳酸菌发酵作用大大减弱，且食盐浓度高，乳酸发酵开始晚。各种微生物中，酵母菌和霉菌的抗盐力极强，甚至能忍受饱和食盐溶液。

（2）环境中的pH值　环境中pH值影响用盐浓度，低pH值可降低所用食盐溶液的浓度。

（3）蔬菜的质地和可溶性物质含量　蔬菜的质地和可溶性物质含量的多少是决定用盐量的主要因素。组织细嫩、可溶性物质含量少的蔬菜，用盐量要少。

（4）分批加盐　分批加盐可防止盐浓度的剧烈增加而导致的蔬菜组织骤然失水皱缩，同时可以保证腌制初期乳酸发酵旺盛进行，迅速形成乳酸，从而抑制其他有害微生物的活动，有利于维生素的保存，提高腌制效果。

4. 咸菜腌制的影响因素
影响咸菜腌制的因素有许多，归纳如下：

（1）酸度　腌制时乳酸菌和酵母菌抗酸能力强，降低pH值可抑制有害微生物，理想pH值应在4.5以下。

（2）温度　乳酸发酵适宜温度在30～35℃，同时要注意避免温度过高易引发丁酸发酵产生异味。

（3）气体成分 乳酸菌厌氧发酵，限制氧气接触可抑制需氧有害微生物。腌制过程中会产生二氧化碳，其溶解在水中能抑制霉菌、减少维生素C损失。

（4）香辛料 腌制时添加香辛料可增风味、强防腐，如芥子油、大蒜油防腐效果显著。

（5）原料含糖量 腌制蔬菜含糖量宜控制在1.5%～3%。

（6）原料质地 原料致密坚韧会阻碍渗透，可通过切割、揉搓等方式提升表皮细胞渗透性。

（7）腌制卫生 原料需洗净，容器须消毒，盐水应杀菌，场所应保持洁净。

（8）食盐浓度 食盐浓度越高其溶液渗透压越大，在高渗透压的溶液中细菌细胞会失水，生长受阻。同时钠离子和氯离子会进行水合作用，降低溶液的水分活度也会抑制微生物生长。

（9）腌制用水 水pH值略大于7，硬度12～16度，以此调配盐水腌制，可使咸菜脆嫩、色泽鲜绿。

（二）榨菜生产通用工艺

榨菜是以青菜头为原料，添加适量食用盐，添加或不添加香辛料混合腌制发酵并经压榨等特殊工艺处理（三腌三榨）的一种酱腌菜。

1. 工艺流程

青菜头→风脱水或不风脱水→第一次腌制压榨→第二次腌制压榨→第三次腌制压榨→酵藏后熟→榨菜。

2. 操作要点

（1）第一次腌制压榨

① 操作要点：青菜头计重入池，层菜层盐腌制。每层菜30～40cm，抓平加4%～5%食盐至满池，表面加面盐，盖食品塑料薄膜后覆细河沙压实（以盐水不溢出为准）。盐渍7～15d后，将菜捞出置于水泥地面或囤压池内囤压，堆高1.2m左右，压至入池量的70%。

② 第一次腌制压榨作用：除去原料过多水分及不良水溶性物质；终止细胞生理活动，杀灭抑制不良微生物，促进乳酸菌等有益菌繁殖发酵；除水使组织致密，淘洗去除表面泥沙、杂质及微生物残体。

（2）第二次腌制压榨

① 操作要点：头盐菜块计重入池，仍用层菜层盐法二盐腌制，每层约30cm、用盐6%～8%，满池后按一盐法封池。二盐加工需夯池，每30cm一层人工或机械夯踩20～30min至盐融菜湿。二次腌制20～50d至盐渗透菜芯，到期起池囤压（方法同一盐），压榨成率约为入池重量的80%。囤压结束后看筋处理：剥老皮、抽老筋、剔除菜耳、削黑斑烂点、剪飞皮虚边碎菜、清除烂菜，选水湿生拌菜回池。

② 二盐渍腌制作用：进一步排苦水降苦辣味、促进盐渍入骨并终止细胞生理活动；选育有益微生物促进良性发酵与酶促活动，菜块适度增酸保质。

③ 夯池作用：排泄气体形成厌氧环境以抑制好氧微生物；促进菜体液体外泄与盐均匀混合，打造均匀发酵环境；促进组织致密软化，增强韧脆性。

（3）第三次腌制与贮藏

① 操作要点：菜块计重入池酵藏，三盐仍依照"层菜层盐"的放置方式，每层20～30cm，先化验二盐菜块含盐量并补足至12%左右。满池后加面盐、盖塑料膜、覆河沙至盐水淹过菜面，夯池操作同二盐。腌制贮藏期半年以上，期间注意卫生监管、防漏池，每隔15～30d

敞池排气并清除污物保持洁净。

② 第三次腌制作用：再次脱水终止微生物活动以保质，在适宜条件下可以实现长期贮存；盐醇藏是榨菜后熟过程，一般需要 6 个月以上，是鲜味与香气形成关键期，其间经糖分与蛋白质水解及代谢物转化合成等复杂生化反应，以非酶促作用为主，后熟时间不足则香味生涩、质量劣；三腌过程夯池作用与二腌相同。

3. 榨菜成分在腌制过程中的变化

（1）水分在榨菜腌制过程中的变化

榨菜的水分含量因品种而异，受气候条件（如温度、降雨和日照）以及收获时的成熟度影响。通常其水分含量在 91%～94%，干物质含量则在 6%～9%。水分与榨菜的风味品质紧密相关，榨菜的高水分含量有利于微生物和酶的活动，易导致出现腐败现象。因此，在榨菜的腌制加工过程中，必须考虑水分的影响，并进行适当的控制。盐脱水榨菜三次腌制中，头腌新鲜菜块水分 94%，完成时降至 91%，降 3%；二腌开始 91%，完成时降至 84%，降 7%；三腌开始 84.13%，完成时降至 81.23%，降 2.90%。压榨后最终成品中含水量 72%～74%，干物质含量增至 26%～28%。

（2）碳水化合物在榨菜腌制过程中的变化

榨菜干物质中以碳水化合物为主，与风味与保存性有着密切关系。腌制过程中，榨菜中的单糖和双糖既赋予甜味，又是微生物养分。乳酸菌发酵糖分生成乳酸、乙醇、醋酸和二氧化碳；醋酸增味，有机酸调节酸碱度。乙醇可以起到防腐作用，二氧化碳隔绝氧气抑制需氧菌。轻度的发酵可防变质、增风味。盐脱水榨菜总酸度（以乳酸计）0.76～0.87g/100g、含盐量 12%～13%，能抑制大肠杆菌等有害菌。发酵消耗糖分使成品含糖量下降、含酸量（乳酸为主）上升，故加工中可添加甘草以提升风味。

纤维素和半纤维素构成细胞壁，支撑榨菜结构，皮层纤维素丰富，与木质素、果胶形成复合纤维素，是脆嫩口感的关键。采收时关注原料纤维素和半纤维素含量若其含量较高，易木质化，破坏脆感。

果胶与脆度关系紧密，而果胶酶又直接影响果胶含量，果胶酶受到盐浓度、温度和 pH 值的影响。在腌制过程中一般控制盐浓度 11%～14% 可抑制果胶酶活性（14% 时完全抑制）；温度控制在 25～30℃，避免果胶酶过度活跃；pH 值 4～5 时酶活性受限。此外，食盐中钙离子与果胶酸结合生成果胶酸钙，进一步增强脆度。

（3）含氮物质在榨菜腌制过程中的变化

榨菜中主要的含氮物质是蛋白质，其次是氨基酸态氮等。蛋白质是人体中最主要的营养物质，对调节人体的氮平衡起着一定的作用。榨菜腌制过程中含氮物质变化对产品色、香、味有重要影响，主要体现在三方面：

① 含氮物质能改变榨菜的风味和鲜香味。腌制时添加香辛料等带来辛辣香气。发酵中，蛋白酶分解蛋白质产生氨基酸，带来鲜香味，其中谷氨酸与盐作用生成谷氨酸钠（即味精），其含量达 0.4%，占氨基酸总量 30% 以上。氨基酸在酸作用下生成醇，醇与酸化合为酯，产生香味。

② 含氮物质能改变榨菜的色泽。含氮物质可引起榨菜变色，除还原糖与氨基酸反应外，还与金属有关，故腌制时勿用铁制容器，避免产品变色。

③ 含氮物质能改变榨菜的蛋白质含量。蛋白质与单宁结合产生沉淀，有助于榨菜腌制时卤汁澄清。加工后榨菜蛋白质含量减少，一部分被微生物作氮源消耗，还有一部分被渗入

到发酵液，其共同导致了菜内蛋白质的含量减少。

（4）糖苷类在榨菜腌制过程中的变化

榨菜内的糖苷类物质由单糖分子与非糖物质结合而成，影响其色、香、味和利用价值。青菜头含特殊芥子素，带苦辣味。腌制加工时，踩踏、压榨致部分细胞破裂，细胞内黑芥子苷酶水解芥子苷，生成芥子油、葡萄糖和硫酸氢钾。芥子油有特殊芳香与刺激性气味，赋予榨菜芳香味，且因其防腐能力强，可保持产品品质，抑制微生物危害。

（5）色素物质在榨菜腌制过程中的变化

榨菜中最常见的叶绿素呈绿色，分 a、b 两种，比例约 3：1，叶绿素 a 为蓝绿色、叶绿素 b 为黄绿色，叶绿素 a 含量越高则其绿色越深。不同生长期，二者含量变化使榨菜呈现不同颜色，其含量还与培管、水肥、气候相关。"冬至"前，叶绿素 a 含量高，叶色深绿；清明前后成熟期，叶绿素 b 含量高，叶与肉质茎呈黄绿色。腌制时，乳酸与叶绿素反应，使其由绿转黄。叶绿素不稳定、不溶于水，酸性条件下 Mg^{2+} 被 H^+ 取代变色，碱性水解后与碱成盐更稳定。

腌制中要保持榨菜绿色，需依据叶绿素性质控制工艺。首次腌制时，适当多放盐、缩短腌制期，抑制乳酸菌活动。踩踏榨菜要轻踩勤踏、层层压实至盐溶菜泛绿。踩踏能破坏部分细胞，使汁液溶盐，盐分渗入加快脱水，排出空气，让组织透明，保持青绿，还能加速成熟、防止发热泛黄。

（6）矿物质在榨菜腌制过程中的变化

榨菜中含有铁、磷和钙等矿物质，榨菜经过腌制加工后含钙量比腌制前增多，是由于食盐内所含的钙离子渗入的结果，而含铁量和含磷量减少，其因食盐不含相关化合物，且榨菜自身铁和磷化合物部分渗出。

（7）酶在榨菜腌制过程中的变化

榨菜腌制中酶促作用是提升风味关键，酶活性受温度、盐浓度及 pH 值显著影响。蛋白酶活性温度为 20～60℃，50℃时最强：4 月低温腌制酶促反应弱、鲜味不足，6～7 月高温期蛋白质充分转化为氨基酸，鲜味浓、品质佳，需避光通风存放。酶对盐的浓度较为敏感，12% 浓度时活性减弱，超 25% 抑制，但是腌制需平衡盐量，降低盐量可以促蛋白质转化增鲜，适当提高盐量抑制原果胶酶活性以保脆度。蛋白酶在 pH4～5 时活性最强，此范围原果胶酶受抑制，需重视酸碱度对榨菜品质的影响。

二、酱菜类

酱菜类在腌制基础上再渍制，细胞结构变化不同于盐渍菜。腌制好的咸坯酱渍前需脱盐、脱水：先清水浸泡脱盐，再压榨去除部分水分，然后将处理后的咸坯放入酱等辅料中。渍制时，咸坯细胞膜已成全透膜，因细胞液与渍制液浓度差大，渍制液中营养物质大量扩散至咸坯细胞内，形成独特风味并恢复细胞外观形态。

渍制后产品形态与盐渍品差异小，但细胞内营养成分因扩散作用变化显著。扩散速度与浓度梯度成正比，要让渍制品快速吸收更多物质需加大浓度梯度（即酱与咸坯细胞液的浓度差）。通过提高渍制液浓度、降低咸坯食盐浓度可扩大浓度差，加快扩散速度，缩短生产周期。

（一）传统酱菜生产工艺

酱菜品种多样、风味口感各异，但传统制作过程和操作方法基本一致，均为先将蔬菜腌成半成品、切制成形，再进行酱制。可用于制作酱菜的原料广泛，需为肉质肥厚、质地嫩脆、无病虫害的蔬菜，如萝卜、洋姜、嫩姜、莴苣、黄瓜等。辅料主要包括各种酱、食盐、香辛料、防腐剂等。部分蔬菜经挑选洗涤后可直接酱制，且酱渍品品质和风味俱佳。

1. 工艺流程

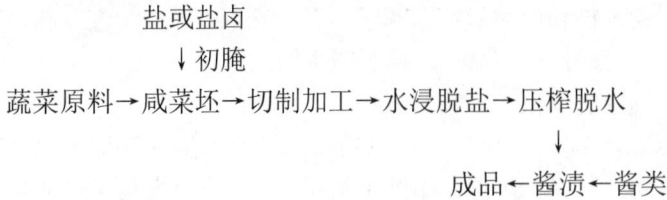

2. 操作要点

（1）初腌制咸坯　这是酱渍菜半成品的制造环节，咸坯质量直接影响酱渍菜品质，南北方对其制作方法、质量及规格均有具体要求。

（2）切制加工　蔬菜腌成咸坯后，常需切制成更小的形状，如黄瓜切条/片、萝卜切寸金萝卜或丝、芹菜切段等。

（3）水浸脱盐　切制后的咸坯若含盐量高或带苦味，需清水浸泡脱盐，时间依咸坯含盐量和酱制需求而定（一般 1～3d）。含盐量低、菜体小的可泡半天；夏季泡 12～24h，冬季 2～3d，需保留一定盐量防腐败。浸泡可去苦辣味和部分盐分，降低渗透压以加速与高渗酱的渗透。浸泡时需翻动并每天换 1～2 次清水，确保脱盐均匀。

（4）压榨脱水　脱盐后的咸坯若含水量高，需压榨脱水以利酱制并保持酱汁浓度。方法有两种：袋/筐内用重石或杠杆自然压榨，或箱内用压榨机压榨。脱水需适度，咸坯含水量以 50%～60% 为宜，水分过小会导致菜坯膨胀不足、外观不佳。

（5）酱渍　脱盐脱水的咸坯或新鲜蔬菜酱渍时，体大、韧性强的原料可直接入酱；碎菜、小菜或脆嫩易折原料（如姜芽、宝塔菜）需装入布袋扎口酱渍，避免与酱混合导致难清理、影响外观。

酱渍时按比例分层铺菜与酱，最后用酱封面。酱渍期需翻倒或搅拌：前 10 天白天每隔 2～4h 搅拌 1 次，10 天后每 1～2 天翻倒 1 次。翻倒方式包括酱耙搅动或换缸移位，使菜酱均匀接触、加速酱汁渗透，缩短周期。酱渍时间 15～25 天，至里外色泽均匀。

酱可复用 2 次，通常先用二次酱（用过 1 次的）酱渍，再用原酱提升风味，使产品酱香浓郁、口感醇厚。但该法劳动强度大、产量受限，部分地区改用酱汁酱渍。

3. 注意事项

① 机械切菜需保持刀片锋利，否则易导致菜坯表面粗糙、光泽差，还会产生碎末造成浪费。

② 菜坯脱盐宜少加水（以没过菜坯为准），及时搅拌并在菜卤盐含量平衡时换水。夏季需注意盐含量变化，及时脱水酱制，防止因盐含量过低遭杂菌污染，导致菜坯发黏或产生异味。

③ 菜坯适当脱水后应及时酱制。为提风味、节约用酱，一般采用套用酱制法（酱连续套用 3 次）：第 1 次用套用过 2 次的酱脱卤去异味；第 2 次用套用过 1 次的酱渗透残留成分并置换菜卤；第 3 次用上等好酱，至菜坯与酱中有效成分平衡时结束。

④ 菜坯入酱后需及时倒菜。脱盐酱制的菜坯含盐量约 10%，入酱后易因厌氧微生物产酸。首次倒菜在酱制 7d 后进行，此时菜卤大部分渗入次酱，倒菜可疏松菜坯、控出卤汁并防产

酸。首次倒菜后换中等质量的酱继续渗透，7d 后二次倒菜，前两次倒菜时适当挤压菜坯促卤汁溢出。二次倒菜后换上等好酱，7d 后第三次倒菜，目的是使菜坯均匀疏松。

倒菜时机需精准把控，过早卤汁难置换，过迟易引发乳酸菌发酵致酱菜发酸，夏季尤需注意。酱制中，酱内糖类等物质不断渗入菜坯至平衡，温度影响生产周期，冬季应做好车间保暖。

（二）酱汁酱菜工艺

酱汁酱菜所用的设备采用不锈钢罐，并带有搅拌装置及水力输送装置，大小可根据生产量而定。脱水设备宜选用离心机或压榨机，此外还包括酱汁过滤机与汁菜分离器。

1. 工艺流程

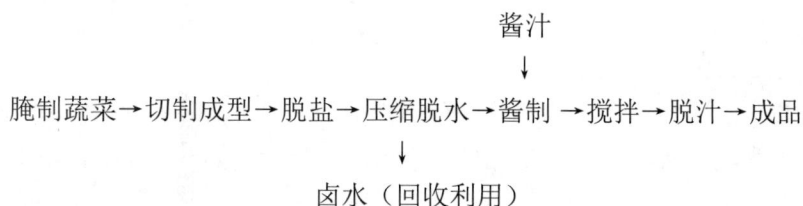

2. 操作要点

（1）脱盐　将腌制蔬菜按品种和酱菜要求切制，加清水浸泡脱盐，定时搅拌，4 ～ 6h 达标后送入脱水设备。

（2）酱制　脱水后的菜坯入酱制罐，每隔 4h 搅拌 1 次，48h 后菜坯与酱汁平衡，细胞恢复正常，酱制完成。

3. 注意事项

脱盐在带搅拌的浸泡罐中进行，加水量依蔬菜含盐量而定，及时搅拌加速脱盐，可用低浓度回泡法节水。压榨时缓慢匀速施压，防止破坏细胞，确保水分正常渗出。酱制期间需间隔搅拌，加快蔬菜对酱汁的渗透吸收，使其均匀入味，缩短酱制时间。

（三）真空渗透酱制工艺

真空渗透酱制工艺通过抽真空，强制抽走菜坯细胞及间隙气体，为料液渗透开辟通道，同时使菜坯内呈负压，加大与料液的渗透压差，从而加快渗透速度。该工艺最大优势在于大幅缩短生产周期，原本酱菜生产需半年，新工艺下新酱菜 6 ～ 10d 即可完成，部分品种如莴苣丝仅需 2 ～ 3d。

1. 工艺流程

2. 操作要点

（1）改形加工　将咸坯切成 4 条，再斜刀切成长 1.5cm 的柳叶形。

（2）水浸脱盐　将咸菜坯放在 10 倍的清水中浸泡以降低其含盐量，一般浸泡 6 ～ 24h。咸坯含盐 18.8%，浸泡 20h，含盐量降至 2.0%。

（3）真空酱制　真空酱制以改进高压蒸汽消毒釜为抽空容器，将菜坯和酱汁加入其中，密封，抽真空后，渗酱达一定时间后，解除真空，在自然条件下渗酱。

（4）密封　用真空包装机抽气封口。

（5）杀菌　采用巴氏杀菌。

（6）保温检验　（37±2）℃，7d 后观察并分析。

3. 不同酱制工艺比较

将同一批莴笋咸坯，分为两份，在相同条件下，分别进行自然酱制和真空酱制。真空酱制条件：真空度 0.080MPa，抽真空 1 次，抽真空 1h。结果见表 4-1。

表 4-1　真空酱制与自然酱制效果比较

方法	NaCl/%	还原糖 / %	总酸 / %	感官评分
真空酱制 3d	5.84	10.32	0.54	10
自然酱制 3d	3.72	4.02	0.45	6
自然酱制 14d	5.92	10.60	0.99	9

由表 4-1 可知，真空酱制 3d 的样品质量优于自然酱制 14d 的样品，真空渗酱速度远超自然渗酱。低盐环境下乳酸菌活性强、产酸快，真空酱制 3d 即成，乳酸积累少，不影响制品风味；自然酱制需 14d 成熟，长时间积累过多乳酸，严重破坏制品风味。

4. 真空酱制条件优选

以腌莴笋条的真空酱制条件优选为例说明如下。

（1）真空度　分别选择 0.067MPa、0.073MPa、0.080MPa 抽真空 1h，再自然酱制 3d，结果见表 4-2。

表 4-2　不同真空度对酱制速度的影响

真空度 / MPa	总酸 / %	NaCl/%	还原糖 / %	感官评分
0.067	0.52	4.86	7.22	8
0.073	0.50	5.22	9.83	9
0.080	0.54	5.84	10.32	10

从表 4-2 可以看出，真空度越高，渗透料液速度越快。真空度越高，细胞及细胞间隙的气体抽出得越多，则渗酱通路越畅通，同时形成的负压大，渗酱速度快。

（2）抽真空时间　在相同条件下，真空度选择 0.080MPa，对制品进行不同时间的抽真空，然后浸渍 3d，测定结果见表 4-3。

表 4-3　不同抽真空时间对渗酱速度的影响

抽真空时间 / h	总酸 / %	NaCl/%	还原糖 / %	感官评分
1	0.54	5.64	10.32	10
2	0.48	5.82	10.18	10
3	0.48	5.82	10.32	10

实验表明，不同抽真空时间下，酱制品成分无差异，渗酱速度相同。在一定真空度下，抽真空至一定时长后，菜坯内气体大部抽出，内外压平衡，再延长时间也无法抽气，所以抽真空 1h 即可满足需求。

在真空度 0.080MPa、抽真空时间 1h 的条件下，开展不同抽真空次数的对比实验：①第 1 天抽 1 次真空，浸渍 3d；②第 1 天抽真空后浸渍 1d，再抽 1 次真空，继续浸渍 2d；③每天抽真空，3d 共抽 3 次。实验结果如表 4-4 所示。

表 4-4 抽真空次数对酱制的影响

处理方法	测定项目			
	NaCl/%	还原糖 / %	总酸 / %	感官评分
1	5.84	10.32	0.54	10
2	5.77	10.30	0.52	10
3	5.86	10.12	0.52	10

由表 4-4 可知，不同抽真空次数下，渗酱速度差异不大，故抽真空 1 次即可。原料浸入酱汁后，单次抽真空便能基本抽尽组织内气体，停止抽真空后，内部真空度会促使酱汁吸入。菜坯浸于酱汁与空气隔绝，无需再次抽真空。

真空酱制具备显著优势，其速度快、周期短，产品卫生，利于机械化生产且成本低。若将真空酱制与真空包装结合，配合加热杀菌制成软罐头，酱腌菜将具有重量轻、抗挤压、便于携带、开袋即食的特点。

5. 注意事项

（1）原料预处理 确保原料干净、新鲜，并根据需要进行切割、清洗等预处理，以便更好地吸收酱料。

（2）真空度控制 抽真空的过程中要注意控制适当的真空度，过高或过低的真空度都可能影响酱料的渗透效果和产品的最终质量。

（3）渗透液的选择与配比 根据不同的酱菜品种选择合适的着味剂或着色剂，并精确控制其浓度和配比，以达到理想的风味和色泽。

（4）温度与时间的控制 虽然真空渗透工艺缩短了传统腌制时间，但仍需注意控制适宜的温度和时间，以保证酱料充分渗透的同时，避免过度加热导致营养成分流失或质地改变。

（5）卫生与安全 在整个加工过程中，必须严格遵守食品安全卫生标准，确保设备清洁，防止交叉污染，并采取必要的安全措施保护操作人员。

（6）设备维护与校准 定期检查和维护真空渗透装置，确保其正常运行，并定期校准仪器仪表，以保证加工过程的精准性和一致性。

（7）产品检测与质量控制 在加工完成后，应对产品进行检测，确保其符合国家规定的质量与卫生标准，并通过感官评价等方式监控产品的风味和色泽。

三、泡菜类

泡菜是发酵性蔬菜腌制品，是我国民间广泛流行的大众化蔬菜加工品，是将蔬菜浸在盐水中经乳酸发酵制成。它营养丰富，色香味独特，有益消化道健康，深受国内外消费者青睐。

适合加工泡菜的蔬菜需组织紧密、质地嫩脆、肉质肥厚、不易软化且含一定糖分。辅料包括酒、糖、食盐、红椒、香辛料等。制作时要选用不漏气、不渗水的泡菜坛。泡菜水以井水、矿泉水为佳，需符合国家生活饮用水标准，硬度在 16° dH（1° dH 对应 10mg/L CaO）以上，塘水、湖水不宜使用。

泡菜发酵过程有酵母、霉菌、细菌等多种微生物参与，主要产酸菌为乳酸菌。自然发酵初期，明串珠菌属占优势并产酸，随着酸度上升，明串珠菌属停止生长并死亡，乳杆菌属快速繁殖成为优势菌。

1. 工艺流程

配制泡菜水
↓

鲜菜→整理→洗涤→切分→晾干明水→入坛泡制→存放后熟

2. 操作要点

将预处理后的原料装入坛中，先装半坛并压实，放入香辛料袋后继续装料。至离坛口 6～10cm 时，用竹片卡住原料，注入泡菜水淹没原料，盐水装至离坛口 3～5cm 处。若用陈泡菜水，可直接加原料，再补加食盐、香辛料及调味料，加盖并加满坛水，静置后熟。

泡制时需注意：一是保持水槽清洁，使用饮用水并加 10% 食盐，防止杂菌污染；二是严禁坛内混入油脂，避免杂菌滋生致臭；三是可放入大蒜、洋葱等食材或白酒，预防长膜；四是把控食盐用量，平衡浓度保持在 2%～4%，盐多则咸而不酸，盐少则酸而不咸。

3. 注意事项

（1）创造缺氧环境　缺氧是乳酸菌乳酸发酵的必要条件，有氧易滋生霉菌致加工失败。可通过三种方式创造缺氧环境：一是选用泡菜坛等合理发酵容器，其细颈、胖肚、尖底和水槽设计，能沉淀杂质、容纳盐水、减少空气进入并隔氧防菌；二是装坛时压实原料，确保泡渍液完全浸没；三是泡制期间不随意开盖。

（2）控制食盐浓度　食盐可防腐、析出蔬菜水分并改善质地，用量应控制在配方总量 10%～15%。浓度过高抑制乳酸发酵、影响风味；过低易滋生杂菌、导致变质。建议分批加盐，兼顾发酵与防腐，防止皱皮，实现低盐化，最终盐平衡浓度控制在 8% 以下。

（3）控制发酵温度　发酵温度以 15～20℃为宜，温度过高利于有害菌生长，过低则抑制乳酸发酵。温度与盐浓度相互制约，温度偏高时需提高食盐浓度，偏低时可适当降低，以在自然室温下缩短周期、稳定质量。

（4）控制一定的 pH 值　发酵初期将 pH 值调节至 5.5～6，可抑制腐败菌，乳酸菌能耐受此酸性环境。酵母、霉菌虽耐酸性更强，但作为好氧菌，在缺氧环境中无法活动。

（5）其他注意事项　盐水需煮沸杀菌；蔬菜与泡菜坛应晾干，避免发霉；水槽水要保持盛满并勤换；妥善保存老盐水可重复使用；交替泡渍时令蔬菜，丰富泡菜风味。

四、酸菜类

酸菜是选用大白菜、甘蓝等蔬菜及调料，经渍泡和乳酸杆菌发酵制成的腌制蔬菜。乳酸菌在发酵各时期起主导作用，其数量占比影响发酵速度，主要包括植物乳杆菌、短乳杆菌等。发酵汁中还存在微球菌属、肠杆菌属等其他微生物。

大白菜和圆白菜是东北冬季主要原料，其单糖在乳酸杆菌作用下发酵产乳酸，制成酸菜。酸菜以香、酸、脆、咸适中的口感，开胃保健功效及低廉价格受消费者喜爱，腌制工艺从传统发展为利用现代生物技术优选乳酸菌发酵。南方常用大叶包心芥菜腌酸菜，其他可选蔬菜包括芥菜、小白菜、萝卜等。

1. 工艺流程

蔬菜→适时采收→运输→晾晒→整理→入缸（桶、池）→加盐水、调料→腌制→成熟→整形→入销售桶→上市销售。

2. 操作要点

（1）原料选择　选择新鲜、无病虫害的蔬菜，如大白菜、芥菜等。

（2）预处理 将选好的蔬菜进行清洗、晾晒、切分等预处理。晾晒可以去除表面水分，避免腌渍时盐水浓度降低；切分有利于盐分和调味料的渗透，保证产品品质、风味和外观的一致性。

（3）腌渍 将预处理后的蔬菜放入容器中，加入适量的盐和其他调味料，如白酒、料酒、醪糟汁、红糖、白糖、大蒜、生姜、干辣椒等，进行腌渍。腌渍时间根据蔬菜种类和质地的不同而异，一般为几小时到几天。

（4）发酵 腌渍后的蔬菜需要进行发酵，这是酸菜制作的关键步骤。发酵过程中，乳酸菌将蔬菜中的单糖、二糖转化为乳酸，使 pH 值下降，抑制其他微生物的生长，同时产生二氧化碳等气体，赋予酸菜特有的风味。

（5）成品管理 发酵完成后，酸菜需要进行适当的包装和储存。可以选择将酸菜装入干净的玻璃瓶或塑料袋中，排出空气后密封保存。储存时应注意避免阳光直射，保持阴凉干燥的环境。

3. 注意事项

（1）原料处理 包心白菜等原料宜选晴天采收，晾晒 1～2d，使其软化，但不要晒干，以免影响口感，然后整理切头，除去老黄叶、病叶，腌制菜要分层压实，要用塑料薄膜封口。

（2）腌制容器消毒 腌制酸菜的容器必须干净无油，并且要进行消毒处理，可以使用酒精或用 1000 倍的高锰酸钾液杀菌消毒。

（3）腌制环境 腌制好的酸菜应存放在阴凉、通风、干燥的地方，避免阳光直射和潮湿环境。腌制酸菜的环境温度应控制在 12～15℃之间腌制时温度不宜过高，以防止白菜腐败变质。在白菜上压上重物，并在旁边浇上烧开的水，以促进发酵。

4. 酸菜中亚硝酸盐的控制

（1）控制食盐浓度 腌制初期乳酸少，食盐抑菌关键。盐浓度低，硝酸还原菌活跃，亚硝酸盐生成快；高浓度盐抑制不耐盐微生物，减缓硝酸还原。12% 以下食盐浓度产生的亚硝酸盐最多，15% 次之。6%～12% 盐浓度时，8～10d 亚硝酸盐含量达峰值；15% 盐浓度下，15d 达最高。

（2）控制腌制时间 腌制中，亚硝酸盐含量随时间上升，6d 达最高，20d 后完全降解。食用腌制 6～15d 的酸菜易中毒。

（3）控制换水次数 增加换水次数、延长浸泡时间，可有效去除酸菜中亚硝酸盐。换 4 次水后，去除率约 90%。

五、糖醋菜类

糖醋渍菜类是以蔬菜咸坯为原料，经脱盐脱水后，用糖、糖水、食醋或糖醋液浸渍而成的蔬菜制品，如糖醋黄瓜、甜蒜头。

1. 工艺流程

鲜菜整理洗净→盐腌→脱盐→沥干→配制糖醋液→入坛浸渍→杀菌包装→成品。

2. 操作要点

（1）原料选择整理 要求与酱菜类似，常用原料有葱头、蒜头、黄瓜等。原料洗净后，按需去皮、去根或去核，再按食用习惯切分。

（2）辅料 主要包括桂皮、八角等香辛料，食醋或冰醋酸，以及糖。

（3）盐渍处理 用 8% 左右食盐腌制整理好的原料，至半透明状，以去除不良风味，增强细胞膜渗透性。若保存半成品，需补盐至 15% ～ 20%，并隔绝空气。

（4）糖醋液配制　糖醋液影响成品品质，需甜酸适中，含糖 30% ～ 40%，含酸 2% 左右。可加白酒、辣椒、香辛料等增味，香辛料先熬煮过滤，白砂糖溶解过滤煮沸后，降温至 80℃再加入醋酸等，另加 0.1% 氯化钙保脆。

（5）糖醋渍　腌制原料清水脱盐至微咸，沥干后按 6 份菜坯与 4 份糖醋液的比例装罐或缸，密封 25 ～ 30d 后可食用。

（6）杀菌包装　如需长期保存，可罐藏，用玻璃瓶等容器热装罐或抽真空包装。密封温度 ≥ 75℃可不杀菌；也可包装后在 70 ～ 80℃热水杀菌 10min，热装罐或杀菌后需迅速冷却，防止制品软化。

3. 注意事项

（1）原料选择　选择新鲜、无损伤的蔬菜原料，最好是当年的新菜。剥皮时注意不要划伤蔬菜的表面。

（2）腌制容器　使用玻璃或陶瓷等非金属容器，确保容器干净无水，以防止大蒜腐烂变质。

（3）调味料配比　糖、醋和盐的比例需要适当，例如可以按照 500g 醋、375g 糖、25g 盐的比例调配腌制汁。

（4）醋的选择　可以选择不同类型的醋，如米醋、陈醋、白醋等，但应注意醋的颜色可能会影响腌蔬菜的颜色。

（5）腌制时间　腌制时间会影响最终产品的口感和色泽，一般来说，腌制时间越长，口感越好。可以根据个人喜好调整腌制时间。

（6）密封保存　腌制过程中要确保容器密封良好，避免空气进入导致腌菜变质。

（7）环境控制　根据季节调整腌制环境的温度和湿度，例如冬季可以将腌制容器放在阳光下，夏季则需要冷藏腌制。

第三节　酱腌菜加工新技术

一、低盐酱腌菜保脆技术

（一）原材料的选择

随着科学技术的进步和新型农业技术的发展，蔬菜的品种变得越来越多。原材料的选择在所有腌渍菜生产过程中起着至关重要的作用，直接影响了腌渍菜的口感与营养。王萍等在对萝卜风味物质及其变化规律的研究中，选取"165×7 号""鲁萝卜 4 号""鲁萝卜 6 号""韩引 114 号" 4 个品种的萝卜，发现 4 种萝卜风味物质含量存在差异；梅邢等选择了"凤头姜老姜""凤头姜仔姜""黄爪姜老姜" 3 种生姜进行粗黄酮抗氧化活性的比较，发现品种和成熟期对生姜粗黄酮抗氧化效果均有影响。由此可见，原材料的选取不可忽视。

在进行蔬菜腌制之前，应提高对酱腌菜原材料选取的标准。对原材料的选取应当遵循适时采收的原则，过早或者过晚采收都会影响腌菜的脆度。除了合适的采收时间、合理的采收方法外，减少机械伤、减少原果胶在果胶酶作用下水解成果胶，对腌渍菜的脆度也会有影响。目前，在影响低盐化腌渍菜脆度的因素中，微生物起着至关重要的作用。盐浓度小，直接影响有害微生物的繁殖情况。

（二）保脆剂保脆

蔬菜采收后只要不过度软化，就可以通过保脆剂的使用及处理使蔬菜恢复且保持脆度。近些年来，利用保脆剂来维持酱腌菜脆度的实验引起了广泛的关注。通过保脆剂来保持酱腌菜的脆度时，既可以将保脆剂加入到腌渍液中，也可以将腌渍的蔬菜浸泡于溶解了保脆剂的水溶液中，这项操作会使酱腌菜的脆度大大提高。与此同时，保脆工艺技术也得到了快速发展。

1. Ca^{2+} 保脆剂

除了原材料选取需注意的因素以外，一般在酱腌菜腌制过程中还会加入一些能够起到保脆作用的物质。Ca^{2+} 能够促使果胶甲酯酶被激活，酶的活性显著提高，进而促使果胶转化为甲氧基果胶并与 Ca^{2+} 生成不溶性的果胶酸钙，这类盐凝聚在细胞间隙中，会产生凝胶作用，减弱细胞失水的程度，提高腌渍菜的脆度。

尹爽等采用了 $CaCl_2$、乳酸钙、丙酸钙 3 种不同的保脆剂分别对芥菜疙瘩进行处理，研究了芥菜疙瘩腌制期间品质和质构特性的影响，结果表明，3 种保脆剂均能在一定程度上有效保持芥菜疙瘩腌制期间的质构品质。石桂春提出 $CaCl_2$ 是一种理想的保脆剂，可在热烫护色并速冷后应用，浓度控制在 0.2%，浸泡时间为 10～20min，然后捞出，用清水漂洗干净。张甫生等对比了 $CaCl_2$ 和海藻酸钠对鲜红辣椒脆度及色泽的影响，得出 $CaCl_2$ 的保脆效果优于海藻酸钠。谭冬梅等通过单因素试验和正交试验得出，甘露子的最佳保脆方法为食盐浓度 12%、$CaCl_2$ 浓度 0.2%、烫漂时间 50s，并得出影响甘露子硬度的主次因素依次是食盐浓度、$CaCl_2$ 浓度、烫漂时间。吴祖芳通过接种乳酸菌低盐腌制榨菜并通过 SAS 软件 RSREG 过程，得出当 $CaCl_2$ 浓度为 0.25%、盐浓度为 6.07%、腌制时间为 11.5d 时，榨菜脆度值达到最佳为 155.6g。王新惠等在对竹笋香辣酱护色保脆工艺进行研究时发现，使用 0.2%～0.3% 的 $CaCl_2$ 溶液浸泡 45min 后，得到的产品脆度最好。在绿竹笋罐头加工过程的预煮液中添加 0.4% 的 $CaCl_2$，能够提高绿竹笋的脆嫩度。李汉文在对海南黄帝椒微生物分析时，发现新鲜辣椒在采摘切碎后 2d 内还能保持原来的脆度，之后脆度慢慢下降，而在后续试验中使用了低浓度的 $CaCl_2$ 就能很好地维持辣椒的脆度。过去明矾常常作为人们使用的保脆剂，但由于铝离子蓄积对人体危害极大，现已禁止使用，张长贵在对芥菜疙瘩休闲产品拌料过程中，发现添加 0.09% 的 $CaCl_2$ 即能得到较好的保脆效果。香椿脱水前在 100℃的 0.6% $CaCl_2$ 溶液中热烫 60s，冷却后在 0.6% $CaCl_2$ 中硬化 1h 能够达到良好脆度。庄言在研究中得出，水芹在 0.1%$CaCl_2$ 溶液中烫漂后，硬度仍能维持。

2. 果胶甲酯酶保脆剂

蔬菜的质构主要是由蔬菜的成分和组织结构决定的。细胞壁主要由纤维素、半纤维素、果胶质、木质素等聚合物构成，细胞壁任一结构成分的降解或破坏都会对细胞的结构产生影响，从而影响蔬菜的质构。细胞壁中的果胶多糖是影响蔬菜质构的主要物质。目前，研究细胞壁果胶变化及影响其变化的相关内源酶对蔬菜质构变化的影响较多，尽管纤维素的结构变化可能与蔬菜软化有关，但很多研究显示，纤维素的解聚并不是软化的关键因素。果胶质是构成细胞壁和细胞层的主要成分，当细胞壁中的原果胶降解时，胞间层和初生壁被分解，细胞结构受损，蔬菜硬度下降。

果胶酶是指能够催化果胶质分解的多种酶的总称，广泛存在于植物果实中，是四大酶制剂之一。果胶酶按其作用最适 pH 值分为酸性果胶酶和碱性果胶酶，食品行业中应用最多的是酸性果胶酶。有研究报道，通过添加外源性果胶甲酯酶将果胶去甲酯化，会对果蔬的硬度保持具有良好的效果。宗迪等对是否经果胶甲酯酶处理的苹果切块制成的悬浮饮料进行比较，结果表明，经果胶甲酯酶处理的悬浮饮料，其硬度保持率为48.5%，而未经处理的悬浮饮料硬度保持率为32.5%。谢玮等发现，莲藕硬度与果胶甲酯酶活性呈正相关。此外，添加果胶甲酯酶后，可将蔬菜中的高甲氧基果胶（HM）转化成低甲氧基果胶（LM），使LM与钙离子发生交联作用，产生一种坚固的果胶酸钙网络来保持蔬菜的脆度。张晓发现，添加8100U/L果胶甲酯酶后，泡菜的脆度较对照组显著提高了22.5%。杜小琴在研究泡菜软化控制措施时提出，激活内源性果胶甲酯酶和直接添加外源性果胶甲酯酶使泡菜原料中的果胶在酶的作用下转化为果胶酸，在存在钙盐的条件下，提高果胶酸钙的含量，泡菜的脆度大大提高。杨林等考察发现，果胶甲酯酶结合$CaCl_2$处理番茄丁硬化效果最为显著，果胶甲酯酶可以应用于含有高氧基果胶的番茄丁产品。

3. 复合保脆剂

近年来，复合保脆剂的使用成为学者研究的热点。尹爽等在研究芥菜疙瘩保脆工艺时发现，采用$CaCl_2$：乳酸钙：丙酸钙为1：16：3的复合保脆剂后，芥菜疙瘩品质与脆度最好，且无论从脆度还是感官评分上均优于单一的保脆剂。董刚等发现利用海藻酸钠与钙离子结合为不可逆凝胶的特性，可有效地提高成品的脆度，同时提出整果热烫工艺减少维生素C的损失，有利于保持原料脆度。将果蔬浸泡于以$CaCl_2$、海藻酸钠为主要成分的溶液中，能够提高果蔬的脆度。陈英武通过研究对不同保脆剂——乳酸钙、$CaCl_2$、$MgCl_2$对蕨菜的保脆效果，得到最佳保脆效果复合剂为乳酸钙100mg/L、$CaCl_2$50mg/L、$MgCl_2$150mg/L组成的复合剂。相关研究表明，蕨菜、青椒、萝卜等新鲜蔬菜只需要通过$CaCl_2$及复合试验便能实现较好的保脆效果。

（三）保脆工艺

在食品的运输、贮藏、加工、生产过程中，微生物也在不停地繁殖。在低盐环境下，微生物的生长受到的抑制作用减弱，造成微生物大量繁殖，腌渍菜过早酸软、发霉，影响腌渍菜的营养和食用效果，对人们的健康也会产生巨大影响。在腌渍过程中，定期对腌渍菜进行杀菌，有效地控制微生物的繁殖，也是一种间接保脆的手段。传统上的杀菌方式存在着种种缺点，随着科学技术的发展，新型杀菌方式已经出现，选择最优的杀菌方式，是保脆工艺中更为重要的一步，以下就冷藏或热烫保脆、微波保脆、超高压保脆等杀菌方式进行讨论。

1. 冷藏或热烫保脆

低温和冷藏在一定程度上可以保持酱腌菜的脆度。葛燕燕等通过在贮藏期间，对4℃冷藏与25℃室温保藏相比较，发现在冷藏条件下硬度变化很小，能够保持贮藏期腌冬瓜的硬度，在整个贮藏期间，冷藏处理组显著优于室温组。范民采用低温烫漂法与复合保脆剂联用技术，对裙带菜进行保脆处理，通过单因素试验和正交试验，确定了裙带菜保脆最佳工艺条件：海藻酸钠与$CaCl_2$的质量比为1：1，保脆剂质量浓度为3g/L，低温烫漂温度为50℃，时间为25min。汪欣等以白萝卜为材料，研究了热风干燥、热烫等泡菜常用的前处理方式对果胶酶活性的影响以及对白萝卜脆度的变化，发现热烫对白萝卜中果胶酶影响较大。

2. 微波保脆

对传统食品进行热杀菌处理，不但破坏了食品原有的自然风味和颜色，还会造成食品化学成分发生变化，产生有害物质，使食物本身的营养流失，有的甚至会带来耗能及环境污染问题。与通过传统热杀菌工艺杀菌达到保脆效果相比，微波杀菌是一种新型的杀菌方式。王梅等对保持佛手瓜酱腌菜脆度的杀菌工艺进行优化，将巴氏杀菌与微波杀菌作比较，结果发现，微波杀菌具有加热时间较短、温度提升速度快、耗能低、均匀杀菌、食品营养成分和风味物质损失少等优点，说明微波杀菌将会有更为广阔的市场前景。目前，微波杀菌技术在食品工业中的应用越来越广，已经获得更多食品生产者的青睐。Chen 等针对小米辣椒保脆提出一种新方法，即通过微波结合保脆剂处理，在微波功率 525W，微波处理时间 64.5s，乳酸钙添加量 0.08% 条件下，过氧化物酶（POD）被灭活，小米辣椒脆度为 68.77N，为小米辣椒微波灭酶保脆工艺提供了参考。

3. 超高压保脆

超高压作为一种新兴技术，具有操作简单、适用范围广、处理样品多、经济环保等优点。超高压技术（HPP）在一定程度上也可保持果蔬的硬度。这是由于超高压结合钝化了与质构变化相关的酶活，从而终止了某些化学反应的发生，保持了固体果蔬制品的质构。超高压技术在鲜切果蔬品质保持方面具有很大潜力。孙雅馨等利用这一优势，发现鲜切胡萝卜的硬度受到超高压处理后细胞膜透性的改变和细胞壁果胶组分变化的共同影响。陈健保通过研究超高压灭菌处理对酱腌菜品质的影响，发现经过超高压处理的样品内总酸、食盐、还原糖、亚硝酸盐等理化指标均符合酱腌菜卫生标准，并且对色泽、气味、脆度进行的感官评定达到了 70 分，既保持了口感，又延长了酱腌菜的货架期。张恩广等对低盐渍莴笋进行超高压处理后，既达到了杀菌要求，又保持了莴笋原有的脆硬口感。

二、酱腌菜防腐技术

随着季节的更替，蔬菜的保存量不一，旺季需要对蔬菜进行转化储藏，以备淡季的使用，酱腌菜是其中一种转化方式。酱腌菜的生产需要利用防腐保鲜技术以防止酱腌菜腐败变质。引起酱腌菜腐败变质的原因有物理、化学、微生物因素等，其中微生物因素对食品变质的影响最为严重，而致使酱腌菜中微生物增长的主要因素包括盐的含量、pH 值，低盐、增酸、适甜的蔬菜腌制品正不断发展。减少用盐量会致使腐败微生物数量增加，从而导致保质期缩短。酱腌菜新兴防腐技术主要有包装技术、栅栏技术。单一防腐保鲜措施仅仅具有一定的防腐作用，实际生产中需要使用多种方法协同作用，以达到最佳防腐保鲜的效果。

（一）杀菌技术

1. 巴氏杀菌

巴氏杀菌是防止酱腌菜变质最为常用、操作简便且行之有效的灭菌方法之一。酱腌菜加工过程主要采用水浴或蒸汽方式进行，温度一般在 100℃ 以下，能满足杀灭酱腌菜中生长的霉菌及酵母菌的需求，达到保藏目的。但热力作用容易造成蔬菜质构脆度的变化，需要严格控制加热温度和加热时间。同时还要考虑外包装袋的耐热程度，避免杀菌过程中破袋的发生。巴氏杀菌产品的保质期通常只有 3 ～ 7 天，为达到延长保质期的目的，需要结合其他保藏工艺技术。

2. 微波杀菌

与传统热杀菌工艺相比，微波杀菌技术是一种新型的杀菌技术。微波是辐射的电磁波，其波长在 10^{-3} ～ 10^{-1}m 数量级，频率为 300 ～ 30000MHz，通过热效应和非热效应合力作用致使微生物活性物质变异或失活，从而达到杀菌效果。微波杀菌温度一般为 70 ～ 90℃，作用时间小于 10min，具有升温迅速均匀、加热时间短、节能高效、营养物质流失少、风味物质损失少等优点，现在正在逐步应用于低盐酱腌菜的生产工艺中。研究表明，微波杀菌技术对亚硝酸盐的产生具有一定抑制作用。但微波杀菌对产品的包装袋材质有一定要求，不能采用金属容器或含铝的包装袋，同时在杀菌过程中存在产品水分受热汽化，从而引起软包装胀袋、破袋等问题，仍需进一步的探索研究。

3. 超高压杀菌

超高压杀菌是一种新兴的非加热型杀菌方式，主要是以大于 100MPa 的压力作用于酱腌菜产品，并在较低温度下维持一定时间，达到抑菌、灭菌、钝化酶活性等效果。超高压技术能很好地保持酱腌菜原有的色泽、硬度、脆度等质构，营养成分及风味的流失程度小，能有效解决低盐酱腌菜保质期短的问题。但由于设备体积庞大、生产成本高、产品生产效率低下等原因，目前实际运用于生产的仅有少数几家企业，大规模生产应用存在推广难题。

4. 臭氧杀菌

臭氧是以氧原子的氧化作用破坏微生物膜的结构，从而实现杀菌作用。由于臭氧经处理后可分解为氧气，不残留有害物质，因此是一种安全的杀菌技术。研究发现，对东北酸菜进行流量 3L/min、电流强度 0.3A、杀菌时间 33min 的臭氧处理后，东北酸菜中微生物菌落总数下降 2 个数量级，但色泽和口感变化不大，产品品质优于热杀菌。由于臭氧杀菌是在包装之前完成，杀菌后如何在后续工艺中避免微生物二次污染是影响臭氧杀菌技术应用的重要因素。

5. 其他杀菌技术

研究表明，辐照杀菌、低温等离子体杀菌等高新技术也能达到良好的灭菌效果。辐照杀菌剂量过高或过低都会直接影响酱腌菜产品的品质，同时，辐射杀菌需要安全隔离空间进行操作，杀菌成本较高。而低温等离子体技术存在穿透性差、易受影响、能耗高等缺点。这些高新的杀菌技术目前处于探究阶段，未能实际应用于低盐酱腌菜的工业化生产中。

（二）化学保藏技术

化学保藏技术主要是通过添加防腐剂、抗氧化剂来缓解低盐酱腌菜的腐败变质，具有简便、快捷、经济、实惠等优势，开发广谱、高效的防腐剂是低盐酱腌菜生产加工业技术研究的突破点，而生物防腐剂、化学防腐剂是当前的应用主方向。

1. 生物防腐剂

生物防腐剂是利用自然界植物、动物、微生物代谢产物通过发酵工程或者酶工程等生物技术获取的工业化制品，目前用于酱腌菜的生物防腐剂主要有乳酸链球菌素、ε-聚赖氨酸盐酸盐、茶多酚、辣椒提取物、生姜提取物、植酸等。《食品安全国家标准 食品添加剂使用标准》（GB 2760—2024）中规定腌渍蔬菜生产中乳酸链球菌素的最大允许使用量为 0.5g/kg。乳酸链球菌素是乳酸菌代谢过程中产生的活性蛋白或多肽，具有高效抑菌、效果稳定、对人体安全、无毒副作用等特点，已广泛应用于食品生产工业中。由于单一生物防腐剂的抗菌谱较窄，利用多种防腐剂的协同作用进行合理复配，不仅能达到理想的防腐效果，还能降低生物防腐剂的使用总剂量，符合消费者对酱腌菜产品安全性的高需求。

2. 化学防腐剂

苯甲酸及其钠盐和山梨酸及其钾盐是酱腌菜中常用的酸性防腐剂。《食品安全国家标准 食品添加剂使用标准》（GB 2760—2024）中规定腌渍蔬菜中苯甲酸及其钠盐的最大使用剂量为 1.0g/kg，山梨酸及其钾盐的最大使用剂量为 1.0g/kg。但这两个防腐剂对酱腌菜中细菌、芽孢等的抑菌效果不理想，需要加大使用剂量才能产生良好的抑菌灭菌作用，这是造成酱腌菜中苯甲酸、山梨酸含量超标的原因之一。

（三）包装技术

食品包装技术是随着科学技术的进步、市场需求和新型包装材料的出现而逐步形成和发展起来的，常用的包装技术有防潮、真空、收缩、充气、气调、罐头、无菌包装等。因为酱腌菜的败坏通常是由包装引起的各种腐败微生物——霉菌、酵母菌和细菌等引起的，且多数为好氧性微生物，所以真空包装是现今酱腌菜行业应用比较广的一项包装技术。当包装内的氧气变化时，大多数好氧细菌和真菌的繁殖受到抑制，进而延长酱腌菜的货架期，达到防止酱腌菜变味、变质，保持酱腌菜的色、香、味及营养价值的目的。冯作山等对袋装酱腌菜在真空度为 0.09MPa 的条件下进行试验，研究了真空包装对袋装酱腌菜防腐的作用，结果发现，以杀菌和真空包装组合效果最好，其不胀袋期限在 1 年以上；如果不使用杀菌和真空包装，袋装酱腌菜的不胀袋期限最多不超过 15d，说明杀菌结合真空包装是抑制袋装酱腌菜中微生物发酵的重要措施。其次，部分企业还采用充气包装的方式进行防腐，充气包装是在食品包装中按照一定比例充入 O_2、CO、N_2 混合气体。O_2 主要作用是抑制厌氧菌的繁殖；高浓度的 CO_2 能抑制好氧菌的繁殖；N_2 是理想的惰性气体，可以减少包装内的氧气含量。酱腌菜用真空包装在低盐、无防腐剂、无需高温杀菌的条件下可以获得较长的保质期。

（四）栅栏技术

栅栏技术是指在食品研究和生产过程中，利用食品内部能阻止微生物生长繁殖的因子之间的相互作用来控制腐败菌的生长繁殖，从而提高食品的品质、安全和储藏性的综合性技术措施。酱腌菜企业通过工艺控制原理科学地使用复合天然防腐剂，利用盐渍、高温灭菌、防腐技术、包装技术等栅栏因子综合控制酱腌菜整个加工及销售过程，生产出天然、绿色、营养的新型酱腌菜。栅栏技术非常适合酱腌菜的保鲜，既能防止酱腌菜变质，又能延长产品的保质期。它还可以保留酱腌菜的良好风味，解决酱腌菜中防腐剂过多的问题。秦志荣针对软包装酱腌菜的微生物特征及来源，研究了表面预杀菌、酸度、食盐含量、食品防腐剂、巴氏杀菌等栅栏因子，确定了软包装酱腌菜栅栏因子的最佳参数：pH 值为 4.2±0.05，盐度为 6%～7%。栅栏技术是解决当前我国传统酱腌菜生产困境的有效手段，是一个集生产过程、生产环境和生产技术的综合技术，也是未来食品质量管理的一大趋势。

三、天然防腐剂的应用进展

我国常用的食品防腐剂按其性质可分为无机化学防腐剂和有机化学防腐剂，有机化学防腐剂主要包括苯甲酸、对羟基甲酸酯、山梨酸及其盐类。无机化学防腐剂主要有亚硫酸及其盐类、二氧化硫、硝酸盐和亚硝酸盐。酱腌菜的防腐一般采用化学防腐剂，但化学防腐存在防腐剂超标、低毒等安全问题。随着食品科研的发展，天然食品防腐剂的研究取得了一定进展，对酱腌菜的防腐安全问题起到了积极的改善作用，逐步从化学防腐过渡到天然无公害防腐。

天然防腐剂又称天然有机防腐剂，是从生物体中提取或由具有抗菌作用的有机体分泌的物质。天然防腐剂本身是食品成分，对人体无害，能改善食品的风味和品质。天然防腐剂大致有以下几类：动物源防腐剂、植物源防腐剂、微生物源防腐剂和复配型防腐剂。

（一）动物源防腐剂

动物源防腐剂是通过人工提取或加工生物体分泌或存在于体内的抑菌物质而获得的食品防腐剂，如壳聚糖、蜂胶、鱼精蛋白等。壳聚糖是一种无污染、安全无毒、防腐保鲜效果好且成本低的动物源防腐剂，其主要抑菌对象为细菌，对大肠埃希菌、金黄色葡萄球菌、枯草芽孢杆菌都具有较强的抑菌作用。王向阳等研究了天然食品防腐剂应用于泡菜的防腐保鲜，结果表明，经 0.11g/kg 水溶性壳聚糖处理的泡菜，第 7 天细菌总数为 40CFU，与对照组相比，第 1 天细菌总数仅增加 5.3%，能抑制泡菜细菌总数的增长。这是因为水溶性壳聚糖能影响微生物细胞壁或细胞膜的正常生理功能，从而很好地抑制微生物繁殖。陈涵等对动物源防腐剂的研究表明，蜂胶的降解产物苯甲酸是一种天然食品防腐剂，具有改善食品风味和色泽的功效。

（二）植物源防腐剂

我国现有高等植物（种子植物、蕨类植物、苔藓植物）约 3.7 万种。植物源防腐剂有丰富的来源，其主要来源于中草药、果蔬、香辛料、野生植物等，其中能用于酱腌菜防腐的主要有茶多酚、香辛料、果胶的酶分解物。其抑菌的物质基础主要是酚类、酮类、醌类、单宁类、萜类化合物，这些物质对细菌、真菌、酵母菌等具有抑制作用。茶多酚是一种天然的抗氧化剂，其抗氧化能力是人工合成抗氧化剂（BHT）的 4～6 倍。茶多酚对枯草芽孢杆菌、金黄色葡萄球菌、大肠埃希菌、尖孢镰刀菌有良好的抑制作用。王向阳等研究天然食品防腐剂应用于泡菜的防腐保鲜，发现较高浓度的茶多酚能很好地抑制某些微生物的生长，这可能是由于茶多酚含有儿茶素类和黄酮类等抗菌活性成分。果胶是生长在植物的细胞壁和细胞之间的中层物质。赵国萍等研究发现，以酶分解果胶得到的果胶分解物在酸性环境中对食品中大肠埃希菌等细菌具有显著的抑制作用，其应用于酸渍菜食品中可达到理想的保鲜效果。

（三）微生物源防腐剂

微生物源防腐剂是理想的天然食品防腐剂，具有无毒、安全、高效的特点，符合未来食品防腐的发展，在食品工业中的应用越来越广泛。微生物源防腐剂的抑菌机理是通过微生物体产生的抑菌物质对酱腌菜中有害微生物进行抑制。微生物防腐剂种类很多，主要有乳酸链球菌素、溶菌酶、聚赖氨酸、有机酸、纳他霉素等。王向阳等研究天然防腐剂应用于泡菜防腐，发现在常温贮藏 7d 的过程中，乳酸链球菌素能抑制乳酸菌或其他微生物产酸，防止泡菜贮藏过程中因发酵过度造成酸败，其结果为浓度 0.28g/kg 的乳酸链球菌素能有效保持泡菜的品质。张晓东通过研究发现，乳酸链球菌素作为一种天然食品防腐剂应用于瓶装酱菜，能够降低酱菜中食盐用量，少量添加乳酸链球菌素即可达到良好的防腐作用，效果优于化学防腐剂苯甲酸钠和山梨酸钾，并且对酱菜的风味不产生影响。宋萌等利用生物防腐剂乳酸链球菌素、纳他霉素和抗氧化剂茶多酚复配对酱菜中的腐败微生物有很好的抑制作用，而且具有协同增效的作用，经验证，在酱腌菜拌料时添加复配防腐剂比在干制萝卜复水时添加防腐剂效果更好，可以延长其保质期，且产品品质较好，总菌落数、大肠菌群数、总酸及氨基酸态氮含量均符合国家标准。

（四）复配型防腐剂

虽然天然生物防腐剂在性能上有很多优势，但在应用上却存在着诸多问题。少量天然生物防腐剂达不到防腐效果，量大可能影响食品的风味和品质，甚至对食品本身产生毒副作用，比如茶多酚作为防腐剂使用时，用量过高会产生苦涩味，还会由于氧化而使食品变色，所以在酱腌菜传统生产加工工艺中，可采用动物源防腐剂、植物源防腐剂或者微生物源防腐剂协同作用，克服防腐剂单独使用导致防腐效果不佳的情况；同时，复配型防腐剂具有协同增效的作用，在很大程度上能够提升酱腌菜的品质和风味。宋萌等将 ε-聚赖氨酸与其他防腐剂和抗氧化剂联用，研究其对酱腌菜的保鲜效果，结果表明，生物防腐剂纳他霉素、Nisin 和茶多酚对酱腌菜腐败微生物有抑制作用，并且具有协同增效作用。余毅等对酱腌菜天然防腐保鲜剂进行研究，以肉桂提取物作为复配原料的主要成分，与壳聚糖、柠檬酸、茶多酚等多种天然活性成分进行复配，合成天然防腐剂。这种天然防腐剂不仅可以起到抑菌效果，而且肉桂提取物的特殊风味还可以提升调味料的风味和新鲜度。此外，这种天然防腐剂能解决酱腌菜在制作和储藏过程中的保鲜问题，降低企业的经济成本，保持酱腌菜的原味。

四、酱腌菜加工废水处理技术

（一）高盐酱腌菜废水来源和水质

世界范围内产量比较大的酱腌菜有榨菜、泡菜、酸黄瓜、腌橄榄、腌梅等，在我国以泡菜和榨菜产量最大。全国每年酱腌菜行业的废水产生量较大。

在食物的腌制过程中，大量食盐渗入食物组织内部，以达到延长食品保质期和增添独特风味的目的。典型的酱腌菜生产工艺及产污环节见图 4-1，这些盐分会随着腌制所用卤水的排放以及淘洗、脱盐等工序排出，形成高盐度的生产加工废水，也有一部分来自设备清洗等环节。其中，腌渍卤水水量比较小，但集中了大部分的盐分。

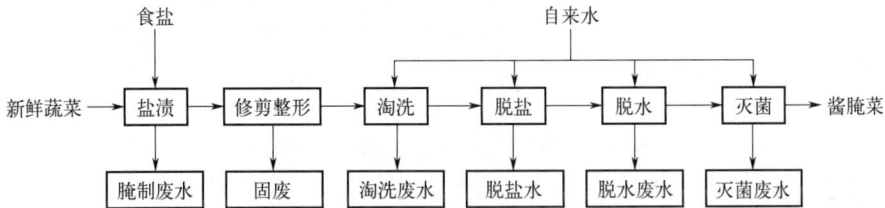

图 4-1　典型酱腌菜生产工艺及产污环节

酱腌菜废水的水质特点是高盐度、高有机物浓度、低 pH 值，典型的酱腌菜废水水质见表 4-5。另外，由于间歇性生产，其产生的废水水量、水质会发生剧烈变化。

表 4-5　典型酱腌菜综合废水水质特征

指标	泡菜	榨菜	腌橄榄
化学需氧量 / （mg/L）	1000～5000	4400～6400	6800
氨氮 / （mg/L）	300	250	—
悬浮物 / （mg/L）	500～1200	500	800
盐度 /%	2.2～4.5	1.7～2.5	5.2
pH 值	3.5～5.5	4.4～5.0	3.6～4.6

（二）高盐有机废水处理技术现状

1. 高盐有机废水的一般处理流程

有效的高盐有机废水处理系统通常涉及多种不同工艺。为了避免酱腌菜废水的高盐度、有机负荷以及水量的冲击，一般需要设置均化池。生物处理手段可以去除有机物和氮磷含量，一般采用经过高盐度驯化的活性污泥，或者接种耐盐菌种等手段。用于除盐的物理化学工艺一般设置在生物处理工艺之后，包括反渗透、电渗析等。清水达标排放后，浓水则进行蒸发浓缩或外运，若浓水纯度满足要求，还可回收用于酱腌菜生产，高盐酱腌菜废水的典型处理流程见图4-2。

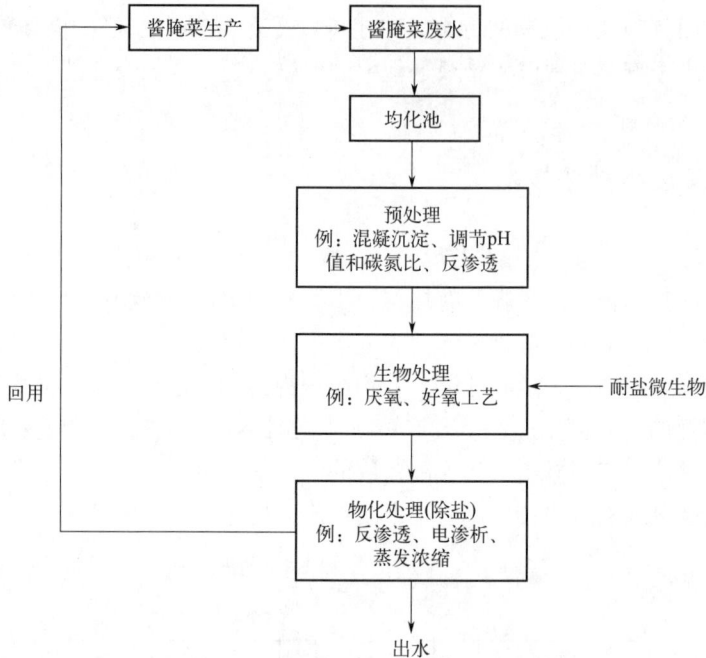

图 4-2　高盐酱腌菜废水的典型处理流程

也可将反渗透等除盐工艺设置在预处理单元以去除部分盐分，减小对生物单元的负面影响，但是需要同时设置超滤等措施以使进水水质满足膜处理工艺的要求。由于水中有机物浓度仍然较高，设置在预处理单元的膜组件易发生结垢现象，因此，通常是将膜处理工艺设置在生物工艺之后。这样做一方面可以减少水中悬浮颗粒及胶体，另一方面可以降低溶解性有机物对膜组件的影响。实际应用中也有将腌渍废水单独进行蒸发浓缩的案例，但成本仍然过高。

2. 物理化学方法去除有机物和盐分

由于传统生物法始终无法有效地处理高盐有机废水，很多研究开始探索使用不同的物理化学方法。相较于生物法，物理化学方法的优势是能够根据生产周期的变化灵活调整运行条件，受水质、水量影响较小。另外，蒸发浓缩、反渗透、电渗析等技术可以实现对盐分的去除及回收利用，也可以和生物法耦合作为脱盐工艺。由于成本问题，目前实际工程应用物理化学方法处理酱腌菜废水的案例仍然较少。

（1）混凝沉淀　混凝沉淀通常作为预处理工艺，在去除腌菜废水中悬浮颗粒的同时也去除部分有机物。根据原水污染物浓度、pH值、悬浮物的性质等因素的不同，混凝沉淀所用絮凝剂一般也不尽相同。例如，刘江国等选用 CaO 作为混凝剂，聚丙烯酰胺（PAM）作为助凝剂对榨菜废水进行混凝处理，化学需氧量（COD）、总磷（TP）、浊度的去除率分别为 36.54%、52.03% 和 97.85%。陈永娟比较了聚合硫酸铁（PFS）和聚合氯化铝（PAC）对某酱腌菜厂废水的处理效果，发现 PFS 有着更好的化学需氧量（COD）去除率，当加药量为 3000mg/L 时 COD 的去除率为 42%。Stoller 等在对超滤／反渗透技术处理橄榄加工废水的研究中，为了避免引入额外的金属盐而选择了硝酸作为混凝剂进行预处理，使 COD 浓度由 21830mg/L 降至 12500mg/L。

（2）蒸发浓缩结晶　对于废水量不大的情况，例如作坊式的加工散户，使废水自然蒸发是一种直接有效、投入低且操作灵活的处理方式。但这种处理方式产生的浓缩液或固体结晶含有大量杂质，难以进行回收利用。工业上通常使用的蒸发器则投资运行成本高，所用工艺流程长，运行管理复杂。有研究将蒸发浓缩和传统生物处理法结合起来处理橄榄加工废水，废水蒸馏得到的低浓度废水进入后续生物处理，剩下的浓缩液和残渣混合物则作为燃料为蒸发阶段供热。

多效蒸发是目前比较热门的蒸发浓缩技术，可以实现较低的能耗和较好的经济性。废水通过一组连续的密闭腔室进行蒸发，每一级都保持比前一级更低的压力，则腔室内的沸点也逐级降低，而且每一级的蒸汽可以用于加热下一级腔室，所以只有第一级腔室需要外部供热。经济性评估显示多效蒸发已经能实现与反渗透工艺相当的运行成本。

（3）反渗透　反渗透在处理工业高盐废水方面应用广泛，其原理是对含盐废水施加大于渗透压的压力，则水分子会透过半透膜由高浓度溶液向低浓度溶液迁移，从而分离溶质溶剂。因为溶剂分子需要透过半透膜，反渗透工艺对进水水质要求很高，通常在反渗透之前还需要设置超滤等作为预处理单元。赵芳研究了反渗透技术对泡菜废水的处理效果，其对泡菜废水中 COD、氨氮、盐分、蛋白质和色度的去除率分别达到 98%、93.2%、97.5%、100% 和 100%，并且经过反渗透膜处理的出水可以回用于泡菜的生产中。也有关于将超滤／反渗透技术耦合生物滤池用于橄榄加工废水的研究，在该研究中，反渗透作为生物滤池的前处理单元，其出水 COD 浓度为 1828mg/L，然后通过生物滤池进一步处理。反渗透工艺的问题是膜组件易被悬浮颗粒物污染堵塞，并且常常面临严重的有机物结垢问题，导致膜组件使用寿命缩短，增加处理成本。

（4）电渗析　在电渗析过程中，废水从阴离子膜和阳离子膜之间的腔室经过，离子膜对阴阳离子具有选择透过性，当施加一个直流电场，阴离子和阳离子向着正负电极定向移动分别通过阴阳离子膜，即能分离电解质离子。电渗析技术在印染、电厂、电镀、煤化工废水等工业高盐废水方面已经有了一定的应用，在处理酱腌菜废水方面也有了一些研究。Pan 等研究了利用电渗析对腌梅干菜加工产生的高盐废水脱盐的可行性，对盐分的去除率达到了 88%。Lewis 等研究了电渗析处理人工腌菜废水的膜间距等运行参数对处理效率的影响，发现电流效率与腌菜废水成分组成以及浓度没有明显的相关性。刘启明等进行了关于使用电渗析对泡菜腌泡环节的腌渍废水进行盐回收的研究，发现氯化钠质量浓度从 7351mg/L 升至 78156mg/L，浓缩比大于 10 倍。

电渗析最主要的成本项目为离子交换膜，其次是运行的能耗。与反渗透一样，电渗析也面临膜结垢的问题，但对进水的预处理要求比反渗透低，极室富集的酸碱则可以进行回收利用。另外，电渗析设备占地面积较小，适用于较小规模脱盐处理系统，在应用于一体化设备方面有一定前景。

高盐有机废水主要物理化学方法处理工艺总结见表 4-6。

表 4-6 高盐有机废水物理化学方法处理工艺

指标方法	混凝沉淀	自然蒸发	机械蒸发	反渗透	电渗透
脱盐效果	无	高	高	85%～97%	40%～70%
占地面积	中	大	较大	小	较小
能耗	低	低	中	高	较高
次生污染物	较少	少	少	较少	中
运营成本	低	低	较高	较高	高
投资费用	低	低	高	高	低
运行管理	较简便	简便	较简便	复杂	较复杂

3. 生物法去除有机物

酱腌菜加工废水通常有机负荷较高，可生化性好，并且微生物法由于经济高效，在实际应用中仍然是目前处理酱腌菜废水的主流方法。但由于高盐度高氨氮等对微生物的抑制作用，以及水量水质波动大等因素，传统生物处理方法效能不稳定。耐盐微生物在高盐有机废水的生物处理中起到了关键作用，目前改善高盐有机废水生物处理效果主要通过耐盐菌接种及污泥驯化来实现。另外由于高盐度对聚磷菌的强烈抑制作用，生物法通常需要结合化学除磷。酱腌菜废水生物处理工艺情况汇总见表 4-7。

表 4-7 酱腌菜废水生物处理工艺情况汇总

工艺	盐度 /%	有机物去除率 /%
生物转盘	5	80
SBR	6	32
SBR+ 耐盐菌	15	95
SBBR+ 耐盐菌	15	99
水解酸化 + 厌氧接触 +CASS	0.8～1.2	96
厌氧接触氧化	2	84
厌氧滤池	3	80

注：SBR 表示序批式反应器；SBBR 表示序批式生物膜反应器；CASS 表示循环式活性污泥法。

（1）生物法处理高盐有机废水的研究应用 20 世纪 90 年代，对高盐废水生物处理的研究开始迅速增多，主要关注盐度范围 10～150g/L，大多采用人工模拟废水，并且通常在高有机负荷条件下运行。Kargi 和 Dincer 较早开始研究盐度对序批式反应器（sequencing batch reactor，SBR）的影响。对于由糖浆、尿素、磷酸二氢钾及盐配比的人工高盐废水，COD：N：P 为 100：10：1，当盐度从 0% 增加到 5% 时，COD 去除率从 85% 降至 59%。另外他们也尝试了使用生物转盘处理盐度 0%～10% 的人工废水，盐度不超过 50g/L 时，COD 去除率超过 80%。除了微生物法，目前也有关于利用藻类处理高盐榨菜废水的同时生产生物柴油的研究。

接种耐盐微生物比驯化污泥更为直接有效。例如接种盐杆菌（*Halobacteria*）可以大幅提高传统活性污泥法对高盐有机废水的处理效果，也有向陶粒生物滤池接种嗜盐杆菌的案例。Kargi 等使用经过嗜盐杆菌强化的传统活性污泥法处理酱腌菜废水，实现了超过 95% 的

COD 去除率。

此外，还可以通过从盐场等自然环境中筛选出耐盐菌株并加以培养。Duan 等从海底沉积物中分离出一种能够在高盐度条件下进行好氧硝化反硝化的菌株，其对氨氮和硝态氮的去除率分别达到 91.82% 和 99.71%。胡殿国等从招潮蟹肠道粪便中分离、鉴定了多种嗜盐微生物，并将其培养、驯化为耐盐活性污泥，其能够承受最高盐度为 4.1%，COD 平均去除率为 87%，氨氮平均去除率为 94%。

由于耐冲击负荷能力好并且操作灵活，SBR 及在 SBR 基础上发展的其他工艺，例如循环式活性污泥法（cyclic activated-slduge system，CASS）等，是研究和应用最多的处理高盐废水的工艺。Kargi 和 Uygur 利用 SBR 处理不同盐度的人工废水，当盐度从 0% 增加到 6% 时，COD 去除率从 90% 降到 32%。Wang 等研究了不同水力停留时间（9 ～ 17h）对 SBR 处理高盐度废水的影响。许劲等将 CASS 工艺应用于某污水处理站处理榨菜综合废水，在进水 COD 为 1300 ～ 2200mg /L 时，出水 COD 为 49 ～ 84 mg/L。陈垚等用接种成熟的高盐好氧颗粒污泥的 SBR 反应器处理高盐榨菜废水，考察了有机负荷及溶解氧（dissolved oxygen，DO）对好氧颗粒污泥去除主要污染物特性的影响。

厌氧法处理高盐废水的实际工程应用较少，目前已有的研究和应用进水盐度范围为 10 ～ 70g/L，低于好氧工艺所涉及的盐度范围。尤涛使用厌氧接触氧化工艺处理盐度 2% 的腌制废水并对运行参数进行了优化，可以实现 84% 的 COD 去除率。Riffat 和 Krongthamchat 进行了产甲烷菌处理高盐度有机废水的实验，在进水盐度 35g/L、有机负荷率 6.2kg/（$m^3 \cdot d$）、35℃条件下 COD 的去除率达到 80%，系统内挥发性脂肪酸浓度维持在了 500mg/L 的低水平；当盐度增加到 37g/L，有机负荷率为 3kg/（$m^3 \cdot d$）时系统崩溃。

（2）高盐度对生物法去除有机物的影响　当进水盐度高于 5g/L 时，传统好氧工艺的处理效果即开始受到影响。通常培养耐盐微生物的方法是逐步提高培养环境的盐度，使不耐盐微生物对高盐度产生适应性，最后培育的结果主要取决于微生物的种类和生长周期，以及培养过程中增加盐度的速率或者梯度等因素。

自然界中已经存在高盐厌氧环境下微生物分解有机物的例子，比如有关于超高盐湖泊中纤维素的厌氧降解的研究。通常认为厌氧系统比好氧活性污泥系统对盐度更加敏感。相关研究表明，当盐度超过 10g/L 时厌氧条件下的产甲烷过程就会受到严重抑制，当盐度超过 30g/L 时厌氧处理系统极易崩溃。

进水盐度剧烈变化的问题对于生物处理系统来说仍然难以解决。盐度的上升会严重阻碍微生物种群的生命活动，并且会导致菌体自溶现象，可能造成水中溶解性 COD 的升高。而当盐度下降时，活性污泥会逐渐失去对于高盐度的耐受性。因此，酱腌菜废水水量、盐度等的剧烈变化使得生物处理系统常常无法保证长期稳定运行。

（3）高盐度对生物脱氮除磷的影响

① 硝化和反硝化。当盐度高于 2% 时就会对硝化和反硝化产生极大的抑制。巩有奎等考察了不同盐度下 SBR 内微生物活性变化和反应器脱氮特性，发现盐度增至 20g/L 时亚硝态氮氧化菌和氨氧化菌均受到明显抑制，盐度对各菌群的抑制作用亚硝态氮氧化菌大于氨氧化菌。Chen 等的研究显示，当氯离子浓度超过 18.2g/L 时硝化效果即开始不稳定。Campos 等发现盐和氨对硝化过程具有联合抑制作用，实验条件为氨氮浓度 3g/（L·d），盐浓度 525mmol/L（NaCl 13.7g/L，且 NaNO$_3$ 19.9g/L，Na$_2$SO$_4$ 8.3g/L）。这与 Vredenbregt 等的实验结论相似，其实验条件为 NH$_3$ 15mg/（L·d），氯离子浓度最大值为 34g/L。

短程硝化反硝化是目前生物脱氮技术的研究热点，也有关于利用短程硝化反硝化处理高盐有机废水的研究。She 等使用 SBR 处理人工合成的高盐有机废水研究盐度对短程硝化和反硝化的影响，发现盐浓度在 5 ~ 37.7g/L 范围内时，盐度的增加对氨氧化过程和反硝化过程并无明显的抑制作用。

② 除磷。高盐度对聚磷菌有极大的抑制作用，通过生物法去除高盐度废水中的磷效率极低。Abu-ghara-rah 等在实验室使用 A^2/O 反应器处理盐度 4% 的人工废水，当盐度从 0% 上升至 4% 时，磷的去除率从 82% 下降至 25%。Uygur 等使用 SBR 处理高盐人工废水以研究盐分对有机物及氮磷去除的影响，当盐度从 0% 增加至 6% 时，污泥中的磷含量从 0.36mg/（g·h）下降至 0.08mg/（g·h）；接种嗜盐杆菌强化后除磷效果得到了显著提高，当盐度增加至 6% 时，污泥中磷含量由 0.52mg/（g·h）下降至 0.18mg/（g·h）。这一结果表明，接种嗜盐杆菌对除磷也有一定提升作用。但嗜盐杆菌并没有过量吸收磷的功能，因此这一现象被解释为是由于嗜盐杆菌在生物合成过程中对磷的同化作用。

目前对于高盐条件下具有高效除磷能力的菌种仍然鲜有报道。邓若男等从盐场中筛选出一株能够高效除磷的耐盐菌株，对盐度的耐受范围为 1% ~ 13%，最适盐度为 3%，在最适条件下 24h 内对磷酸盐的去除率接近 100%。也有关于磷酸盐还原菌在厌氧条件下将磷酸盐还原为磷化氢气体的研究，但将其应用在生物除磷工艺的研究很少。有研究尝试在超高盐条件下构建磷酸盐还原系统，以盐度 3% 启动反应器并逐步提升至 7%，在进水有机负荷（COD）0.45kg/（m³·d），磷负荷（PO_4^{3-}）5g/（m³·d），DO 6mg/L，水温 30℃且未排泥条件下，对磷酸盐的去除率达到 70%。

4. 生物 - 物理化学组合工艺

将生物方法和物化方法组合可以发挥各自的优势。但用于脱盐的蒸发浓缩、反渗透、电渗析等工艺则由于处理成本过高罕有实际应用，绝大多数仍处于研究阶段。实际处理酱腌菜废水应用较多的物化方法主要还是用于预处理的混凝沉淀工艺以及末端化学除磷等。

武道吉等对水解酸化-SBR-混凝工艺处理榨菜废水进行了小试研究，在工艺总水力停留时间（hydraulic retention time，HRT）为 22h，PAC 和聚丙烯酰胺（PAM）投加量分别为 300mg/L 和 6mg/L 条件下，出水 COD、悬浮物（SS）、氨氮和总磷平均去除率分别为 96%、85.03%、84.9% 和 95.32%。

Stoller 等进行了将混凝-超滤-纳滤-反渗透-生物滤池用于橄榄加工废水的研究，COD 由 21830mg/L 降为 500mg/L，并且由于反渗透去除了橄榄加工废水中的多酚等毒性物质，生物滤池表现出了良好的处理效果。于玉彬等采用了改良型调节池-水解酸化池 -A_2/O^- MBR 膜系统的三级处理工艺处理某工业园区榨菜废水，出水能够达到《城镇污水处理厂污染物排放标准》（GB 18918—2002）一级 A 标准。刘江国利用混凝-厌氧-电极 SBBR 法处理榨菜废水，通过在 SB-BR 中加入电极系统强化工艺对污染物去除能力。Vitolo 等研究了将蒸发浓缩和传统生物处理法结合起来处理橄榄加工废水的技术，对废水蒸馏得到的低浓度废水进行后续生物处理，剩下的浓缩液和残渣混合物则作为燃料为蒸发阶段供热。

五、酱腌菜检测前处理技术

（一）超声提取法

超声提取法是较常见也是较简单的一种提取方法，即通过超声波辅助加热功能增大溶剂对目标化合物的提取，提取添加剂时往往会考虑其易溶于水的特性而选择使用水、甲醇或乙醇等单一溶剂或混合溶剂进行操作。为避免受到杂质的干扰，常常加入沉淀剂去除杂质。这种方法简单安全且成本低，但不适用于有复杂基质样品的提取。王磊等建立了一种利用高效液相色谱同时测定化妆品中三类紫外线吸收剂的方法。研究人员选择三种提取溶剂通过涡旋振荡、超声提取、滤膜过滤后进样。检出限为 6.72 ～ 23.49μg/mL，该方法分析用时短、线性关系好、精密度和准确度高，能满足市场上 5 种苯并三唑类化合物（BZT）紫外线吸收剂的定性和定量分析的需求。

（二）液液萃取

液液萃取是一种发展较早的传统分离方法，其核心原理是水溶液和有机溶剂之间的不相溶特性，分离效果取决于萃取条件（如温度、体积比等）及萃取次数。使用溶剂经过反复多次提取，才能提高萃取效果。实验过程中由于使用大量的有机溶剂，不仅会造成浪费，而且会对实验操作人员的身体造成危害、加重环境污染等。另外，严重乳浊液现象的产生也影响了分离效果。尽管如此，液液萃取仍然是一种广受欢迎的分离方法，能提供较为可靠的分离效果，尤其适用于那些不易挥发或不溶于常用溶剂的分析物。随着科技的进步，科学家们正在不断探索新的萃取策略和改进现有的操作条件，以克服这些限制并进一步提高液液萃取的效率和安全性。

（三）分散液液微萃取（DLLME）

分散液液微萃取是一种新开发的对环境比较友好的前处理技术，由于液液萃取操作复杂且需要消耗许多的有机溶剂，难以满足现代分析测试的快速、准确的需求。简单、自动、高效和微量化的 DLLME 技术就应运而生了。这种前处理技术使用甲醇等作为分散剂，氯仿等充当萃取剂，在操作过程中，分散剂和萃取剂被快速加入到含有待分离水样的水相之中。由于分散剂具有良好的分散能力和萃取剂拥有较强的溶解能力，两者结合后能形成微小的液滴，这些小液滴与水分子充分接触，从而极大地增加了与水样的接触面积，使得萃取速度得以显著提升。

与此同时，该技术还可以直接与色谱系统或各类检测器连接，将样品的前处理步骤与仪器的分析测定良好衔接，确保从样品提取到结果输出的整个过程既高效又精确，随着技术的发展，研究人员研发了更多种类、更小毒性的萃取剂，以满足更广泛的实验需求，因此自研发以来该技术已经迅速得到广大分析者的关注。DLLME 技术主要应用于水样中，其次是食品、化妆品和药品，应用最广的项目是农药残留、重金属等，近些年随着中医的发展及中药的推广，DLLME 技术开始应用于中药及其制剂成分分析方面的提取研究。

李芳芳等采用三氯甲烷为萃取剂，乙酸乙酯为分散剂，建立分散液液微萃取结合气相色谱同时测定食醋中 7 种常用防腐剂和 3 种常用抗氧化剂的方法。标液浓度 0.004 ～ 1.00mg/mL 时相关系数为 0.99898 ～ 0.99998，检出限为 0.03 ～ 0.10mg/kg，定量限为 0.10 ～ 0.34mg/kg，目标物回收率为 71.6% ～ 93.5%，相对标准偏差（RSD）≤ 9.0%。该方法污染小、快速、简便，能较好地应用于食醋样品的分析检测。

（四）固相萃取（DSPE）

固相萃取法在食品科学和分析化学领域中已被广泛认可为是一种高效的样品预处理手段。该技术通过使用特定类型的化学或生物固体吸附剂，能够吸附液体样品中所需检测的目标化合物。这种吸附作用使得样品与其潜在的杂质或干扰物质分离，从而便于后续的分析步骤。随后对目标化合物进行洗脱，这样就可以实现目标化合物的有效去除和净化，其萃取过程速度快且重现性良好。此外，该技术还能以较少的有机溶剂消耗量获得高富集效率，减少了对环境的影响。在选择吸附剂上可根据样品特性和分析要求灵活调整，自动化程度高，操作人员无需具备高级技能即可完成整个过程。

总之，该方法成本较低，大大降低了实验操作的经济负担，且该方法易于与各种现代检测技术相结合，提供了更多样化的应用场景。食品安全与药品监管部门、科研机构等多个领域均已采用该方法作为食品分析样品前处理的标准处理方法。该方法多用于农药残留、兽药残留分析以及添加剂含量等的分析。

（五）固相微萃取（SPME）和分子印迹固相萃取（MISPE）

固相微萃取利用特殊的仪器结构，仪器表面涂有吸附剂，在处理过程中不用额外加入吸附剂，该方式使孔洞不容易被吸附剂堵塞。该新型技术集浓缩、采样、萃取技术于一体。但涂层的性质会因杂质的吸附而改变，在面对基体成分复杂多变的样品时，由于共萃取物的种类繁多，容易导致分析过程中出现较大程度的干扰现象，从而使得结果的重复性和准确性受到影响。

分子印迹固相萃取具有出色的耐受性和识别能力，能够抵抗极端的酸碱环境，如高浓度的硫酸、氢碱、盐酸以及强碱性物质，同时也能在有机溶剂中保持稳定。此外，这些材料在高温高压条件下表现出极高的化学稳定性和特异性识别能力，已在众多领域得到广泛应用，如分离分析、免疫检测、酶催化及膜材料等。目前，已有诸多报道将分子印迹固相萃取技术应用于食品中有害物质添加和真菌毒素的分离，以后将更多用于食品安全检测领域。

两种技术结合使用常用于农残样品的前处理，能实现提取、净化和富集等过程的一体化，操作简单。其对目标物能选择性吸附、能耐高温高压和耐有机溶剂、重复使用次数高。聚合物材料的合成可能会受到许多因素的影响，包括溶剂种类、温度、时间以及反应物之间相互作用的方式等。在水性和极性条件下会对最终产品的性能产生显著的影响。因此这种技术没有大范围地用于实验中，但随着研究的深入，一定能克服这些问题，更好发挥这种技术的优势。

（六）凝胶渗透色谱（GPC）

凝胶渗透色谱技术利用体积排阻的分离原理，实现了从取样到收集的完全自动化净化系统，从而实现了物质的有效分离。根据不同的溶质分子量，分离过程通过凝胶来实现。在进行复杂的样品处理过程中，那些含有大量蛋白质和色素分子的基质样品得益于高自动化水平的应用，不仅提高了净化效率，而且显著提升了回收率，使得分析结果更加可靠和准确。但在净化过程中，大分子分析物和小分子干扰物混合在一起，导致分析物提前流失，并且干扰物混入到分析物中，影响回收率。采用大口径柱时，净化过程耗时较长，将会消耗更多的有机溶剂。

（七）超临界流体萃取（SFE）

SFE 技术是一种创新的提取分离方法，利用超临界流体这一特殊介质所具有的独特物理特性，以与目标化合物溶解度接近或略高的超临界流体作为提取剂，可以高效有选择性地分离混合物且容易净化，是集分离、提取和浓缩功能于一体的创新分离技术。通过调控超临界流体的性质参数，如黏度、密度和扩散系数，以实现对混合物中特定化合物有选择性地提取和分离，从而实现分离、提取和纯化的目标。超临界流体萃取技术利用超临界流体对待分离物质进行萃取分离，可以有效提取其中的有效成分，并且实现无溶剂残留。这种技术具有操作简便、高效率等优点，可以克服传统萃取工艺的不足之处，并且有效保留天然活性物质的特性，因此被誉为"绿色萃取技术"。

六、酱腌菜快速检测新技术

在食品流通的早期阶段，快速而准确地检测食品中潜在的有害物质，对于防止有害因素的传播至关重要。快检技术能够迅速识别出生物性有害成分、化学污染物和物理损害等多种风险，通过这种及时的监控，可以有效降低食品污染和食源性疾病发生的可能性，保护公众免受不必要的健康威胁。高灵敏度、易携带、低成本、可准确定量的快检方式在食品检测领域具有重要的应用价值。新型的快检方式主要有以下几种。

（一）指示剂检测

指示剂检测法即通过指示剂与食品在运输或储藏环境中产生的一些理化成分发生化学反应，从而产生一些颜色变化，通过颜色的变化反映食品的腐败变质情况，该方法常用于生鲜食品冷链运输环节，是一种快速、无损的检测手段。常见的指示剂类型包含 pH 指示剂、化学指示剂及时间-温度指示剂等。

（二）酶联免疫吸附法

酶联免疫吸附法利用酶的催化反应，运用了抗原与抗体结合时所展现出的特异性，通过酶催化后底物的颜色变化来定性评估或定量测定目标物质。黄曲霉 B_1 的测定方法之一就是酶联免疫法，该方法快速、灵敏度高，缺点是操作不当或者试剂被污染等原因会造成假阳性现象，阳性结果要经高效液相色谱进行定性及定量判定。Zhang 等通过该技术在短短 50min 内完成了对动物源性产品中兽药残留水平的检测。

（三）化学试纸法

运用一系列的化学测试试纸和专业的试剂盒，能够在复杂的混合物中精准地识别并确定某种特定物质，从而实现对目标分子或化合物的高效筛选和鉴别。该方法在化学和生物领域都比较常见，多用于定性及半定量测定目标物质。

纸色谱法依据相似相溶的基本原理，巧妙地利用了纸纤维作为固定相，以及特定溶剂作为流动相来实现对有色组分的分离和分析。 Gharaghani 等将纸色谱与比色分析技术相结合成功地测定了两种偶氮着色剂的含量，提高了色谱和分离效率，为食品添加剂的痕量检测提供了一种新颖、高效且可靠的方法。

（四）微流控芯片技术

微流控芯片技术能够在微米级的空间内控制和操纵流体，使得样品处理变得更加高效和精准。Li 等通过运用纸基微流控技术和简洁的化学比色原理，开发了一种创新的方法，用于检测猪毛样品中的莱克多巴胺。这种方法不仅具有高通量、低成本的特点，而且由于其高度集成化的特性，特别适用于现场快速筛查和初步诊断。

◆ 参考文献 ◆

[1] 徐清萍，支欢欢.酱腌菜生产一本通 [M].北京：化学工业出版社，2017.

[2] 李晓，王文亮，王月明，等.低盐酱腌菜保脆技术的研究进展 [J].中国食物与营养，2018，24（12）：23-27.

[3] 莫玲宾，洪泽雄.低盐酱腌菜工艺技术的研究进展 [J].轻工科技，2021，37（03）：32-33.

[4] 郑连强，袁先铃，罗燚.酱腌菜天然防腐保鲜技术及应用前景展望 [J].中国调味品，2021，46（04）：187-192.

[5] 李子未，封丽，许林季，等.酱腌菜加工废水处理技术综述 [J].三峡生态环境监测，2019，4（04）：57-64.

[6] 李娜.酱腌菜中常用添加剂的检测方法优化及使用现状分析 [D].郑州：河南农业大学，2024.

[7] 贺云川，周斌全，刘德君.涪陵榨菜传统工艺概述 [J].食品与发酵科技，2013，49（4）：457-60.

[8] 王新惠，刘达玉，肖龙泉，等.竹笋香辣酱护色保脆工艺的研究 [J].食品科技，2016，41（09）：117-119.

[9] 李汉文.海南黄帝椒的微生物分析及生物加工技术研究 [D].无锡：江南大学，2012.

[10] 张长贵，伍自力，彭学红，等.利用风脱水腌制大头菜加工休闲产品的工艺技术研究 [J].中国调味品，2017，42（09）：76-79+84.

[11] 庄言.鲜切水芹保鲜护绿技术及其软罐头开发 [D].南京：南京农业大学，2014.

[12] 宗迪，顾慧莹，王庆.果胶甲酯酶对保持苹果质构作用的研究 [J].食品工业科技，2005（03）：76-79.

[13] 谢玮，严守雷，李春丽，等.不同采收季莲藕中果胶甲酯酶对质构的影响 [J].长江蔬菜，2013（18）：56-59.

[14] 张晓.芹菜泡菜的盐渍及发酵新技术研究 [D].长沙：湖南农业大学，2013.

[15] 杨林，刘新杰，李赫，等.果胶甲酯酶对番茄丁品质的改善作用分析 [J].食品工业科技，2013，34（09）：71-73.

[16] 尹爽，王修俊，刘佳慧，等.复合保脆剂对腌制大头菜脆度的影响研究 [J].食品科技，2016，41（07）：266-270.

[17] 董刚.海藻酸钠——氯化钙复合蔬菜罐头保脆剂的研究 [J].食品研究与开发，1992（04）：6-10.

[18] 陈英武.真空冷冻干燥蕨菜的护色保脆工艺及其理化特性研究 [D].长沙：湖南农业大学，2010.

[19] 葛燕燕，吴祖芳，翁佩芳.冬瓜腌制生产工艺与品质特性变化研究 [J].宁波大学学报（理工版），2014，27（03）：1-6.

[20] 范民，吴玉琼，洪志方，等.即食型调味裙带菜的保脆工艺研究 [J].食品科学技术学报，2013，31（05）：71-75.

[21] 王梅，徐俐.保持佛手瓜酱腌菜脆度的杀菌工艺优化 [J].食品工业，2015，36（08）：100-104.

[22] 陈岗，杨勇，詹永，等.微波烫漂钝化小米辣椒 POD 酶活及保脆工艺研究 [J].农业科技与技术（英文），2016，17（01）：228-233.

[23] 孙雅馨，康旭蕾，梁栋，等.超高压对鲜切胡萝卜硬度的影响及机制研究 [J].食品工业科技，2017，38（11）：200-204+208.

[24] 陈建军，李晓波.超高压灭菌处理对酱腌菜品质的影响 [J].食品研究与开发，2016，37（02）：102-105+165.

[25] 张恩广.低盐渍莴笋超高压杀菌、保脆与亚硝峰抑制工艺研究 [D].合肥：合肥工业大学，2016.

[26] 王刚，熊发祥.不同杀菌方式对盐渍泡菜品质变化的影响 [J].中国调味品，2012，37（02）：59-64.

[27] 孟余燕，张伦，王立姣，等.食品防腐剂在榨菜中的应用现状与分析 [J].农产品加工，2019（05）：79-81+85.

[28] 冯作山，热合曼，杨静.袋装酱腌菜的防腐保藏技术研究 [J].新疆农业大学学报，2000（02）：60-62.

[29] 秦志荣，周春明，郑林，等.栅栏技术在酱腌菜工厂中的应用 [C]// 浙江省科学技术协会，中国食品科学技术学会，浙江工商大学.食品安全监督与法制建设国际研讨会暨第二届中国食品研究生论坛论文集（上），2005：385-387.

[30] 王向阳，杨玲，余兴伟，等.天然食品防腐剂对泡菜常温流通中菌落总数和 pH 的影响 [J].中国调味品，2015，40（10）：1-3+22.

[31] 陈涵，林邹东，吴佳煜，等.动物源天然食品防腐剂的研究现状及其发展趋势 [J].北京农业，2013（33）：14.

[32] 赵国萍，李迎秋，冯林慧，等.天然防腐剂的应用研究进展 [J].中国调味品，2017，42（08）：155-159.

[33] 张晓东.乳酸链球菌素在瓶装酱菜中应用试验 [J].中国调味品，1997（06）：13-15.

[34] 宋萌，付强，时艺翡，等. ε -聚赖氨酸复配防腐剂在酱腌菜中的应用 [J].食品科学，2018，39（10）：276-282.

[35] 余毅，王晶，叶传发，等.酱腌菜天然防腐保鲜剂的研发 [J].中国食品添加剂，2009（01）：126-128.

[36] 刘江国，陈玉成，杨志敏，等.榨菜废水的混凝处理研究 [J].西南大学学报（自然科学版），2011，33（05）：122-128.

[37] 陈永娟.酱腌菜废水有机物的处理研究 [D].北京：首都师范大学，2013.

[38] Stoller M，Azizovab G，Mammadovac A，et al. Treatment of olive oil processing wastewater by ultrafiltration, nanofiltration, reverse osmosis and biofiltration[J]. Chemical Engineering Transactions（CET Journal），2016，47.

[39] 赵芳.膜分离技术处理泡菜废水的试验研究 [D].雅安：四川农业大学，2012.

[40] Pan W D，Chiang B H，Chiang P C. Desalination of the spent brine from pickled prunes processing by electrodialysis[J].Journal of Food Science，2006，53（1）：134-137.

[41] Lewis D J，Tye F L. Treatment of spent pickle liquors by electrodialysis[J]. Journal of Chemical Technology，2010，9（5）：279-292.

[42] 刘启明，田清华，马建华，等.含盐废水电渗析膜分离处理工艺研究 [J].生态环境学报，2012，21（09）：1604-1607.

[43] 李兴，勾芒芒.改进电渗析深度处理制药高盐废水研究 [J].水处理技术，2018，44（10）：106-109.

[44] Kargi F，Dincer A R. Effect of salt concentration on biological treatment of saline wastewater by fed-batch operation[J]. Enzyme and Microbial Technology，1996，19（7）：529-537.

[45] Duan J，Fang H，Bing S，et al. Characterization of a halophilic heterotrophic nitrification-aerobic denitrification bacterium and its application on treatment of saline wastewater[J].Bioresour Technol，2015，179: 421-428.

[46] 胡殿国，杨勇，吴敏，等.招潮蟹肠道耐盐菌株系统发育及其高盐水处理应用研究 [C]//《环境工程》编委会，工业建筑杂志社有限公司.《环境工程》2019 年全国学术年会论文集，2019：68-72+48.

[47] Uygur A，Kargi F. Salt inhibition on biological nutrient removal from saline wastewater in a sequencing batch reactor[J]. Enzyme and Microbial Technology，2004，34（3/4）：313-318.

[48] Wang Z C，Gao M C，Ren Y，et al. Effect of hydraulic retention time on performance of an anoxic-aerobic sequencing batch reactor treating saline wastewater[J]. International Journal of Environmental Science and Technology，2015，12（6）：2043-2054.

[49] 许劲，田建波，贺阳，等.高盐榨菜废水处理工程实例 [J].水处理技术，2013，39（07）：116-118.

[50] 陈垚，黄鹏程，杨威，等.好氧颗粒污泥处理高盐榨菜废水除污特性研究 [J].工业水处理，2015，35（11）：29-32.

[51] 尤涛.厌氧／接触氧化处理高盐腌制废水的工艺优化 [J].工业水处理，2013，33（02）：51-54.

[52] Riffat R，Krongthamchat K. Anaerobic treatment of high-saline wastewater using halophilic methanogens in laboratory-scale anaerobic filters[J]. Water Environment Research，2007，79（2）：191-198.

[53] Chen G-H，Wong M-T. Impact of increased chloride concentration on nitrifying-activated sludge cultures[J]. Journal of Environmental Engineering，2004，130（2）：116-125.

[54] Campos J L，Mosquera-Corral A，Sánchez M，et al. Nitrification in saline wastewater with high ammonia concentration in an activated sludge unit[J].Water Research，2002，36（10）：2555-2560.

[55] Vredenbregt L H J，Nielsen K，Potma A A，et al. Fluid bed biological nitrification and denitrification in high salinity wastewater[J]. Water Science & Technology，1997，36（1）：93-100.

[56] She Z，Zhao L，Zhang X，et al. Partial nitrification and denitrification in a sequencing batch reactor treating high-salinity wastewater[J]. Chemical Engineering Journal，2016，288：207-215.

[57] Abu-Ghararah Z H，Sherrard J H. Biological nutrient removal in high salinity wastewaters[J]. Environmental Letters，1993，28（3）：599-613.

[58] Uygur A. Specific nutrient removal rates in saline wastewater treatment using sequencing batch reactor[J].

Process Biochemistry, 2006, 41（1）: 61-66.

[59] 邓若男, 陈倩, 倪晋仁. 高盐废水处理的耐盐菌株及其高效除磷特性研究 [J]. 北京大学学报（自然科学版）, 2013, 49（05）: 880-884.

[60] 武道吉, 孙伟, 谭风训. 水解酸化 -SBR- 混凝工艺处理榨菜废水试验研究 [J]. 水处理技术, 2009, 35（06）: 60-63+66.

[61] 于玉彬, 林兴, 贾云. MBR 工艺处理典型榨菜废水的工程案例 [J]. 环境科技, 2019, 32（01）: 40-43.

[62] 刘江国. 混凝 - 厌氧 - 电极 SBBR 法对榨菜废水的处理研究 [D]. 重庆: 西南大学, 2011.

[63] 王磊, 吴越, 田冬. 超声提取 - 高效液相色谱法测定化妆品中 5 种苯并三唑类紫外线吸收剂 [J]. 日用化学工业（中英文）, 2023, 53（01）: 109-114.

[64] 李芳芳, 梁秀清, 张卉, 等. 分散液液微萃取 - 气相色谱法同时测定食醋中常用防腐剂和抗氧化剂 [J]. 中国食品卫生杂志, 2023, 35（03）: 367-373.

[65] Yanfang Z, Shufang L, Tao P, et al. One-step icELISA developed with novel antibody for rapid and specific detection of diclazuril residue in animal-origin foods[J].Food additives & contaminants. Part A, Chemistry, analysis, control, exposure & risk assessment, 2020: 1-7.

[66] Gharaghani M F, Akhond M, Hemmateenejad B. A three-dimensional origami microfluidic device for paper chromatography: Application to quantification of Tartrazine and Indigo carmine in food samples[J]. Journal of Chromatography A, 2020, 1621: 461049.

[67] Li W, Luo Y, Yue X, et al. A novel microfluidic paper-based analytical device based on chemiluminescence for the determination of β-agonists in swine hair[J].Analytical Methods, 2020, 12（18）: 2317-2322.

第五章
酱腌菜加工设备与智能化车间

第一节　酱腌菜加工设备

随着我国改革开放的推进，酱腌菜产业在 21 世纪发展十分迅速。同时，国家对食品的关注力度加大，酱腌菜的生产企业不断增加，所生产出的品种更加丰富，产量和质量都在提高。新技术、新设备在生产中的投入，对提高生产效率、减轻劳动强度起到了很大作用。酱腌菜企业正在全面实现机械化和自动化生产，从而提高了生产效率，降低了生产成本，提升了酱腌菜的质量和产量，推动了酱腌菜产业的蓬勃发展。现将主要加工设备展开介绍。

一、输送设备

用于输送原料蔬菜或半成品等的设备见图 5-1，它是利用输送带作为承载件和牵引件，水平或倾斜地输送蔬菜等物，亦可运送成件的包、袋等物料。带式输送机的优点是结构简单，管理方便，工作可靠，可连续工作，无噪声，输送量及输送距离都较大，动力消耗低，被输送物料不易碎。

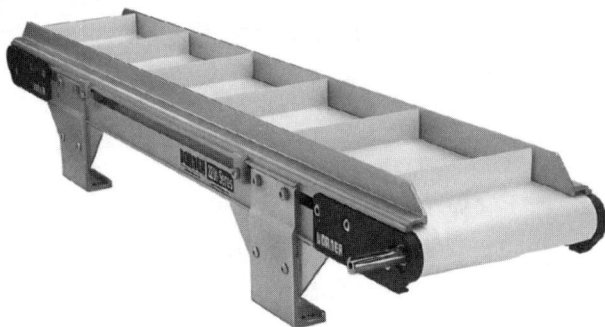

图 5-1　输送设备

二、洗菜设备

清洗机用于去除原料的根部及泥杂，并用水洗净。目前各地还没有足够的设备对全部大宗产品进行清洗加工处理，仅有个别产品使用机械洗涤。如在藠头清洗方面采用了振筛喷淋组合机械；清洗生姜采用了旋转式磨刷机；也有一些企业采用了管式旋叶喷淋洗菜机清洗鲜菜，效果较好，如斜底洗菜池和链式提升洗菜机。洗菜池面积为 18m² 左右，容积 10m³ 左右，处理量 6～10t/h，整个设备还配有水循环系统、吸水和排污系统。操作时鲜菜浸于池内，用循环高压水冲洗，然后经链式提升机送至池外，再用抓斗送至腌菜池。

目前酱腌菜企业针对叶类蔬菜原料采用气泡果蔬清洗机（图 5-2）。此机采用高压气体产生鼓泡和喷水双重清洗的方式，可有效分离蔬菜上面粘连的杂质。清洗过程中，喷淋嘴和高压喷嘴持续供水，供水量可根据蔬菜处理量和清洁程度灵活调节；8 个气量调节阀可自主调节风机气量。清洗槽内设有网状挡板，可防止蔬菜堆积在输送带上方；可掀式滤网便于彻底清洗水槽底部。输送带配备风管，可吹走输送带菜叶上的水滴，确保蔬菜新鲜干净。清洗槽底部横向布置数条气流喷射管道，每条喷射管道均布置球阀，可以独立调节每条管道的喷气量，从而控制清洗槽内菜叶输送速度、清洗强度和清洗时间。此外，输送带可翻转，方便清洗，杜绝卫生死角；底部采用万向轮设计，移动轻巧。

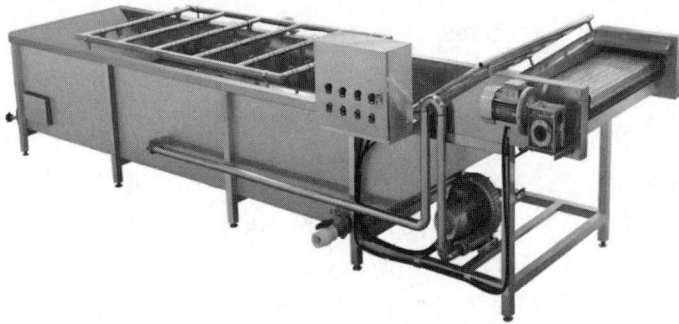

图 5-2 气泡果蔬清洗机

针对根茎类蔬菜原料则适合使用毛辊清洗机（图 5-3），本机适用于胡萝卜、土豆等各种根茎类蔬菜物料的清洗，采用食品级皮带和食品级毛刷输送和清洗，利用旋转刷配高压喷淋，清洗效果好，能彻底清洗果蔬表面的污渍。机架采用优质 SUS304 不锈钢制作，符合国家食品行业使用标准。毛辊清洗机具有外形美观、清洗容积大、效率高、耗能小、可连续清洗、操作简单、使用寿命长等特点，毛辊经久耐用，耐磨性能好。流水线中各单机可根据用户各自不同的加工特点量身定制，最大程度满足工艺要求。清洗运行速度无级可调，用户可根据不同的清洗内容任意设定。

三、倒菜设备

目前各地已对倒菜这一工序做了很大的改革和改进。如济南某酱菜厂采用抓斗进行倒菜（图 5-4），每次可提抓蔬菜 50～250kg，配电动机 1.5kW，效果较好，操作也方便；北京某酱菜厂将小铲车改装成荷花式抓斗，用三级油压传动工作，机型比较美观，操作灵活方便；四川某酱菜厂在窖池子上面轨道安装活动龙门架行车，全机配有三个不同的传动系统，既能灵活地自动纵横走动，又能把坯料送至各处。池与池之间设有空间吊轨，活动龙门架可沿吊轨在任何一组腌菜池上方移动，具有结构简单、制造容易的特点。各地使用的抓斗有荷花式和泥斗式两种，各有长处。荷花式是六合式的，力较均匀，对坯料的破损性较小。泥斗式力较集中，对坯料的破损性略大一些，但能一机多用。

图 5-3　毛辊清洗机

图 5-4　倒菜设备

四、食盐溶解设备

盐渍菜加工过程中，常常用到食盐的溶解这一操作。食盐的溶解有冷水溶解法和热水溶解法两种，但因食盐的溶解度受温度影响甚微，为操作方便和经济成本考量，目前几乎全用冷水溶解法，下面介绍 4 种溶盐设备。

（一）溶盐池

混凝土制成，池底必须做成足够的斜度，使每次制成的盐水均能被抽吸干净。溶盐池的加盐口配以相应大小的竹筐，筐口与加盐口间不留空隙，竹筐上需加一只孔径为 100 目以上的涤纶网，以拦截盐中的泥沙及杂物。盐仓中的食盐通过供盐孔进入盐筐，开动水泵，液流通过冲淋管直接冲浇盐筐内的盐层。液流冲到盐层会迅速溶解，进入溶盐池，池中即为调制后的食盐水。

（二）流水式食盐溶解槽

流水式食盐溶解槽是目前国外大型厂使用的溶盐设备。槽由混凝土制成，槽一侧安装给水管，而槽底则设有多根给水支管，管中开孔，可使水流入槽中。以 6m/h 的流速，让水从盐层下面上涨，食盐即被溶解，制成的食盐水向上溢流，收集供用。

（三）移动式食盐溶解槽

移动式食盐溶解槽是目前国外中型以下的车间常使用的溶盐设备。这种槽一般是白钢材质，槽的一端设有进水管，此管与槽底的水管相通，槽底水管上有许多小孔，水可自孔中流出。食盐自槽端的槽壁与隔板间投入，遇水逐步溶解成食盐水，盐水量逐步增加而溢流入槽壁与隔板间隔而成的区域，溢流液经过竹席可挡住杂质。

（四）食盐连续溶解槽

食盐连续溶解槽（图 5-5）是一种国外应用的制食盐水设备，具有连续作业特性，适用于大规模生产。溶解槽中央设有突出棒状物，其上有许多小孔，水由底部经棒状物从小孔流出，与食盐接触而使其溶解。溶解形成的食盐水经滤除杂质的滤网后，进入外侧储液槽，最终从排出口排出。

五、脱盐设备

脱盐常采用浸泡脱盐罐（图5-6），脱盐时间可根据品种含盐量而定，一般在10min左右可处理150kg。其工作原理是使带螺片的立轴旋转产生压力，迫使坯料随水从出料门排出罐外，经振筛把大部分水分分离，然后进入活动储料器，再送至压榨机压榨。另外，还有利用搅拌罐来脱盐的方式，即把菜坯放在带有搅拌的平底缸内，一边放水一边搅拌，待达到要求时，打开侧面的罐口，让菜坯落到事先准备的容器内。

图5-5 食盐连续溶解槽

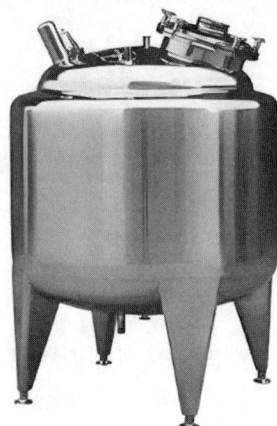

图5-6 浸泡脱盐罐

六、脱水设备

脱水设备一般采用油压、丝杠压机、真空泵抽负压脱水等方法，储料池用筛网夹层，使用时只需将水放出，然后关闭出水口，打开真空泵运行 10 ～ 15min，使储料池下部造成负压，用大气的压力压挤成品，使之排出水分。但储料池固定安装，成品出池不便。下面分别介绍几种脱水设备。

（一）立式自动压榨机

立式自动压榨机的结构简单（图5-7），主要由可移动支脚、压榨箱、加压钢板（盖板）、加压架、移动底盘、加压轴、动力系统等构成。加压架上安装动力系统，并连接加压轴，加压轴连接加压钢板（盖板）。加压钢板（盖板）的垂直下方安装可移动钢制压榨箱于移动底盘上。加压钢板（盖板）的重力通过加压轴于被榨物上进行压榨。这种压榨装置强度较大、压力缓和、压榨时间长。

（二）卧式螺旋式压榨机

卧式螺旋式压榨机（图5-8）由前支座、进料斗、螺旋轴、过滤网、盛汁器、后支座、出渣槽等部件组成，螺旋主轴左端支承于滚动轴承座内，右端支承于手轮轴承座中，电动机通过一对皮带轮驱动螺旋轴进行运转。在脱水过程中，物料从进料箱进入设备，在螺旋轴的转动下物料向出料口方向输送，在结构设计上，通过改变

图5-7 立式自动压榨机

螺旋距离和螺旋轴的直径来逐步增加螺旋挤压力，物料受到逐级递进压力的挤压，多余水分经过筛网由出液口排出，通过特殊的拨料设计，防止物料在输送中结块堵塞，脱水后的物料在螺旋轴的输送下继续往前运行，受到阻料装置的阻力完成第二阶段的挤压脱水，顶开阻料装置后从出料口排出设备。

（三）水压机

水压机多用于工业生产（图5-9）。水压机的压力强，压力缓和而均匀，压榨迅速。水压机的原理是利用水的压力通过钢管传导到压榨机。一般水压机由水压泵、蓄力机及压榨机组成。蓄力机是为了充分发挥水压机效力的一种装置，水压泵将蓄力机的重锤升高，重锤下降时的重力使蓄力机的水柱受到强压而产生压力，因此即使水压泵停止运转，蓄力机仍可供给压榨机压力而保持压榨的进行。

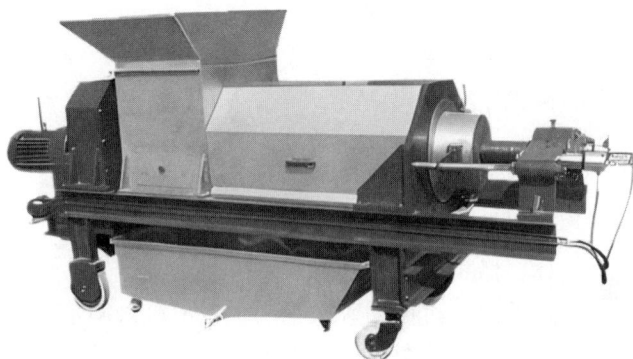

图5-8 卧式螺旋式压榨机

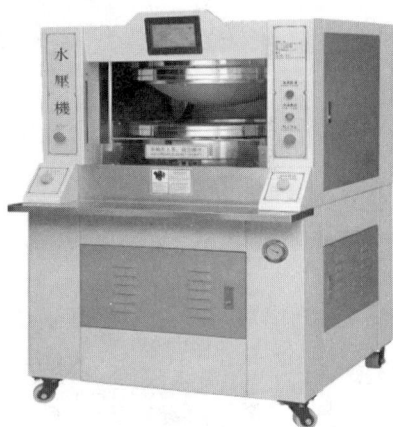

图5-9 水压机

（四）离心式脱水设备

离心式脱水设备按离心原理主要分为离心过滤式脱水和离心沉降式脱水两大类。离心过滤式脱水是把含水物料放置在带有多孔筛面的转子上，在离心力的作用下水分通过沉淀物与筛面之间的间隙排出。这种脱水方式受物料粒度结构的影响很大，且转速较小，分离能力不强。离心沉降式脱水是把固液的混合物放在圆柱形或锥形的转子中，在离心力的作用下，固体在液体中沉降、挤压，以达固液分离的目的。沉降式脱水机在食品加工中主要用于分离乳浊液，使悬浊液变得澄清，如分离过滤豆浆、咖啡或茶的滤浆等。近年来，人们针对早期的离心式脱水机做了一些改进，使其脱水效率更高、工作噪声小、性能较为稳定，其中典型的有三足式离心脱水设备（图5-10）。

（五）风干式脱水设备

风干式脱水设备也叫气流干燥机，有隧道式干燥机（图5-11）和带式干燥机两种，是利用热空气循环和风扇将物料中的水分蒸发掉的设备。其工作原理类似于在机器

图5-10 三足式离心脱水设备

中安装了一台吹风机，通过热空气的内部循环将物料吹干。这种设备通常具有加热系统和风扇，通过加热和吹风的方式提高空气温度，从而加速物料的水分蒸发。其优点是操作简单、除水率高（可达 99% 以上）且包装物表面无水垢污染。风干式脱水设备也存在一些缺点，即噪声较大、设备能耗较高、运行成本高。风干式脱水设备能够去除杀菌后食品表面的水滴，缩短贴标、装箱的准备工作时间，从而提高生产自动化程度。

图 5-11　隧道式干燥机

（六）振动式脱水设备

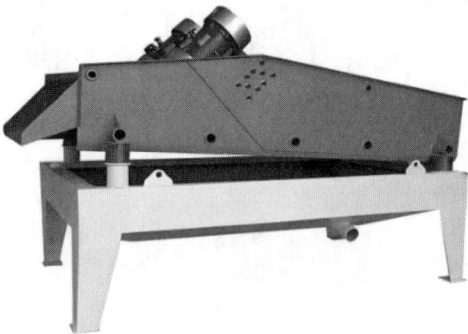

图 5-12　振动式脱水设备

振动式脱水设备（图 5-12）主要由振动箱体、激振器、支撑系统及减振装置组成。现常用的双电机振动脱水采用了双电机自同步技术，即两个独立的激振电机各自独立驱动偏心转子作同步反向运转，其回转运动相互影响，产生耦合效应，使得两转子由各自独立的回转状态，自动进入同步运动状态。两组偏心质量产生的离心力沿振动方向的分力叠加，产生的合激振力最大。垂直于振动方向的激振力分力相互抵消，产生的合激振力为零，从而形成单一的沿振动方向的激振动，使振动箱体作往复直线运动。湿物料在筛面进行抛掷运动与前后滑动，这样周而复始进行运动从而达到对物料的分筛、脱水及物料分级的效果。

七、切菜设备

酱腌菜的形状繁多，许多形状都是由人工或机器切制而成。除了部分要求较高的产品由人工切制外，大部分用机器来切制。全国各地拥有的各类切菜机有 20 多种。在这些机械中，通常采用能切丁、丝、条、块、片等的多功能切菜机（图 5-13），这类机器大致分为一次成型和二次成型（加皮带输送）两种。一次成型离心式切菜机，功率 2kW，体积小，质量 50kg 左右，功效 1500 ～ 2000kg/h，但切制形状局限于丝、条、片状。二次成型的机器有斜刀式切菜机、剁刀式切菜机、往复拉刀加剁刀式切菜机等，该类机型可以切制不同形状的物料，如菱形块、梅花块、蜈蚣条及丝、条、块、片等，转数为 300r/min，刀具调换保养方便，适合一机多用，缺点是噪声大。此外，各地还试制了一些其他类型的单用机械，如擘蓝头擦丝除皮机和磨茄机、芥菜疙瘩开片机、滚刀加剁刀式开片机、橘形切菜机、擘蓝头去皮机，以及使用较广的圆盘式切菜机，还有新型高速小型离心式切菜机、切椒机和剁椒机等。

从各地目前拥有的各类型切菜机来看，由于机械结构及刀具质量问题，机械加工产品的光亮度还不及手工，产品碎料也较多。另外，各地切菜机材质也存在问题，普通钢材易锈蚀、易损坏，故有些地区对使用机械缺乏信心。为了进一步提高产品质量，必须进一步改进机械结构和刀具质量，尽可能地采用优质合金钢刀具，用不锈钢材料或尼龙、塑料等材料做机架，并进一步加强专人维修保养。

八、滚揉设备

滚揉机可分为真空滚揉机、自吸式真空滚揉机、全自动真空滚揉机、偏口式真空滚揉机、无真空滚揉机、变频真空滚揉机等类型。无真空滚揉机（图5-14）功率为2.25kW或2.95kW，电压380V。滚揉机是利用物理冲击的原理，让物料在滚筒内上下翻动，相互撞击、摔打，以达到按摩、腌渍作用。滚揉机可以使物料均匀地吸收腌渍，提高物料的结着力及产品的弹性；提高产品的口感及断面效果；增强保水性，增加出品率；改善产品的内部结构，节能高效。整机采用不锈钢制造，结构紧凑，滚筒两端均采用旋压式封帽结构，最大增加滚筒内的摔打空间，使滚揉产品的效果均匀、噪声小、性能可靠、操作简便，使用效率更高。

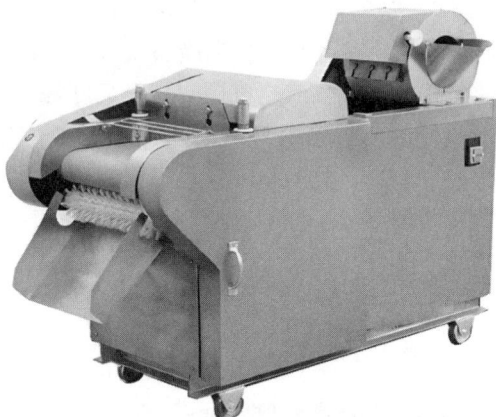

图5-13 多功能切菜机

图5-14 无真空滚揉机

九、拌料设备

全自动连续式拌料机（图5-15）的功率为1.5kW，电压为380V或220V。其（搅拌机、拌料机）特点是效率高，混料速度快；全自动操作简单，方便自如，自动出料，劳动强度更低；独有的旋齿排列形式使物料混合更均匀，单次装料量更多；大型搅拌机独有的密封保护使设备使用寿命更长，清洗更方便。全自动连续式拌料机对粒状、粉状、泥状、糊状、浆状物都有很好的适应性和混合效果，对块状物有较好的保型性，该设备具备正反转功能，以及自动上料、自动出料功能。其工作原理为：将待切混合

图5-15 全自动连续式拌料机

物料放入料斗内，启动机器后，物料通过搅拌器在料斗内正反转，混合均匀后，反转即可将物料取出。这种可正反转变换的功能，大大地提高了搅拌效果。

十、包装设备

随着人们生活的不断提高，对酱腌菜的包装要求也越来越高，各地酱腌菜生产单位相继发展了瓶装、塑料袋装等小包装。瓶装设备主要有空瓶消毒器、洗瓶机、链式蒸汽消毒装置盖机及冷却机等。塑料袋小包装发展更快，目前国内酱腌菜大量采用复合塑料薄膜、铝箔复合膜小包装。这种小包装美观、携带方便，不仅能包装半干产品，也可包装带卤产品，储存期也较长，其使用的主要设备包括自动真空包装机、自动灭菌冷却装置、灌浆机、封口机等。食品包装设备按其功能不同分为袋装机、裹包机、热收缩包装机、真空充气包装机、高压蒸煮袋包装机和充填灌装（瓶装）机械设备等。下面就与酱腌菜相关的包装机械作一一介绍。

（一）袋装机

将固体或流体物质装入用柔性材料制成的包装袋，然后排气或充气，封口以完成成品的包装，所用机械称为袋装机械。袋装之前先要制袋。制袋用的柔性材料如纸、蜡纸、塑料薄膜、铝箔及其复合材料等，应具有良好的保护性能，价廉质轻，容易印制、成型、封口和开启使用；制成的袋体积大小适宜，轻巧美观。由于塑料薄膜及其复合材料具有良好的热封性、印刷性、透明性和防潮透气性等特点，因此广泛应用于实际生产。袋装机是采用热封的柔性包装材料，自动完成制袋、物料的计量和充填、排气或充气、封口及切断等多功能的包装设备。用袋装机加工成的塑料薄膜袋的形式较多，常见的有下列几种：①枕形袋，按接缝方式可分为纵缝搭接袋和纵缝搭接侧边折叠袋。②扁平袋，可分为三面封口袋和四面封口袋，盐渍菜多采用这类。③自立袋，可分为尖顶角形袋、椭圆柱形袋、三角形袋和立方柱形袋。

1.制袋式包装机

制袋式包装机（图5-16）适用于生产枕形袋、四面封口袋、四面封口扁平袋等。制袋过

图5-16　制袋式包装机

程中，一般是先纵向封口，然后横向封口，所以在枕形袋搭接和对接封口缝的全长内，封口部分有三层或四层薄膜重叠在一起，这对封口质量有一定影响。扁平式三面封口袋的内薄膜的层数相等，封接质量较好，但袋的外形不对称，美观性较差。四面封口袋克服了上述两种情况的缺点，但包装材料使用较多。各种自立袋的外形美观，有立而不倒的优点，便于后续装箱工序的进行和产品的安置陈列，但对包装材料的要求较高，需采用复合包装材料。

2. 给袋式袋装机

给袋式袋装机（图 5-17）在使用前，应将事先加工好的各种空袋叠放在空袋箱里，工作时，每次从空袋箱的袋层上取走一个空袋，由输送链夹持手带着空袋在各个工位停歇，完成各个包装动作。给袋式袋装机按输送链行走路线可分为立移型和回转型两种，前者输送链带着空袋作直线移动，后者作回转移动。两者的工作原理基本相同。

3. 气调包装机

气调包装机（图 5-18）是一种自动化程度很高的包装机器，其功率一般采用 5000W，电压 380V。工作原理：通过填充、密封、抽真空等一系列过程，置换包装内的空气，利用各种保护性气体所起的不同作用，抑制引起食品变质的大多数微生物生长繁殖，并使活性食物（果蔬等植物性食品）呼吸速率降低，将产品包装在气密性良好的包装材料中，从而有效地保护产品的新鲜度和质量。常用的气体有氮气、氧气、二氧化碳、混合气体（氧气和氮气或二氧化碳、氮气和氧气）。

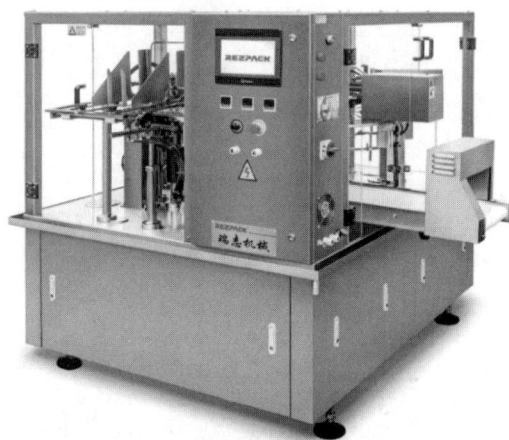

图 5-17　给袋式袋装机

图 5-18　气调包装机

（二）真空包装及真空充气包装机械

真空包装适用于容易氧化变质的食品。抽真空可以除去空气中的氧，防止细菌繁衍引起的食品腐败；便于密封后加热杀菌，否则空气膨胀会使包装件破裂；可以缩小膨松物品的体积，便于保存、运输，并节省费用；防止食品氧化和变质。为了保护内装物和延长保存期，还可在抽真空后再充入其他惰性气体，如二氧化碳和氮气等，这种操作称为真空充气包装。

真空包装和真空充气包装使用的包装材料有阻气性强的金属铝箔和非金属（塑料薄膜、陶瓷等）的筒、罐、瓶和袋等容器。按照包装材料的不同，真空包装机可分为金属罐（含玻璃罐）真空包装机（即真空封罐机）和塑料容器真空包装机两大类。真空包装机是将已

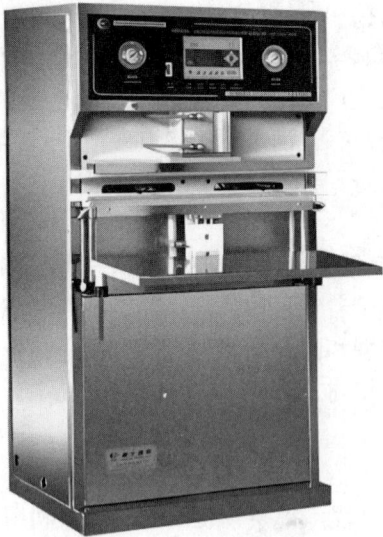

图 5-19　真空充气包装机

经计量充填后的金属罐或玻璃罐送入真空腔进行抽气和封口的设备，封罐时采用机械卷边挤压密封和旋扭滴塑盖密封。塑料容器真空包装机可分为机械挤压式和腔室式等形式的真空包装机。

1. 真空充气包装机

真空充气包装机见图 5-19，工作过程如下：包装塑料袋在装料后留一个口，然后用海绵类物品挤压塑料袋，从留出的口中排除袋内空气，随即进行热封。故此法又称热封真空包装。

2. 腔室式真空包装机

腔室式真空包装机是目前应用最为广泛的真空包装设备之一，尤其是用于盐渍制品的包装。其根据结构形式不同，主要有以下几种。

（1）盒式真空包装机　盒式真空包装机操作流程为：将人工装好物料的塑料袋放在台面承受盘的腔室内，关闭真空槽盖，由限位开关使继电器控制后面的真空包装设备工序自动连续地进行下去。各工序所需时间可通过定时器灵活调节。加工包装体的封口宽度一般为 3～10mm，长度可达 700mm，生产率为 12～30 袋/min（图 5-20）。

（2）连续式真空包装机　这种包装机适于连续批量生产，只需人工把装好物料的塑料袋排放在输送带上，其他操作即可自动进行。腔室内有两对封口杆，故每次可封装几个塑料袋。通常真空室长宽尺寸为 950mm×1010mm，高为 200～300mm（图 5-21）。

图 5-20　盒式真空包装机

图 5-21　连续式真空包装机

（3）真空收缩包装机　这种包装机可用于需要排除空气、缩小物料体积的收缩包装。真空泵是真空包装机的主要工作部件，其性能好坏将直接影响到真空度的高低。真空包装机中采用的真空泵主要有两种类型：一种是油浴偏心转子式真空泵，也称滑阀式真空泵；另一种是油浴旋片式真空泵。转子式真空泵一般用于排气量为 500L/min 以上的真空包装机，而旋片式真空泵通常用于最小排气量为 300L/min 的包装机。各类真空包装机需用真空泵的容量：小型真空包装机为 300～500L/min，中型真空包装机为 500～2500L/min，大型真空包装机为 2000～4000L/min。真空泵必须采用真空润滑油进行润滑，否则将影响真空泵的性能和使用寿命（图 5-22）。

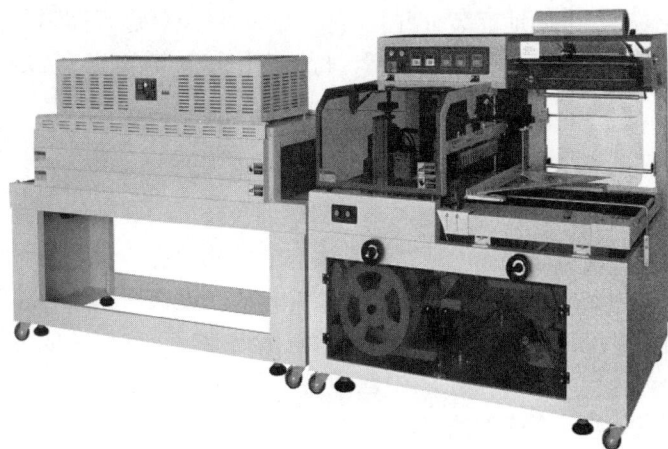

图 5-22　真空收缩包装机

（三）蒸煮袋高速灌装机

蒸煮袋高速灌装机采用伺服电机活塞式计量集机电、气动于一体，由可编程序控制器（PLC）控制，主要由进料系统、灌装系统、旋盖系统、控制系统组成，广泛适用于各种含颗粒的半流体、膏体、酱料的灌装，也可灌装各种液体、黏稠体等，有多种灌装量可供选择。蒸煮袋高速灌装机的工作流程主要包括以下几个步骤：进料、灌装、旋盖、出料。给袋式高速灌装机具有高速度、高精度的灌装性能，能够适应不同容量、不同黏度的物料。设备结构紧凑，占地面积小，节省生产空间。采用 PLC 控制系统，实现设备的自动化控制和监控，也可以与其他设备实现联动，实现自动化生产（图 5-23）。

（四）易拉罐灌装机

易拉罐灌装机是一种自动化设备（图 5-24），主要用于将液体或半液体产品装入易拉罐中。易拉罐灌装机主要由以下几个部分组成：进料系统、灌装系统、封口系统、输送系统、控制系统。易拉罐灌装机的工作原理主要是通过进料系统将液体材料引入灌装系统，然后由灌装系统将液体材料灌装到易拉罐中，再由封口系统对易拉罐进行封口，最后由输送系统将灌装好的易拉罐输送到指定位置。这种设备的优点包括高精度、高效率、自动化程度

图 5-23　蒸煮袋高速灌装机

图 5-24　易拉罐灌装机

高等。它能够实现快速、准确地灌装，并且可以自动对灌装量进行控制，避免了人工操作的误差和不便。易拉罐灌装机还具有安全可靠、易于维护和保养等优点，是一种理想的自动化生产设备。

（五）热收缩包装机

热收缩包装机（图5-25）又称收缩包装机或热缩包装机，其采用具有热收缩性的塑料薄膜作为包装材料，直接包裹在食品上或覆盖在被包装容器的进料口上，当热收缩塑料薄膜包装件通过一个箱式加热室或热收缩隧道时，受到一定的温度作用，热收缩塑料薄膜会自动收缩，从而达到紧贴住被包装件的目的。热收缩膜包装迅速、工效快、成本低、操作方便、产品便于运输和销售，因此在食品加工业中应用甚广。热收缩塑料薄膜的强度、透明度和延伸率均比一般塑料薄膜好。当热收缩塑料薄膜受热延伸时，若给予适当的温度，则在冷凝前薄膜延伸的比例可增加到（1∶4）～（1∶7），而普通薄膜的延伸率通常只有1∶2。目前应用较多的收缩薄膜有聚氯乙烯（PVC）、聚乙烯（PE）和聚丙烯（PP），还有聚偏二氯乙烯（PVDC）、聚对苯二甲酸乙二醇酯（PET）、聚苯乙烯（PS）、乙烯-醋酸乙烯共聚物（EVA）等。

热收缩包装机一般由包装机和加热通道两部分组成。在实际应用中，对于小件物料的包装可采用卧式袋装机，并将其原本的包装材料替换为热收缩薄膜，包装形态可以是枕形三面封口或对折三面封口，也可以是四面封口，包装完成后再进行加热收缩处理。对于尺寸为宽200～500mm，长250～1500mm的物料包装，可采用中型四面封口式包装机。而大型收缩膜包装机主要用于对多个包装物或包装箱的集合收缩膜包装，也可以连同托盘一起包装，最大包装宽度可达2m，可为整箱食品和农产品等包装。

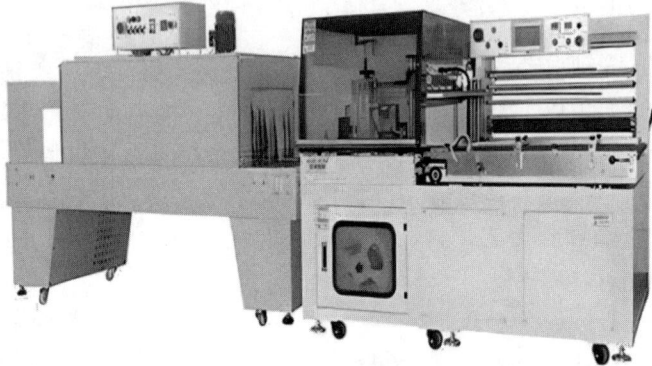

图 5-25　热收缩包装机

（六）固体物料包装机

固体物料的形状多种多样，通常有粒状、粉状、片状、块状和不规则的几何形状等，且具有吸附性、吸湿性和不易流动、密度变化大等特点。所以充填机多属专用设备，种类和形式也比较多（图5-26）。固体物料充填入袋、罐、盒和瓶等容器时，都存在定量问题，固体物料充填机常用的定量方法有三种，即容积定量法、重量定量法和数量定量法。盐渍菜种类繁多，形状各异，部分自动定量装填设备仍处于研制和开发阶段。其中，重量式定量充填设备采用称重方法对物料进行计量，而后装入容器。称重设备一般由供料器、秤和控制系统三个基本部分组成。常用的秤包括杠杆秤、弹簧秤、液压秤和电子秤。重量式定量充填设备有间歇式和连续式两种称重方式。

1. 间歇式称重包装设备

该设备可以称净重（先称重后装料），也可以称毛重（先装料后称重），可分为以下两种。

（1）单路称重充填设备　又称一次加料称重设备，即利用杠杆秤的原理，仅进行一次称重和装料。其计量精度较低，为了提高称重精度，可由单路称重改为双路称重。

（2）双路称重充填设备　又称二次加料称重设备，即由粗称和精称两部分来完成整个称重工作，粗称重量占全部重量的80%～90%，

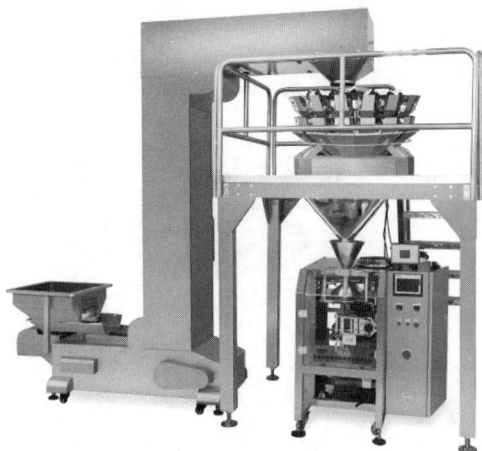

图 5-26　固体物料包装机

而剩下的10%～20%由精称完成。按下料方式不同，双路称重又可分为靠倾斜自重下料和靠振动下料两种方式。双路称重装置的下料循环一般为10s左右，其最高速度不大于30次/min。为了提高称重速度，可采取转盘式多称计量装置，即将若干个天平秤安装在一个等速旋转的圆盘上，圆盘转速一般以5r/min为宜，这样可以成倍提高计量充填的速度。或者采用集中称重离心等分装置，即集中称重后再等分成若干份，进行充填包装。

2. 连续式称重包装设备

连续式称重包装设备可分为以下两种。

（1）电子皮带秤式连续式称重包装　计量速度快，能适应视密度变化大的物料计量。常用的有以下三种。

① 控制闸门开启的电子皮带秤。物料在皮带输送过程中连续地流经秤盘，位于秤盘上面这段皮带上的物料因视密度变化而发生重量变化，并将该变化通过传感器如差动变压器转化为电量变化，与给定值进行比较，再综合放大后驱动执行机构，如驱动可逆电机使控制闸门升降，以调节料层厚度。在电子皮带秤物料流出端的下方设置一个等速旋转的等分格转盘。适当调节皮带速度相等分格转盘的速度，就能截取预定重量的物料进行充填。

② 控制皮带速度的电子皮带秤。当皮带上的物料重量、流量发生变化时，通过传感器、计重调节器、测速发电机和调速电机调整皮带的运动速度，从而使重量、流量恢复到应有的数值。

③ 控制闸门开启和皮带速度的电子皮带秤。通过这种设备，可达到调整物料重量流量，并保持一个恒定值的目的。电子皮带秤的计量速度为20～200包/min，计量范围为50～100g/包。

（2）螺旋计量秤连续式称重包装设备　可分为速度调节式和重量调节式两种形式，适用于流动性好的粉粒物料的计量。

十一、贴标签机、喷码机、捆扎机

（一）贴标签机

贴标签机（图5-27）是一种专门用于酱腌菜产品的自动化贴标设备，它是将印刷有包装

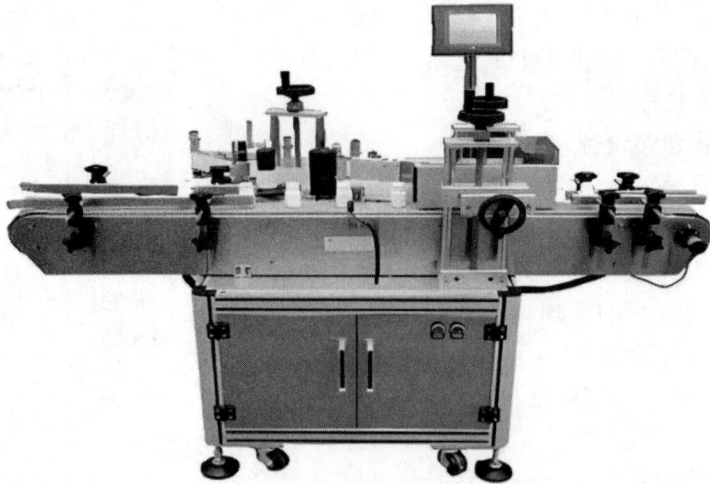

图 5-27　贴标签机

容器内食品的品名、成分、功能、使用方法、商标图案、生产厂家等的标签贴在容器一定部位上的机器。贴标签机采用了先进的识别系统和精确的标签粘贴技术，能够快速、准确地为酱腌菜产品贴上标签。该设备适用于各种形状和尺寸的酱腌菜瓶罐，大大提高了生产效率和产品质量。贴标签机种类很多，常按操作的自动化程度，分为半自动贴标机和自动贴标机；按容器种类，分为镀锡薄钢板圆罐贴标机和玻璃瓶罐贴标机；按容器运动方向，分为横行贴标机和竖行贴标机；按容器运动形式，分为直通式贴标机和转盘式贴标机。其贴标工艺由下列基本流程组成：①取标签。由取标机构将标签从标签盒中取出。②传标签。将标签传送给贴标部件。③盖印。把生产日期、产品批号数码印在标签上。④涂胶。在标签背面涂上黏合剂。⑤贴标。把标签贴附在瓶子上。⑥熨平。使黏附在瓶上的标签舒展平坦，消除褶皱并贴实。

常用的贴标签机有龙门式贴标机和真空转鼓式贴标机，龙门贴标机由单排移动输瓶机、黏胶贴标、辊轮抹标、储罐转盘、机体传动等部件组成。这种贴标签机只能贴长度大致等于半个瓶身周长的标签，而且只能贴圆柱形瓶身，标签的粘贴位置也不够准确。但这类贴标签机具有结构简单的显著特点，在中小型车间中使用较多。真空转鼓式贴标机的特点是真空转鼓具有起标、贴标、标签盖印、涂胶等功能。

酱腌菜贴标签机通过传送带将酱腌菜产品输送到贴标位置，利用标签剥离装置将标签从标签卷上剥离下来，并通过贴标头将标签准确地粘贴在产品上。同时，该设备还配备了自动识别系统，能够识别产品的品种和规格，自动调整标签的位置和大小，确保标签的准确性和美观性。同时，该设备采用自动化生产线，能够快速、连续地为产品贴上标签，大大提高了生产效率。酱腌菜贴标签机采用高品质的机械和电子元件，确保了设备的稳定性和可靠性，其操作简单、维护方便，降低了工人的操作难度和维护成本。

（二）喷码机

喷码机（图 5-28）是一种集机电一体化的高科技产品，其通过软件控制，以非接触方式在产品上进行标识。连续式喷墨机（continuous inkjet printer，CIJ）是喷码机常用的技术类型，它运用带电的墨水微粒，采用高压电场偏转的原理，在各种物体表面上喷印图案文字和数码。喷码机内部结构由控制系统、喷头系统、供墨系统、传动系统及扫描系统等部件组成。这些部件相互配合，协同工作，使喷码机可以高效、准确地完成各种喷印任务。

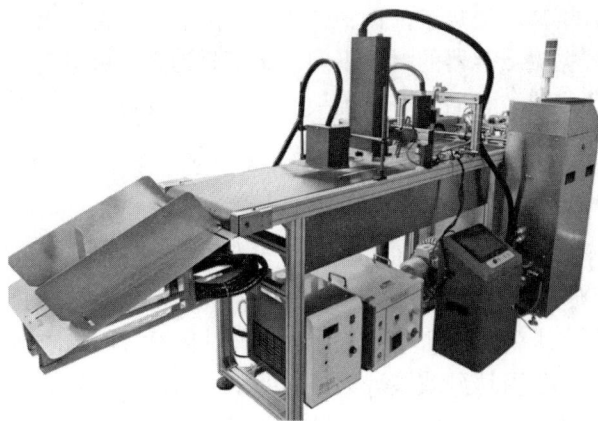

图 5-28　喷码机

（三）捆扎机

捆扎机（图 5-29）是一种用于包装产品的设备，这种捆扎机适用性广，捆扎物最大尺寸约为 600mm×400mm，捆扎速度可达 2.5～3s/ 次，主要用于将产品捆绑成固定形状和大小的捆包。捆扎机广泛应用于食品、饮料、医药、化工等行业的包装生产线上。最常用的为台式捆扎机，被包装捆扎物放在工作台上，即可进行捆扎作业。捆扎机采用自动化生产线，能够快速、连续地为产品进行捆扎处理，大大提高了生产效率。此外，其采用高品质的机械和电子元件，确保了设备的稳定性和可靠性。该设备适用于各种形状和尺寸的产品，能够满足不同行业的包装需求。捆扎机维护简单，易于操作，既降低了工人的维护难度，又减少了设备维护成本。

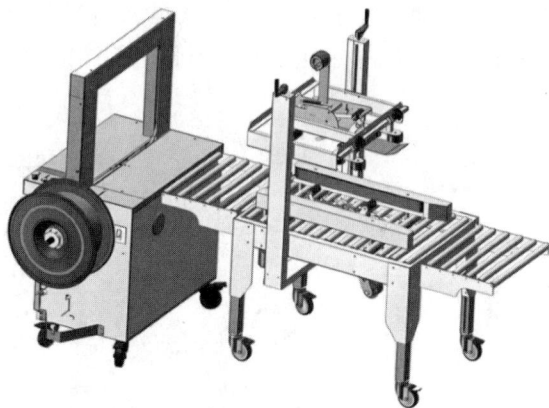

图 5-29　捆扎机

十二、杀菌设备

为了抑制造成食品败坏的微生物的生命活动，使密封后的食品能较长时间地保存；防止食物中毒，不因致病菌活动而影响人体健康，往往要对加工的食品进行杀菌。有的在原料加工过程中进行杀菌，罐装或袋装后的酱腌菜则在包装后进行杀菌。食品工业中杀菌设备形式较多，且有各种分类方法，根据杀菌温度不同，可分为常压杀菌设备和加压杀菌设备。常压杀菌设备的杀菌温度为 100℃ 以下，用于 pH 值小于 4.5 时的酸性产品杀菌，利用巴氏杀菌原理设计的杀菌设备也属于这一类。加压杀菌一般在密封的设备中进行，压力高于 100kPa，杀菌温度在 121℃ 左右，主要用于肉类等罐头的杀菌。超高温瞬时杀菌设备，其杀菌温度可达 135～150℃，主要用于乳液、果汁等液体食品的灭菌。根据操作方法不同，杀菌设备可分为间歇操作杀菌设备和连续操作杀菌设备。前者有立式杀菌锅、卧式杀菌锅和间歇式回转杀菌锅等，后者有常压连续式、水静压连续式和水封连续式杀菌设备等。根据杀菌设备所用的热源不同，可分为直接蒸汽加热杀菌设备、热水加热杀菌设备、火焰连续杀菌设备及辐射杀菌设备等。此外，根据罐藏容器的材质不同，又可分为金属罐藏食品杀菌设备、玻璃罐藏食品杀菌设备与复合薄膜包装食品（即软罐头食品）杀菌设备等。以下介绍几种常用的杀菌设备。

（一）超高温瞬时杀菌机

超高温瞬时杀菌技术于 1949 年随着斯托克装置的出现问世，目前超高温瞬时杀菌机（图 5-30）已经被广泛使用。超高温处理可分为间接加热和直接加热两大类型。它是使料液迅速升温至 136℃以上，然后保持几秒钟，从而实现对料液瞬间的杀菌。超高温瞬时杀菌技术的杀菌效果特别好，几乎可达到或接近灭菌的要求，而且杀菌时间短，物料中营养物质破坏少，营养成分保存率达 92% 以上。众所周知，杀菌时间过长，必然导致食品的品质下降，特别是对食品的颜色及风味影响较大，而缩短杀菌时间的措施之一是提高杀菌温度。研究显示，杀菌温度增加 10℃，取得同样杀菌效果的时间仅为原杀菌时间的 1/10。还有研究表明，在杀菌条件相同的情况下，超高温瞬时杀菌与低温长时间杀菌相比，不仅细菌致死时间显著缩短，而且食品成分的保存率也显著提高。如在 120℃以下杀菌，细菌的芽孢致死时间是 4min 以上，食品成分的保存率为 73% 以下；当杀菌温度上升到 130℃，芽孢的致死时间下降到 30s，食品成分保存率上升到 92%；温度到达 150℃，芽孢的致死时间为 0.6s，成分保存率上升到 99%，证明了超高温瞬时杀菌的优越性。

图 5-30　超高温瞬时杀菌机

（二）高温瞬时杀菌机

高温瞬时杀菌技术已经广泛应用于牛奶、豆浆、豆乳、果酒和奶酒的灭菌工作中。高温瞬时杀菌机（图 5-31）将产品加热到 121℃，保持数秒后再冷却，可保证将产品的热损伤程度降到最小，最大限度保留产品的营养价值。高温瞬时杀菌机组工作流程可分为三个阶段，分别是预热段、加热段和冷却段。料液进入预热段换热器，首先与待送入冷却段的物料进行热交换，达到预热的目的，同时完成对杀菌后物料的预冷。预热后的物料进入加热阶段，用热水加热至设定温度，随后进入蛇管，在要求的温度范围内保温足够时间完成杀菌。

经过预冷的物料在冷媒作用下进一步被冷却至保存温度，最后送入储液罐进行灌装。高温瞬时杀菌机组从功能上由供给系统、灭菌（升温）系统和降温系统组成。供给系统包括原料供给系统和热水供给系统。其中，原料供给系统主要实现原料的供给以及为原位清洗系统（CIP）清洗过程提供清洗液和清水，其主要动力设备为供给泵和增压泵。灭菌（升温）系统主体设备为三个阶段的换热器以及杀菌过程物料温度维持管。降温系统除了冷却器外还包括冷媒供给系统。

图 5-31　高温瞬时杀菌机

（三）微波杀菌

微波技术是一种理想的杀菌途径，相对热力杀菌来说，微波杀菌具有加热时间短、升温速度快、杀菌均匀、食品营养成分和风味物质破坏和损失少等特点。与化学方法杀菌相比，微波杀菌无化学物质残留且安全性较高。因此，食品的微波杀菌保鲜技术已被食品厂家所采用。

在相同条件下，微波杀菌致死温度比传统加热杀菌低，它不仅具有因生物体吸收微波能量而转换的热效应，而且还存在一种非热效应。热效应是指生物体吸收电磁波的能量后，体温升高，从而发生各种生物功能变化。微波作用于食品，食品表面和中心同时吸收微波能，使得温度升高。食品中的微生物在微波场作用下，温度也升高。温度的快速升高，使食品的蛋白质结构发生变化，从而失去生物活性，严重干扰菌体的生理活动，使其无法繁殖并最终死亡。非热效应是在电磁波的作用下，生物体内不产生明显升温，但可以产生强烈的生物响应，使生物体内发生各种生理、生化和功能的变化。微波的作用会使微生物在其生命化学过程中所产生的大量电子、离子和其他带电粒子的生物性排列组合状态和运动规律发生变化。同时，电场也会使细胞膜附近的电荷分布改变，导致膜功能障碍，使细胞的正常代谢功能受到干扰破坏，使微生物细胞的生长受到抑制，甚至停止生长或使之死亡。

微波杀菌机（图 5-32）的微波混合室系统由附有相应电源设备的微波发生器、波导管连接器及处理室三部分组成。该杀菌处理系统能够以食品内极其微小的温度差异，对正在连续流动的食品进行快速加热处理。在处理室内，微波的能量可以均匀地分布于被处理的食品上，加热到 72～85℃，保持 1～8min，随后送入隧道至冷却室，在贮藏之前将温度降

图 5-32　微波杀菌机

至 15℃以下。采用微波杀菌既可以在包装前进行，也可以在包好边料锡膜或复合薄膜以后进行。微波不但能杀死微生物，还能使微生物细胞赖以生存的水分活度降低，破坏微生物的生存环境。Desell 等在食品中接种细菌，然后用 2450MHz 微波杀菌，结果发现所需时间仅为传统加热方法的 1/12 ～ 1/9。

（四）巴氏杀菌机

巴氏杀菌是一种利用巴氏杀菌法对食品进行杀菌处理的技术。巴氏杀菌法的原理是在一定温度范围内，通过适当的温度和保温时间处理，杀灭食品中的病原体，同时保留小部分无害或有益的细菌或细菌芽孢。杀菌的原理是在一定温度范围内，温度越低，细菌繁殖越慢；温度越高，细菌繁殖越快。但温度如果太高，细菌就会死亡。不同的细菌有不同的最适生长温度和耐热、耐冷能力。巴氏杀菌机见图 5-33。

当今使用的巴氏杀菌程序种类繁多。"低温长时间"（LTLT）处理是一个"间歇"过程，即将酱腌菜加热到 62 ～ 65℃，保持 30min，采用这一方法，可杀死酱腌菜中各种生长型致病菌，灭菌效率可达 97.3% ～ 99.9%，经消毒后残留的只是部分嗜热菌及耐热性菌以及芽孢等，但这些细菌多数是乳酸菌，乳酸菌不但对人体无害反而有益。"高温短时间"（HTST）处理是一个"流动"过程，通常在板式热交换器中进行，即将酱腌菜加热到 75 ～ 90℃，保温 15 ～ 16s，其杀菌时间更短，工作效率更高。通过该方式获得的产品不是无菌的，即仍含有微生物，且在储存和处理的过程中需要冷藏。但杀菌的基本原则是能将病原菌杀死即可，温度太高反而会有较多的营养损失。

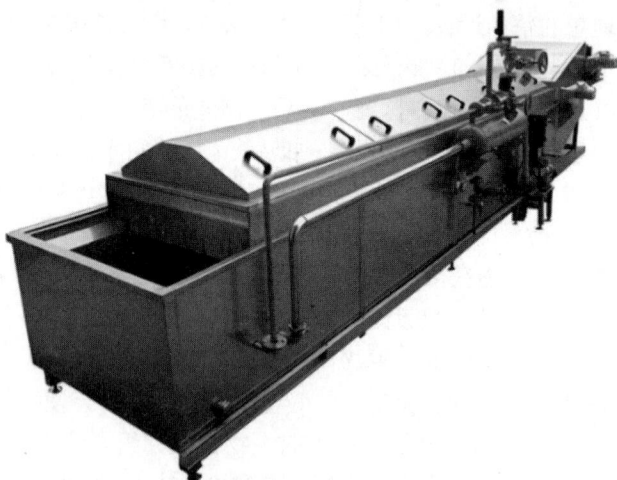

图 5-33　巴氏杀菌机

（五）低温高压灭菌机

日本科技人员经过数年时间，研究出一种不需要加热而杀灭大肠埃希菌和醋酸的低温高压灭菌技术，这种技术过去只是一种大胆的设想。日本日冷公司利用其冷冻食品的技术与神户制钢公司的高压技术相结合，解决了冷冻品灭菌的技术难题，研制出了实用的低成本冷冻灭菌技术。低温高压灭菌机见图5-34。

经研究表明，在低温下加高压比在常温下更容易杀灭细菌。在20℃时大肠埃希菌和沙门菌要加3000个以上的大气压才能被杀灭，而在-20℃时只需加2000个大气压就可达到目的。在常温下需4000个大气压才能杀灭的醋酸菌，在低温下只需2000个大气压就可基本杀灭，其原因是在低温下细菌的细胞膜容易被破坏。

这种新技术可用于多种肉食和水产品的灭菌，且不会破坏食品原有的成分结构和风味。研究表明，在水产品中，贝类等无脊椎动物比脊椎动物的灭菌效果好。不适于加热的各种食品如生鱼片等也可采用这种技术灭菌。特别方便的是，可在食品冷冻和冷藏的过程中，将其放入高压仓内加以灭菌。这种方式成本低廉且效率高。日本制成的高压低温灭菌装置，在-20℃的低温条件下可稳定地保持高压状态，其压力可调至4000个大气压。

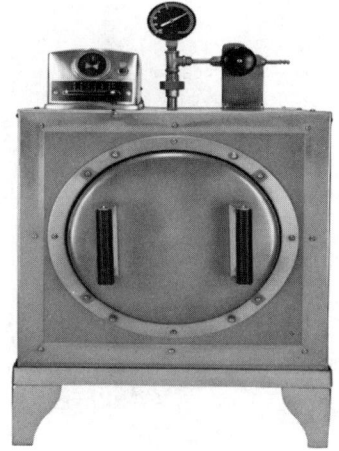

图5-34　低温高压灭菌机

（六）超高压杀菌机

超高压处理食品保鲜技术具有诸如保持食品原有的风味、色泽、营养成分，低能耗，对环境污染小以及少用或不用化学添加剂等很多优点。超高压杀菌的原理是由于静水压的作用而使蛋白质产生压力凝固，导致微生物的形态结构、基因、生理生化特性等多方面发生变化，使其原有的功能发生不可逆变化从而导致死亡。超高压处理不仅能杀灭食品中的微生物，还可以抑制酶的活性。研究表明，升高温度和降低食品的pH值有利于加强高压的效果，提高糖和盐的浓度会降低杀菌效果，微生物的营养体较易被杀灭。利用100MPa以上压力加压食品时，温度基本不升高，也不会有共价结合的生成和断裂。高压处理使食品保留新鲜的风味，不会发生不利的共价结合变化，这些特点说明食品高压加工具有广阔的应用前景。超高压杀菌机见图5-35。

图5-35　超高压杀菌机

（七）高压脉冲电场杀菌机

高压脉冲电场用于酱腌菜杀菌也显露出潜在的研究价值，其在5～10s的极短时间内即可完成杀菌过程。高压脉冲电场杀菌因其处理时间短、杀菌后温升小、生成副产物少、无污染、

图 5-36 高压脉冲电场杀菌机

无辐射、耗能低等优点，具有广阔的工业化前景。高压脉冲电场杀菌机见图 5-36。

高压脉冲电场技术用于酱腌菜杀菌的主要原理是基于细胞结构和液态食品体系间的电学特性的差异。一是细胞壁特别是细胞内丰富的膜系统的电阻和电容量很大，且随交流电荷频率的不同发生显著变化。在低频情况下，细胞壁尤其是生物膜系统的电容量显著增大，细胞内液中也有电流通过，此时电阻明显减小，加之类脂膜中其结构物质几乎均为偶极子或带电分子，其分子运动主要以侧向流动为主，极难实现穿膜转动。由于这些分子在伴随电场转动而取向时，存在阻力和速率的差异，这种差异导致二者在松弛频率上显著不同，使得高压脉冲电能在一定条件下蓄积于细胞壁（膜）系统，而极少在液态食品体系中损耗。二是生物膜结构的不均匀性，特别是膜蛋白的类似半导体特性，使生物膜存在动态的"导通"，在高压脉冲电场中，这种"导通"可使膜上蓄积的能量以瞬时高强度方式释放，从而击穿膜系统。在这种高压脉冲放电时，由于气态等离子体剧烈膨胀、爆炸而产生强烈的冲击波，可摧毁各种亚细胞结构。三是这些反应都发生在细胞内，因而对非细胞结构的液态食品体系中的营养成分和风味物质基本无影响，可高质量地保存食品的天然特性。邓元修等直接尝试研究了脉冲高压对酵母和大肠埃希菌的杀灭作用，结果发现所需能耗较低，即每吨液态食品灭菌能耗电为 0.5～2.0kW/h，对试液的温升小于 2℃，有效保存了食品的营养成分和天然成分。因此高压脉冲杀菌是较理想的灭菌方式，可望取代热灭菌方法成为 21 世纪新型加工方法之一。

（八）辐射杀菌

辐射杀菌是运用紫外线、X 射线、γ 射线或电子高速射线照射食品，引起食品中的生物体产生物理或化学反应，抑制或破坏其新陈代谢和生长发育，甚至使细胞组织死亡，从而达到灭菌消毒、延长食品贮存销售时间的目的。辐射杀菌几乎不产生热量，可保持食品在感官和品质方面的特性，并适合对冷冻状态的食品进行杀菌处理。与传统的加热法相比，辐射杀菌更易于准确控制，且耗能低。世界卫生组织已将辐射杀菌法纳为安全有效的食品处理方法，并制定了相应标准。部分技术项目已达到商业化推广应用的标准。

紫外线的波长范围是 100～400nm。微生物细胞中的核酸、碱基（嘌呤、嘧啶）及蛋白质对紫外线有特别强的吸引力，DNA 和 RNA 的吸收峰在 260nm 处，蛋白质的吸收峰在 280nm 处。紫外线杀死微生物主要是对 DNA 产生作用，其会引起 DNA 链上两个邻近的胸腺嘧啶分子形成胸腺嘧啶二聚体，致使 DNA 不可复制，导致微生物死亡。紫外线是德国物理学家 Rittle 在 1802 年发现的，但其应用一直未能得到开发，直到 21 世纪 60～70 年代才开始对它进行应用开发研究。目前对紫外线的研究应用范围日益扩大，其中已在罐头食品杀菌中得到广泛应用，且效果良好。紫外线杀菌机见图 5-37。

辐射处理发生的分解、聚合反应等引起食品的物理、化学性质变化能达到改善食品品质的作用。事实上，食品经过辐射后，其营养成分不但不会流失，反而有利于人体消化吸收，

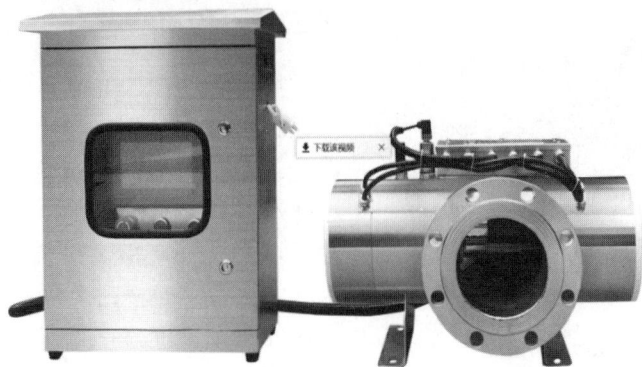

图 5-37　紫外线杀菌机

最常用的辐射源为 ^{60}Co 和 ^{137}Cs。利用辐射源放出的穿透性很强的 γ 射线辐射食品，不仅能够节省能源、保持食品的营养成分，还可深入食品内部进行杀菌。

（九）磁力杀菌

磁力杀菌（图 5-38）是把需消毒杀菌的食品放于磁场中，在一定的磁场强度作用下，使食品在常温下实现杀菌。日本三井公司将食品放在 0.6T 磁密度的磁场中，在常温下处理 48h，达到 100% 杀菌效果。此外，日本三井公司与秋田大学联合进行了利用磁线杀菌的研究，已取得了一定的效果。磁力杀菌设备是把一个 N 级、S 级的电磁铁安置在一个放了霉菌与磁线体的试验管上，然后摇动该试验管，菌体就会死亡。在试验中，通入的是 0.6T 的磁线，连续摇动 48h，菌体就会 100% 死亡。该方法可以不加热就达到杀菌的目的，从而不影响酒类等食品的固有风味，确保了食品的质量。该技术也可广泛用于其他食品及医疗器械的杀菌等。

（十）臭氧杀菌机

臭氧在水中极不稳定，会时刻发生还原反应，产生具有强烈氧化作用的单原子氧，在其产生瞬时，与细菌细胞壁中的脂蛋白或细胞膜中的磷脂质、蛋白质发生化学反应，从而使细胞壁和细胞膜受到破坏，细胞膜的通透性增加，细胞内物质外流，使细菌失去活性。同时臭氧能迅速扩散进入细胞内，氧化细胞内的酶或 RNA、DNA，从而使菌原体死亡。臭氧杀菌法具有高效、快速、安全、低成本等优点，广泛应用于食品加工、运输与贮存及自来水、纯净水生产等领域。此外，还有蒸汽杀菌、容器杀菌、强光脉冲、超临界法等许多新兴的罐头食品杀菌技术，且还有更多未知的技术有待开发。臭氧杀菌机见图 5-39。

图 5-38　磁力杀菌

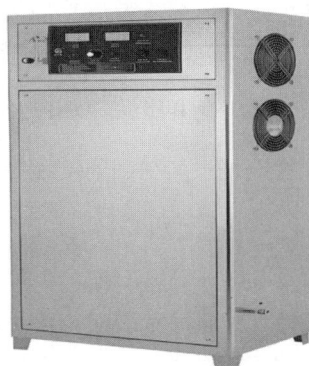

图 5-39　臭氧杀菌机

图 5-40 灯检机

十三、灯检机

灯检机（图 5-40）是一种检验设备，由光源系统、检测装置、传输系统、控制系统、数据处理与分析系统、剔除系统组成。灯检机通过传动系统将待检测的瓶子传入检测区域，检测区域中有一套摄像系统，它可以拍摄到瓶子内部的图像，并将图像传输到后端的计算机上。在计算机上，通过图像处理技术，可以检测出瓶子内部的缺陷，如杂质、气泡、裂纹等。如果检测到不合格产品，灯检机会通过 PLC 控制将次品分拣出传送带，合格品则进入下一步工序。灯检机根据功能可分为手动灯检机、半自动灯检机、全自动灯检机，根据检测产品品种的不同可分为安瓿瓶灯检机、口服液灯检机、西林瓶灯检机、冻干品灯检机等。

第二节　智能化生产车间

一、智能化生产车间的优点

随着科技的不断进步，智能化生产已经成为许多行业的主流趋势。酱腌菜行业也不例外，智能化生产车间的出现，极大地提高了生产效率，降低了成本，同时也保证了产品质量。本节将详细介绍酱腌菜智能化生产车间的相关内容。

酱腌菜智能化生产是指利用先进的自动化、信息化技术，实现酱腌菜生产过程的自动化、智能化。智能化生产车间通过引入智能化设备、系统，可对生产过程中的各个环节进行精准控制，其具有以下优点。

（1）提高生产效率　智能化生产车间能够实现自动化生产，减少人工干预，提高生产效率。

（2）降低成本　智能化生产车间可以降低人工成本、物料成本等，提高企业的竞争力。

（3）保证产品质量　智能化生产车间可以对生产过程中的各个环节进行精准控制，保证产品质量的稳定性和一致性。

二、智能化生产车间的实现的必备条件

酱腌菜智能化生产车间的实现需要满足以下必备条件。

（一）基础设施与设备

（1）自动化生产设备　配备先进的自动化设备，如清洗机、切割机、搅拌机、包装机等，实现从原料处理到成品包装的全流程自动化。

（2）智能化控制系统　采用 PLC 控制系统或 MES 制造执行系统，实现生产过程的自动化控制和数据采集。

（3）智能仓储与物流　建设智能仓储系统，实现原材料和成品的自动化存储与配送。

（二）信息化与数据管理

（1）数据采集与共享　通过传感器和数据采集系统，实时收集生产过程中的数据，并实现数据的全局共享，消除"信息孤岛"。

（2）生产管理系统集成　引入 MES 系统，实现生产计划、执行、质量管控和设备运维的信息化管理。

（3）质量追溯系统　建立从原料入厂到成品出厂的全程追溯体系，确保产品质量的稳定性和可追溯性。

（三）工艺与流程优化

（1）标准化工艺流程　对酱腌菜的发酵、脱盐、脱水等关键工艺进行标准化和智能化控制。

（2）柔性生产模式　支持多品种、小批量生产，能够快速调整生产线以适应市场需求。

（四）人员配备与管理

（1）专业人才支持　配备具备智能制造、自动化控制、数据分析等专业知识的技术人员。

（2）精益化管理　建立精益化生产管理体系，优化生产流程，提高生产效率。

（五）安全与环保

（1）食品安全标准　设备和车间设计需符合 GMP（良好生产规范）和 HACCP 标准，确保生产过程的卫生和食品安全。

（2）环保措施　采用环保技术，如蒸汽机械再压缩技术（MVR），实现废水处理和资源循环利用。

（六）战略与规划

（1）智能制造战略　企业需有明确的数字化转型战略，积极推动智能化升级。

（2）持续优化能力　具备对生产系统和技术的持续优化能力，以适应市场和技术的快速变化。

通过以上条件的实现，酱腌菜企业可以有效提升生产效率、降低人工成本、保障产品质量，同时推动产业向智能化、绿色化方向发展。

三、人工智能在酱腌菜行业中的应用

（一）人工智能在优化酱腌菜生产流程中的应用

目前，人工智能在优化生产流程中的应用主要体现在计算机视觉方面，即通过采集目标图像进行图像处理和识别，实现对产品品质检测、产品分类等功能。

1. 酱腌菜原料分拣

在接收新鲜酱腌菜原材料的过程中，分拣程序可以说是最耗时的环节之一。在传统食品行业中，往往采用人工方法筛选病虫害蔬菜和异物，但这种做法效率较低，而且有可能造成食品的二次污染。因此，目前有公司正在开发基于计算机视觉检测技术的食品分拣系统——利用照相机和近红外传感器拍摄照片，通过图像识别技术实现筛选次品与异物，同时应用机器人技术实现物品的自动分拣与包装。如此看来，人工智能技术在食品分拣系统中的应用有助于解放劳动力、优化企业能耗、提高生产效率并改善酱腌菜产品质量，最终提升食品安全水平。

2. 酱腌菜加工

通过对酱腌菜加工生产全过程进行监测，采集多个传感器的数据，构造出基于学习功能的生产过程监测器。该监测器主要通过机器学习、语音识别、视觉识别等方式来分析、调节和改进生产过程中的参数，预测酱腌菜产品质量，从而改进自动设置和调整加工过程的参数。由于酱腌菜生产过程中缺少有效监控，仅基于经验进行酱腌菜产品加工控制，不能按需调整参数，往往导致能源浪费严重。利用人工智能优化控制系统对酱腌菜生产全过程进行监测，能在保证酱腌菜产品质量和提高生产效率的同时显著降低企业生产成本，进而提高企业的市场竞争力。

3. 酱腌菜供应链管理

目前，国内冷链物流的应用较国外而言，覆盖面较小且效率低下。为了提升冷链效率，利用大数据、人工智能算法及机器学习技术进行自动配载，有助于实现物流运输路线优化，从而大大降低物流成本。此外，人工智能在供应链的应用中还可以用来准确预测食品库存，便于管理定价或酱腌菜溯源——跟踪酱腌菜产品"从农场到餐桌"的全过程，保证酱腌菜供应链的透明度。此外，对酱腌菜供应链的智能管理还有利于提升企业经营效率，减少企业库存和降低供应链成本。

（二）人工智能在食品安全监管中的应用

正所谓"民以食为天，食以安为先"，食品安全历来都是举国关注的重点，然而，不断发生的食品安全问题反映出我国目前的食品安全监管还存在一定的不足。食品安全监管工作量巨大、食品安全事故频发且原因多变，因此依赖人工的传统监管模式难以实现对食品安全问题的即时预警和全面有效的监控。而应用人工智能监管模式能适应复杂多变的形势，通过智能检索、智能代理、专家系统等先进技术可完善对食品安全事件的预警监测，提升政府的监管效率，落实企业食品安全主体责任，保障食品安全。构建食品安全智能监管信息平台，利用以自然语言为基础的人工智能检索技术，可对使用者提供的自然语言进行快速分析，并形成检索策略，进行所需信息的广泛搜索。

智能监管平台拥有几大优势：第一，可快速高效地收集和共享食品安全信息，如实现食品溯源、促进食品全流程监管等；第二，加强舆情监测，建立重大舆情收集、分析，推进快速响应机制的建立，完善食品安全事件预警监测；第三，可以增强信息透明度，提升监管效率。

为了确保食物安全，良好的操作卫生条件十分必要。一款 360°的全天候智能监管系统通过摄像头监控后厨操作环境，使用图像识别和卫生环境合规性智能识别算法能有效监管后厨人员的穿戴与操作规范、食品存储条件与环境消毒卫生情况等。如发现有违规行为，监管人员可提取屏幕图像进行查看，实现远程智能监管。总而言之，智能监管系统能自动辨识并发现后厨的食品安全风险点，及时处理突发的食品安全风险，并能针对风险提供解决策略，从而提高监管效率。

四、酱腌菜智能车间生产实例

为保证酱菜系列产品的质量与生产效率，安徽知香斋食品有限公司与设备生产厂家联合攻关、研发了具备国内先进水平的酱菜生产的新型加工设备。其生产工艺采用醋渍工艺流程，产品质量稳定优良，生产效率大大提高，同时也降低了能耗及生产成本。

在新型生产线上，每一道工序对产品的品相、温度、盐度、含水量、泡制时间、口感等因素要求都很高，仅凭人工识别准确度低、耗时长、无法满足生产需求，在此基础上，组织专业软件研发人员，将软件与设备、工艺密切结合，开发出醋渍菜生产化流程监控管理平台，全方位监控管理醋渍菜生产过程中各工序的生产参数、标准以及数据计量，可以有效提高生产效率。

该技术为公司联合设备厂家、软件开发人员自主研发，知识产权归知香斋所有。1.0 版本采用传感器、计数器、自动称重以及视频监控技术，可以实现从投料、清洗、脱盐、切割、封装、消毒、包装出库全生产流程的监控和管理，对产品品质提升起到了很大的作用。该技术在酱腌菜领域属于全新的生产监控管理系统，处于国内先进水平。

目前，该技术基本成熟，已在公司内部的生产环节进行试用。试用结果表明，该技术在一定程度上可以提高生产效率和提升产品质量，且未发现任何危害。但因为其独创性较强，操作较为复杂，可适用的领域比较小，目前还不能大规模推广使用。

重庆市涪陵榨菜集团股份有限公司投资超过 5000 万元、年产能 1.6 万吨的乌江涪陵榨菜智能化榨菜车间建成，2020 年 7 月在涪陵榨菜集团正式投产，实现了从榨菜淘洗、拌料到成品包装等生产流程的全线智能化。在乌江涪陵榨菜智能化生产车间，从投料、切分、脱盐脱水、拌料、计量包装，到最后的杀菌装箱，整个生产流程都是由智能化系统自主完成，不需要人工参与。

如今乌江榨菜的日产量达 30t。在自动化时代，生产 30t 榨菜需要 60 人，而现在仅需 20 人对设备和网络进行简单维护即可。智能化生产车间从 2018 年开始启动设计和建设，经过两年多时间的打造和试运行调试，除实现了硬件的优化升级，更主要的是整个车间拥有了数字化控制中心这个"大脑"。通过现代智能技术，可以将配方的分量和配比恒定，实现品质稳定。此外，该技术还能精确计算出榨菜里的含盐量、含酸量等数据，并将其量化为各项数据，再结合市场调研，改进榨菜制作技术，从而更好地满足市场需求（图 5-41、图 5-42）。

图 5-41　榨菜前处理工序

图 5-42　榨菜包装线

五、未来发展展望

在不久的将来，人工智能技术在食品行业中的应用将覆盖从食品原材料到消费者手中的全部流程环节，并可围绕原料采购、食品生产加工、物流运输、销售等环节经常出现的问题展开监测，通过先进的传感器技术与大量数据分析软件的结合运用，利用人工智能的智能检索、图像识别、语音识别、自然语言处理、模式识别、机器学习等技术，实现如食品原材料分拣、食品加工储运全过程的实时动态检测和质量控制，优化供应链个性化食品配方研发以及实现个性化营养定制，完成长时间单调、频繁和重复的以及个性化要求高的工作的自动化与高效化。与传统人工操作相比，人工智能技术可以明显提高食品行业的产品质量和生产效率，使食品行业更具创造力、个性化的同时，降低企业的生产成本，提高其市场竞争力，在保障食品安全的同时还能迎合消费者的喜好。因此，加强我国食品行业人工智能在食品工业及食品安全监管中的应用具有重大实践意义。

◆ 参考文献 ◆

[1] 黎永明. 酱渍菜智能加工生产管理系统 [J]. 安徽知香斋食品有限公司，2022.

[2] 鲁邹尧，施晓予. AI 技术走进食品安全 [J]. 北京明略软件系统有限公司，2019（31）：46-48.

[3] 徐晓云，潘思轶，刘凤霞，等. 传统酱腌菜加工关键技术与装备 [J]. 华中农业大学，2017.

[4] 施祥. 新型高效挤压脱水设备的特点与应用 [J]. 中华纸业，2023，44（23）：58-60.

[5] 严跃拨. 食用玫瑰花瓣表面脱水机理研究 [D]. 昆明：昆明理工大学，2021.

[6] 徐清萍，支欢欢. 酱腌菜生产一本通 [M]. 北京：化学工业出版社，2020.

[7] 李祥. 特色酱腌菜加工工艺与技术 [M]. 北京：化学工业出版社，2009.

[8] 关秀丽. 高新技术在食品杀菌工艺中的应用 [J]. 食品与机械，1994（02）：33-34.

[9] 王云阳，岳田利，张丽，等. 食品杀菌新技术 [J]. 西北农林科技大学学报（自然科学版），2002（S1）：99-102.

[10] 李清明，谭兴和，何煜波，等. 微波杀菌技术在食品工业中的应用 [J]. 食品研究与开发，2004（01）：11-13.

[11] 关秀敏. 日趋发展的现代食品杀菌新技术 [J]. 福建轻纺，1996（11）：20-21.

[12] 肖庆升. 食品加压杀菌及相关技术 [J]. 食品研究与开发，2004（04）：43-48.

[13] 张鹰，曾新安. 高强脉冲电场液体非热灭菌效果研究 [J]. 食品工业，2004（01）：42-44.

[14] 唐裕芳，张景强. 新技术在杀菌中的应用 [J]. 肉类工业，1999（04）：32-34.

[15] 王晓，宋晓研，吴连军. 食品杀菌高新技术 [J]. 山西食品工业，2000（01）：22-23+34.

[16] 李波，张璐，张冠坤，等. 高温瞬时杀菌机组在啤酒制造工业的应用前景 [J]. 啤酒科技，2015（03）：1-4.

第六章
酱腌菜生产质量管理

第一节　酱腌菜生产标准与法规

一、我国酱腌菜品种分类及执行质量标准

近十年来，我国出台了一系列酱腌菜生产标准，标志着政府对酱腌菜生产的高度重视，也为规范酱腌菜生产提供了法律保障。这充分说明了我国酱腌菜行业正在步入有序发展的良好阶段。

中华人民共和国商务部发布的第 72 号公告，由中国调味品协会提出、北京市六必居食品有限公司起草的《酱腌菜》国内贸易行业标准正式发布，标准号为 SB/T 10439—2007。新标准代替了原有的行业标准，标准正式实施日期为 2008 年 3 月 1 日。中国调味品协会再次提请各个酱腌菜生产企业对此予以关注，在实际生产过程中严格执行新标准，保证产品质量水平，维护消费者的消费权益，以此推动中国酱腌菜行业的发展。我国酱腌菜产品分类见表 6-1。

表 6-1　酱腌菜产品分类

产品类别	
酱渍菜类	酱曲醅菜
	甜酱渍菜
	黄酱渍菜
	酱汁渍菜
甜醋渍菜类	糖渍菜
	醋菜
	糖醋渍菜
虾油渍菜类	虾油渍菜
糟渍菜	酒糟渍菜
	醪糟渍菜
盐渍菜类	盐渍菜
酱油渍菜类	酱油渍菜
盐水渍菜类	盐水渍菜（泡菜）

国家出台了《酱腌菜卫生标准的分析方法》（GB/T 5009.54—2003），在该国标中对酱腌菜各项卫生指标的分析提供了参考依据。同时行业中也出台了《酱腌菜》（SB/T 10439—2007）、《酱腌菜理化检验方法》（SB/T 10213—1994）等一系列标准，对酱腌菜的术语和定义、要求、试验方法、检验规则、标签、包装、运输和贮存等方面提供了参考依据，以保证酱腌菜在生产过程中的食品安全问题有法可依。

二、酱腌菜感官评价方法以及评分参考

（一）样品及工具

（1）样品登记编号　样品由专人负责登记编号。

（2）工具　评比工具有白瓷盘、小刀、筷子、牙签，另备有白搪瓷托盘放置评比样品及工具。

（二）感官评价方法

（1）色泽体态　将样品放于白瓷盘中，观察其颜色是否具有该产品应有的色泽，是否有光泽及晶莹感，卤汁是否清亮，造型是否整齐、一致，有无菜屑、杂质及异物，有无霉花浮膜。

（2）香气　将定量渍菜放于白瓷盘中，用鼻子嗅其气味，反复数次鉴别其香气，观察是否具有本身菜香，是否具有酱香及配香，有无氨、硫化氢、焦糖味、焦烟气、哈喇气及其他异味。

（3）质地滋味　取一定量样品放于口中，鉴别质地脆嫩程度，是否咸甜适口，有无异味和其他不良滋味。

（三）评分标准

鉴定后，按照部分标准分别逐项计入评分标准表（表6-2）。

表6-2　酱腌菜评分标准表

项目	标准	扣分	得分
色泽及体态	色泽正常、新鲜、有光泽，造型美观，规格大小一致，无杂质、无异物、无霉花浮膜		30
	颜色不正、发乌、无光泽	1～6	
	菜坯形体不整齐，规格大小不一	1～6	
	有杂物或异物	1～8	
	有霉花浮膜	10	
香气	具有该产品固有的香气以及蔬菜应有的香气，无不良气味		30
	香气差	1～5	
	气味不正	1～10	
	有不良气味或霉气	5～15	
质地及滋味	滋味鲜美，质地嫩脆，无咸苦及涩味		40
	菜质不嫩，咀嚼有渣	1～5	
	菜质不脆或脆度差	1～5	
	鲜味差	1～5	
	咸而苦	3～10	
	气味不正或有其他不良气味	5～15	

三、酱腌菜质量、卫生标准

酱腌菜的卫生标准包括理化指标和微生物指标两方面内容（表6-3、表6-4）。

表6-3 酱腌菜的理化指标

项目	指标
总砷（以As计）/（mg/kg）	≤ 0.5
铅（以Pb计）/（mg/kg）	≤ 1
亚硝酸盐（以NaNO$_2$计）/（mg/kg）	≤ 20

表6-4 酱腌菜的微生物指标　　　　　　　　　　　单位：MPN/100g

项目	指标
散装（大肠埃希菌）	≤ 90
瓶（袋）装（大肠埃希菌）	≤ 30
致病菌（沙门菌、志贺菌、金黄色葡萄球菌）	不得检出

四、几点说明

① 近年来我国制定了许多酱腌菜标准，在具体工作中，可以参考相应国家标准、行业标准。

② 为了确保人体健康，酱腌菜生产一定要按标准进行生产，从原料基地的选择、加工企业的选址，到具体生产、销售环节，都要遵守国家法规，确保产品达到国家标准。

③ 新标准是在旧标准的基础上，根据目前的技术水平、经济发展、生产现状而制定的，故各生产企业应以新标准为指南，进行生产、检验、销售。

第二节　HACCP在酱腌菜生产中的应用

一、HACCP的定义

根据《食品工业基本术语》（GB/T 15091—1994）对HACCP的定义，危害分析与关键控制点（hazard analysis and critical control points，HACCP）是对生产（加工）安全食品的一种控制手段：对原料、关键生产工序及影响产品安全的人为因素进行分析；确定加工过程中的关键环节，建立、完善监控程序和监控标准，采取规范的纠正措施。

二、HACCP体系的基本原理

（一）原理1：危害分析与提出预防控制措施

食品中的危害主要分为生物性危害、化学性危害和物理性危害三大类别。在各类危害中，生物性危害（由致病菌、病毒、寄生虫及真菌污染引发）导致的食源性疾病最为常见；而化学性污染（包括甲醇、甲醛、亚硝酸盐、重金属、有机磷农药、"瘦肉精"等）近年来呈现显著增长趋势，已成为食物中毒事件的重要诱因。需特别关注的是，消费者日常采购的农副产品在进入家庭前，已历经生产（种植／养殖）、加工、储运、销售等完整供应链。这意味着从初级生产到终端消费的全链条中，每个环节均存在有害物质侵入风险，可能导致最终生产的产品不符合国家标准，而不得进入市场流通。

从近年发生的食品危害事件分析来看，生物性危害以其高频次、强致病性的双重特征，占据食品安全事件越来越重要的位置，成为国际食品防护体系的重点治理对象。这类危害影响食品安全的方式有很多：微生物（致病菌、产毒真菌及食源性病毒）作为首要风险源，既能通过酶解作用催化食品腐败，亦可分泌神经毒素或肠毒素引发群体性中毒事件；病毒虽受限于食物基质无法自主复制，但其在宿主细胞内潜伏增殖的特性，使其成为刺身、贝类等生食体系中的隐形杀手；寄生虫污染网络则构建于人畜共患病传播链之上，绦虫、囊尾蚴等特殊病原体更可借助生食肉类实现直接传播；昆虫媒介污染在仓储环节尤为突出，啮齿类动物排泄物与节肢动物（德国小蠊、果蝇等）携带致病菌。

化学性危害主要通过三种方式危害食品安全：其一是源于生物体防御机制的内源性次生代谢产物，如贝类麻痹性毒素、豆科植物凝集素及油料作物棉酚等天然拮抗物质；其二是食品添加剂非法滥用，涵盖防腐剂、色素等改善性成分的超量添加等；其三是工业化进程导致的外源性污染物，包括养殖环节的兽药残留、激素残留，加工设备的润滑油渗透，以及运输过程中邻苯二甲酸酯类增塑剂的迁移污染。这类危害往往在痕量级就会对人体产生慢性毒性反应。

物理性危害是最直观的危害类型，包括玻璃、沙子、木屑、毛发、金属等外部肉眼可见的污染物。现代食品工程通过多级过滤系统（20目振动筛、CCD光学分选仪）与X射线成像系统的协同作用，可以降低这类危害的发生。

危害分析（hazard analysis，简称HA）是对于某一产品或某一加工过程，分析实际上存在哪些危害，是否是显著危害，同时制定出相应的预防措施，最后确定是否为关键控制点。在这里又引入了一个新的概念"显著危害"，所谓显著危害是指那些可能发生或一旦发生就会造成消费者不可接受的健康风险的危害。HACCP应当把重点放在那些显著危害上，试图面面俱到只会导致看不到真正的危害。

危害分析有两个最基本的要素：第一，鉴别可能损害消费者健康的有害物质或引起产品腐败的致病菌或任何病原；第二，详细了解这些危害是如何产生的。因此，危害分析不仅需要依托食品微生物学知识及流行病学专业与技术的资料，还需要整合微生物学、毒理学、食品工程、环境化学等多方面的专业知识。危害分析是一个反复的过程，需要HACCP小组（必要时请外部专家）广泛参与，以确保食品中所有潜在的危害都被识别并实施控制。

危害分析必须考虑所有的显著危害，从原料的接收到成品的包装贮运整个加工过程的每一步都要考虑到。为了保证分析时的清晰明了，危害分析时需要填写危害分析表（表6-5）。危害分析表分为六栏：第一栏为加工步骤；第二栏是各加工步骤可能存在的潜在危害；第三栏是对潜在危害是否显著的判断；第四栏是对第三栏的进一步验证；对于显著危害必须制定相应的预防控制措施，将危害消除或降低到可接受水平，预防控制措施填写在危害分析表的第五栏；第六栏判断是否是关键控制点。

（二）原理2：关键控制点的建立

关键控制点是食品安全危害能被有效控制的某个点、步骤或工序。这里有效控制指防止发生、消除危害或降低到可接受水平。

表 6-5　危害分析表

第一栏	第二栏	第三栏	第四栏	第五栏	第六栏
配料 / 加工步骤	本步骤存在的潜在危害（引入、控制或增加）	潜在的食品安全危害是否显著？（是 / 否）	对第三栏做出判断的依据	用什么预防措施来预防显著危害？	这步是关键控制点吗？（是 / 否）

（1）防止发生　例如食品的水分活度降低到 0.6 以下，可以抑制致病性细菌的生长，或添加防腐剂、冷藏或冷冻等能防止致病菌生长。改进食品的原料配方，防止化学危害如食品添加剂的危害发生。

（2）消除危害　如加热，杀死所有的致病性细菌；冷冻，−38℃可以杀死寄生虫；筛选，去除外部肉眼可见的污染物。

（3）降低到可接受水平　有时候有些危害不能完全防止或消除，只能减少或降低到一定水平。如对于生吃的鱼类，其化学、生物学的危害只能从捕捞水域、捕捞者以及贝类管理机构来进行控制，但这绝不能保证防止或消除危害的发生。

在 HACCP 体系的实践应用中，精准识别与审慎定位关键控制点（CCP）是极其重要的。操作者需基于风险评估，通过量化分析危害的潜在发生概率与后果严重性，对控制节点实施分级管控。区别于常规控制点，关键控制点的判定必须满足既具备对显著危害的干预效力，又具有不可替代的管控价值。值得注意的是，生产全流程中存在的多元控制点具有显著的能级分化特征。常规卫生控制点（如设备清洁度监测）因风险暴露值处于可接受区间，可依托 SSOP（卫生标准操作程序）与 GMP 实现基线管控，无需升级至 HACCP 体系的关键干预层级。

可能作为 CCP 的有：原料接收、加热或冷却过程、灭菌措施、调节食品 pH 值或盐分含量到特定值、包装与再包装等工序。

确定某个加工步骤是否为 CCP 不是容易的事。CCP"判断树"（图 6-1）可帮助我们进行 CCP 的确定。

判断树通常由四个连续问题组成。

问题 1：针对已辨明的显著危害，在本步骤或随后的步骤中是否有相应的预防措施？

如果回答"是"，则回答问题 2。如果回答"否"，则回答是否有必要在该步控制此危害。如果回答"否"，则不是 CCP。如果回答"是"，则说明现有步骤、工序不足以控制必须控制的显著危害，工厂必须重新调整加工方法或改进产品设计，使之包含对该显著危害的预防措施。

问题 2：此步是否为将显著危害发生的可能性消除或降低到可接受水平而设定的？

如果回答"是"，还应考虑一下该步是否最佳。如果是，则是 CCP。如果回答"否"，则回答问题 3。

问题 3：危害在本步骤 / 工序是否超过可接受水平或增加到不可接受水平？

如果回答"否"，则不是 CCP。如果回答"是"，继续回答问题 4。

问题 4：下一步或后面的步骤能否消除危害或将发生危害的可能性降低到可接受水平？

如回答"否"，这一步是 CCP。如回答"是"，这一步不是 CCP，而下道工序才是 CCP。

判断树的逻辑关系表明：如有显著危害，必须在整个加工过程中用适当 CCP 加以预防和控制；CCP 须设置在最佳、最有效的控制点上，如 CCP 可设在后步骤 / 工序上，前面的步骤 / 工序不作为 CCP，但后步骤 / 工序如果没有 CCP，那么该前步骤 / 工序就必须确定为 CCP。显然，如果某个 CCP 上采用的预防措施有时对几种危害都有效，那么该 CCP 可用

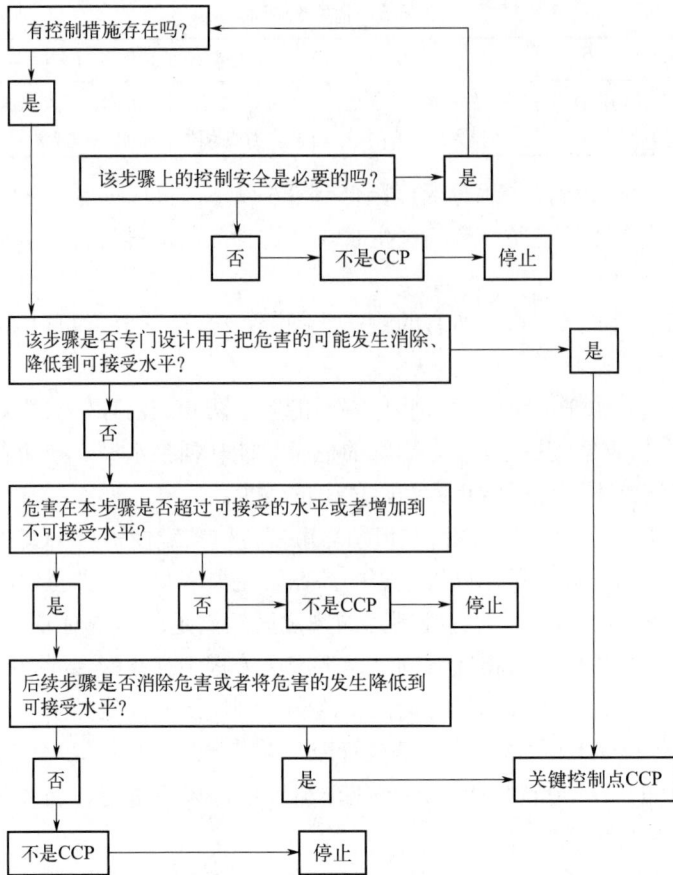

图 6-1 CCP "判断树"

于控制多个危害，例如冷藏既可用于控制致病菌的生长，又能控制组胺的生成；但是，相反的，有时一个危害需要多个 CCP 来控制，在酱腌菜生产中，既要控制烫漂的温度和时间（CCP1），又要控制罐装密封环境灭菌时间（CCP2），这时就需要 2 个 CCP 来控制酱腌菜中的致病菌。

在危害分析表的第六栏内填入 CCP 判断结果，完成危害分析表。

（三）原理 3：确定关键限量

在 HACCP 体系中，确定关键限值（CL）是风险管控的核心环节。明确每个关键控制点的 CL 指标，需将安全控制从定性目标转化为包含一个或多个经科学验证的量化参数的定量标准。任一参数的失控即预示 CCP 失效及潜在危害的生成，以保证 HACCP 体系的有效性。

CL 的设定需兼顾科学依据与操作可行性，优先选择实时监测的物理指标，如温度、时间、压力等，以及化学参数，如 pH 值、离子浓度等，辅以有限的感官评价维度，如质地、色泽、风味等。需避免采用微生物检测等成本高、时效差的指标。同时，CL 的确定既要考虑食品本身的特征，又需融合加工条件。以罐头制品热灭菌为例，仅规定产品内部温度存在监测盲区，实践中需同步设定食品内部达到的温度及灭菌时间两个 CL，借助此方法中可以通过确定灭菌设备须达到的温度以及这一温度维持的时间这两个关键限值指标来实现目标，建立形成可相互验证的模型。

CL 的校准需整合科研文献、法规标准、专家智库等多源数据，建立精确参数体系。而在实际生产中应制定出比关键值更严格的标准即操作限值（operating limits，简称 OL），当监测值逼近 CL 阈值时，通过工艺微调实现风险前置拦截，避免触发纠偏程序，这种阈值设计使 HACCP 从被动响应转向主动防御。

（四）原理 4：监控关键控制点

监控作为 HACCP 管理体系的核心环节，直接决定控制措施的实施成效。监控（monitoring，简称 M）是指通过系统性观察或测量手段，评估 CCP 是否处于受控状态，而通过监控得到的数据需要如实记录以支撑后续验证工作。其核心价值体现在三个方面：持续记录生产过程确保符合关键限值（CL）要求；确定 CCP 是否产生偏移 CL，以及时启动纠偏措施；为 HACCP 体系验证及官方审核提供完整的过程证明文件。

标准化监控程序的建立涵盖四个要素：监控对象、监控方法、监控频率以及监控人员。

监控对象一般来说需聚焦产品特性或工艺参数，通过可量化的指标评估是否符合 CL 要求。

监测方法的选择强调时效性与可操作性，优先采用物理和化学检测手段替代耗时且灵敏度不足的微生物检测。

典型监测设备包括温度传感器、pH 计、盐度计等，在仪器检测时需要控制环境满足设备运行要求，而由实验仪器导致的误差结果应纳入 CL 值设定依据。值得注意的是，监控的仪器需定期校验精度并计入误差修正系数，以保证监控的行之有效。

监控频率设置遵循"连续性优先"原则，推荐采用自动温度记录仪、金属检测机等实时监测装置，同时需定期核查自动监测设备的运行状态，核查周期应尽可能缩短，以避免仪器损坏而导致的监控失效。对于非连续监控，其频次应能保证 CCP 受控的需要，可以用风险等级确定合理间隔，风险越高的则需要提高监控的频率，而对于风险较低的步骤也需要进行定期监控，不可因为其风险较低而忽视。

监控人员配置需注重岗位适配性，优先安排生产线操作员、品控专员等直接接触生产过程的人员担任。当监控表明偏离操作限值时，监控人员应及时采取纠偏措施，以防止关键限值的偏离。当监控表明偏离关键限值时，监控人员应立即停止该操作步骤的运行，并及时采取纠偏措施。其作为监控人员需具备专业判断能力与责任意识，在发现参数异常或 CL 偏离时须立即上报。所有监控记录也必须由执行人员签字确认留存记录，形成完整的质量追溯链条。同时还需明确各岗位监控职责，通过培训确保执行人员掌握标准化操作流程与异常处理机制。

（五）原理 5：纠偏行动

当监控结果显示一个关键控制点失控时，HACCP 系统必须立即采取纠偏行动，而且必须在偏离导致安全危害出现之前采取措施。

纠偏行动（corrective action，简称 CA）：也称纠正措施，是指当监控表明偏离关键限值或不符合关键限值时而采取的程序或行动。

针对 CCP 的每个关键限值的偏离预先制定纠偏措施，以便在偏离时实施。当监控数据表明 CCP 发生失控或偏离 CL 时，HACCP 体系需立即启动纠偏行动，确保在食品安全风险形成前阻断危害。纠偏行动是针对 CL 偏离或失控所采取的标准化干预程序，其核心目标包含两点：追溯偏离根源以恢复受控状态，以及科学处置异常期间产品以消除潜在风险。当某个关键限值的监视结果反复发生偏离或偏离原因涉及相应控制措施的控制能力时，HACCP小组应重新评估相关控制措施的有效性和适宜性，必要时对其予以改进并更新。

第一步：追溯偏离根源以恢复受控状态。

发现 CL 偏离后，须立即上报并执行预定的纠正措施。首要任务是消除偏离诱因，使 CCP 回归受控状态。纠偏行为反应的速度直接影响生产中断的时长以及不合格品数量。HACCP 体系中应该尽量包含纠偏措施，同时需要加强对员工培训以确保操作人员掌握快速复位技能。若偏离情形超出预设预案范畴，需同步启动过程调整或 HACCP 计划再评估，避免同类问题复发。

第二步：处置异常期间产品以消除潜在风险。

对于关键限值偏离期间生产的全部产品，须立即实施隔离封存并启动系统性处置程序。具体操作分为四个递进环节：首先由授权质检人员或第三方机构通过理化检测、微生物分析等手段，判定产品是否存有食品安全隐患；若检测结果证明无危害风险，经质量部门审核后解除隔离并放行出厂；若确认存在危害，需评估产品是否可通过返工（如二次杀菌）、工艺调整或转为非食品用途；最终如若风险无法通过技术手段消除时，须对问题产品进行彻底销毁，会产生较大的经济损失。同时对于需销毁的产品，需要同步分析生产批次关联性，排查潜在影响范围，避免问题扩散。

（六）原理 6：建立验证程序

验证的目的是核查已建立的 HACCP 系统是否正常运行。验证程序的正确制定和执行是 HACCP 计划成功实施的保证。

验证（verification，简称 V）：除了监控方法以外，用来确定 HACCP 体系是否按照 HACCP 计划运作，或者计划是否需要修改以及再被确认生效而使用的方法、程序、检测及审核手段。

在这里应该注意的是，验证方法、程序和活动不应与关键限值的监控活动相混淆。验证是通过检查和提供客观依据，确定 HACCP 体系的运行有效性的活动。验证程序的要素包括：HACCP 计划的确认，CCP 的验证，对 HACCP 系统的验证，执法机构强制性验证。

需特别强调的是，验证程序与关键限值监控活动具有本质区别。验证是通过科学审查与客观证据收集，确认 HACCP 体系持续符合预定目标的活动，其核心功能在于评估体系运行的有效性而非过程控制。其包含 HACCP 计划的确认，CCP 的验证，对 HACCP 系统的验证，执法机构强制性验证。

HACCP 计划确认：通过科学数据与生产实践验证计划设计的合理性。

CCP 专项验证：审核关键限值设定依据、监控记录及纠偏行动执行效果。

体系整体验证：对 HACCP 系统实施年度评审或内审，评估其持续适用性。

监管合规验证：接受第三方认证机构或政府部门的强制性审核。

验证活动需形成独立于日常监控的闭环管理机制，通过文件审查、现场观察、抽样检测等多维度方法获取验证结论，确保体系运行风险可识别、可追溯、可控制。

（七）原理 7：建立记录保持程序（R）

（1）数据记录的要求　企业在实行 HACCP 体系的全过程中需有大量的技术文件和日常的工作照测记录。监测等方面的记录表格应是全面和严谨的，美国食品药品监督管理局

（FDA）不主张加工企业使用统一和标准化的监控、纠偏、验证或者卫生记录格式，大企业可根据已有的记录模式自行记录，中小企业也可直接引用。但是无论如何，在进行记录时都应考虑到"5W"原则，即何时（when）、何地（where）、何物（what）、为何发生（why）、谁负责（who）。

（2）应该保存的记录　已批准的HACCP计划方案和有关记录应存档。HACCP各阶段上的程序都应形成可提供的文件，应当明确负责保存记录的各级责任人员，所有的文件和记录均应装订成册以便法定机构的检查。在HACCP体系中至少应保存以下四方面的记录。

一是HACCP计划以及支持性材料，HACCP计划不必包括危害分析工作表，有最好；支持性材料包括HACCP小组成员以及其责任，建立HACCP的基础工作，如有关科学研究、实验报告，以及必要的先决程序如GMP、SSOP。二是CCP监控记录。三是采取纠正措施的记录。四是验证记录，包括监控设备的检验记录、最终产品和中间产品的检验记录。

（3）记录审核　作为验证程序的一部分，在建立和实施HACCP时，加工企业应根据要求，经过培训合格的人员应对所有CCP监控记录、采取纠正措施记录、检验设备的校正记录、中间产品的检验记录和最终产品的检验记录，进行定期审核。

（4）《危害分析与关键控制点（HACCP）体系　食品生产企业通用要求》（GB/T 27341—2009）　在我国的实践过程中，该标准对HACCP记录提出更细化的规范。

HACCP计划记录的控制应与体系记录的控制一致。HACCP计划记录应包括相关信息。验证记录应至少包括的信息有：

① 产品描述记录。企业名称和地址、加工类别、产品类型、产品名称、产品配料、产品特性、预期用途和顾客对象、食用（使用）方法、包装类型、贮存条件和保质期、标签说明、销售和运输要求等。

② 监控记录。企业名称和地址、产品名称、加工日期、操作步骤、CCP、显著危害、关键限值（操作限值）、控制措施、监控方法、监控频率、实际测量或观察结果、监控人员签名和监控日期、监控记录审核签名和日期等。

③ 纠偏记录。企业名称和地址、产品名称、加工日期、偏离的描述和原因、采取的纠偏措施及结果、受影响产品的批次和隔离位置、受影响产品的评估方法和结果、受影响产品的最终处置、纠偏人员签名和纠偏日期、纠偏记录审核签名和日期等。

④ 保持HACCP计划应有的记录。例如，应保持验证活动记录的主要记录有：HACCP计划修改记录、半成品成品定期检测记录、CCP监控审核记录、CCP纠偏审核记录、CCP现场验证记录等。

建立科学完整的记录体系是HACCP成功的关键之一，记录不仅是重复的行为，记录也是提醒操作人员遵守规范、树立良好企业作风的必由之路。很难想象一个连记录都做不好的企业，其管理水平和职工素质会很高。应牢记"没有记录的事件等于没有发生"这句在审核质量体系时常用得近乎苛刻却又是基本原理的话。

（八）HACCP在食品企业的建立与实施

一个完整的HACCP体系包括HACCP计划、GMP和SSOP三个方面。尽管HACCP原理的逻辑性强，极为简明易懂，但在实际应用中仍需踏实地解决若干问题，特别是大型食品加工企业。因此，宜采用符合逻辑的循序渐进的方式推广HACCP体系。图6-2为食品法典委员会（CAC）推荐的HACCP体系的实施步骤。

```
┌─────────────────────────────┐
│  一、成立HACCP小组            │ ─┐
├─────────────────────────────┤  │
│  二、产品描述                 │  │
├─────────────────────────────┤  ├─ 预先步骤
│  三、预期用途的确定           │  │
├─────────────────────────────┤  │
│  四、绘制和确认生产工艺流程图  │ ─┘
├─────────────────────────────┤
│  五、危害分析和制定控制措施    │
├─────────────────────────────┤
│  六、关键控制点的确认         │
├─────────────────────────────┤
│  七、关键限值的确认           │
├─────────────────────────────┤
│  八、关键控制点的监控         │
├─────────────────────────────┤
│  九、建立关键限值偏移的纠正措施 │
├─────────────────────────────┤
│  十、HACCP的确认和验证        │
├─────────────────────────────┤
│  十一、HACCP计划的保持        │
└─────────────────────────────┘
```

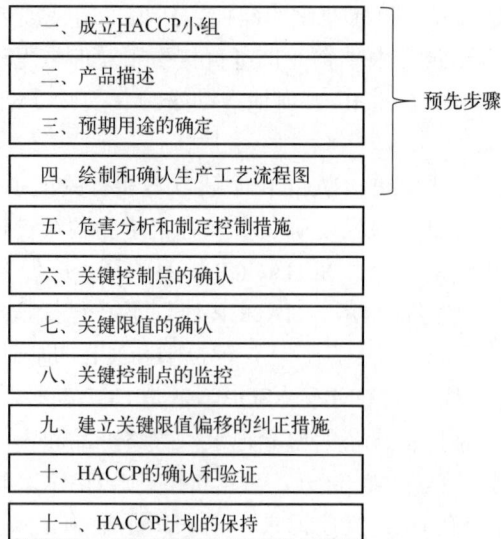

图 6-2　CAC 推荐的 HACCP 体系实施步骤

三、酱腌菜生产企业实施 HACCP 体系的主要步骤

（一）成立 HACCP 小组

HACCP 小组负责制定企业 HACCP 计划，修改、验证 HACCP 计划，监督实施 HACCP 计划，编写 SSOP 和对全体人员的培训。因此，企业 HACCP 小组人员的能力应满足本企业食品生产专业技术要求，并由不同部门的人员组成，应包括卫生质量控制、产品研发、生产工艺技术、设备设施管理、原辅料采购、销售、仓储及运输部门的人员，必要时，可请外部专家参与，以便于制定有效的 HACCP 计划。HACCP 小组成立后，首先要回顾工厂原有的卫生操作规程和车间卫生设施，对照 SSOP 的 8 大方面看是否全面完善，然后加以整理和完善，使其成为本厂的 SSOP，以保证所有的操作和设施均符合强制性的良好操作规范（GMP）的要求。

（二）产品描述

在建立了工厂的 SSOP 后，HACCP 工作的首要任务是对实施 HACCP 系统管理的产品进行全面描述，这包括相关的安全信息。描述的内容包括：产品名称（说明生产过程类型）；产品的原料和主要成分；产品的理化性质（包括水活度、pH 等）及杀菌处理（如热加工、冷冻、盐渍、熏制等）；包装方式；贮存条件；保质期限；销售方式；销售区域；必要时，有关食品安全的流行病学资料。

（三）预期用途的确定

HACCP 小组应在产品描述的基础上，识别并确定进行危害分析所需的下列适用信息：顾客对产品的消费或使用期望；产品的预期用途和储藏条件，以及保质期；产品预期的食用或使用方式；产品预期的顾客对象；直接消费产品对易受伤害群体的适用性；产品非预期（但极可能出现）的食用或使用方式；其他必要的信息。同时应保持产品预期用途的记录。

（四）绘制和确认生产工艺流程图

加工流程图是对加工过程的一个既简单明了又非常全面的说明，包括所有的步骤，

HACCP 小组应在企业产品生产的范围内，根据产品的操作要求描绘产品的工艺流程图，此图应包括：每个步骤及其相应操作；这些步骤之间的顺序和相互关系；返工点和循环点（适宜时）；外部的过程和外包的内容；原料、辅料和中间产品的投入点；废弃物的排放点。流程图的制定应完整、准确、清晰。每个加工步骤的操作要求和工艺参数应在工艺描述中列出。必要时，应提供工厂位置图、厂区平面图、车间平面图、人流物流图、供排水网络图、防虫害分布图等。因此，HACCP 工作小组应深入生产线，详细了解产品的生产加工过程，在此基础上绘制产品的生产工艺流程图，制作完成后需要到加工现场验证流程图。本例中，HACCP 小组成员首先绘制了一张酱腌菜加工流程图（图6-3）。

原料 ⟶ 预处理 ⟶ 腌制 ⟶ 脱盐 ⟶ 拌料 ⟶ 分装及杀菌 ⟶ 检验 ⟶ 成品存放

图6-3　酱腌菜加工流程图

（五）危害分析和制定控制措施

识别酱腌菜中潜在的危害十分重要，危害可能是生物性的，如微生物；可能是化学性的，如对人体有害的添加剂；可能是物理性的，如玻璃和金属碎片。识别危害后，要对可能发生的危害确定相应的预防措施。酱腌菜中的主要危害和预防措施见表6-6。

表6-6　酱腌菜中的主要危害和预防措施

危害性质	危害种类	危害控制措施
生物性危害	致病性病原体	选择新鲜原料；环境设备清洁卫生；合理使用防腐剂；合理控制杀菌温度和时间
化学性危害	亚硝酸盐	控制腌制时间
	添加剂	选择无防腐剂的原辅料；控制防腐剂的品种和使用量；严格按照食品添加剂使用卫生标准执行
	农药残留	选择未受农药残留污染的原辅料
物理性危害	泥沙、玻璃及金属	原料清洗、筛选；金属探测去除

（六）关键控制点的确认

HACCP 小组应根据危害分析所提供的显著危害与控制措施之间的关系，识别针对每种显著危害控制的适当步骤，以确定 CCP，确保所有显著危害得到有效控制。企业应使用适宜方法来确定 CCP，如判断树表法等。但在使用 CCP 判断树表时，应考虑以下因素：判断树表仅是有助于确定 CCP 的工具，而不能代替专业知识；判断树表在危害分析后和显著危害被确定的步骤使用；随后的加工步骤对控制危害可能更有效，可能是更应该选择的 CCP；加工中一个以上的步骤可以控制一种危害。当显著危害或控制措施发生变化时，HACCP 小组应重新进行危害分析，判定 CCP 应保持 CCP 确定的依据和文件。通过使用 CCP 判断树，可确定酱腌菜生产中的关键控制点为原辅料验收、腌制、杀菌冷却和金属探测等四个步骤。

（七）制定关键限量的确认

HACCP 小组应为每个 CCP 建立关键限值。一个 CCP 可以有一个或一个以上的关键限值。关键限值的设立应科学、直观、易于监测，确保产品的安全危害得到有效控制，而不超过可接受水平。基于可感知的关键限值，应由经评估且能够胜任的人员进行监控、判定。为了防止或减少偏离关键限值，HACCP 小组宜建立 CCP 的操作限值。

对每一个关键控制点确定关键限量并形成文件。它包括但不限于以下方面：相关的法律法规要求；国家标准或国际标准；实验数据；参考文献；专家意见等。所确定的关键限量必须具有可操作性，符合实际控制水平。在酱腌菜生产中，可以通过对原辅料、腌制、杀菌冷却和金属探测等四个步骤的有关参数设定关键限量，如原料农药残留含量要符合国标或进口国的要求，辅料（添加剂）使用要符合食品添加剂使用卫生标准、腌制时间要适当、杀菌冷却温度和时间等。

（八）关键控制点的监测

在酱腌菜生产中，建立控制程序，以确保每个关键控制点所设立的关键限量持续得到满足。监控程序必须包括一系列用于证明关键控制点处于控制中的计划好的观察和测量方法，具体包括监控对象、监控方法、监控频率、监控负责人。监控程序必须足以识别任何可能发生的偏离。监控结果必须记录并由监控人员及监控复核人员签字。

（九）建立关键限值偏移的纠正措施

酱腌菜生产组织必须建立并实施文件化的纠正措施程序，以控制在关键控制点上可能发生的偏离。纠正措施程序应包括以下方面的内容：指定执行纠正措施的人员；确定受影响的产品；纠正偏离的原因，并防止其再发生；通过加工测试或产品检验证明关键控制点恢复控制；分析并处理受影响的产品，包括在必要时进行产品回收；对所采取的纠正措施进行评估；如果反复发生偏离，应考虑调整加工或修改 HACCP 计划。所采取的纠正措施必须记录、签字，并由复查人员进行复核签字。

（十）HACCP 的确认和验证

酱腌菜生产组织必须建立、实施和保持文件化的程序对 HACCP 体系的适宜性、一致性和有效性进行验证，以确保酱腌菜产品的安全和体系的持续改进。验证程序必须规定职责、权限、方法、频率和评估（包括内部审核和外部审核），包括监控设备的校准及对消费者投诉的评估。验证程序应包括但不仅限于以下内容：HACCP 计划在实施前的首次确认，诸如流程图、危害分析、关键控制点的设定、关键限值、监控程序、纠正措施、文件和记录控制程序等；对运行中的 HACCP 体系进行评估，诸如记录的复核、偏离及受影响产品处理的复核、确定关键控制点处于控制中、对消费者有关安全方面的投诉及投诉记录进行评估等；对HACCP 体系的整体验证，诸如至少每半年一次对 HACCP 体系所有相关方面进行内部审核、审核所获数据应该用于 HACCP 体系的持续改进、发生会影响到 HACCP 体系的变化时进行验证、外部审核等。

（十一）HACCP 计划的保持

酱腌菜生产组织必须建立并保持一个有效的文件控制和记录保持程序，以证明酱腌菜产品的安全性及符合现行法律法规的要求，文件控制和记录保持程序应确保所有必要的文件（程序、指导、表格等）在需要使用时可以获得。文件和记录必须涵盖酱腌菜生产企业HACCP 体系的所有方面，包括 HACCP 体系的描述、危害分析及其修改、关键控制点的设定、关键限值的建立、对关键控制点的监控及结果、发生的偏离及所采取的纠正措施、培训、验证、HACCP 体系的修改、内部审核、卫生监控记录、消费者投诉、产品回收、外部审核、其他相关活动等。所有相关文件、资料和记录必须根据所适用的法律法规的要求和组织的规定予以保持。

四、酱腌菜生产企业实施 HACCP 体系的优点

通过对酱腌菜生产加工的全过程进行危害分析，确定那些对人体健康有危险的危害，并找出对这些危害进行控制的关键控制点以及对控制点的控制措施、控制限量、监测方法、纠正措施、验证程序、文件记录等内容，通过关键点控制，保障酱腌菜安全，从而增强企业自信和消费者对酱腌菜安全的信任度。

在酱腌菜行业中应用 HACCP 体系规范，可以替代对成品进行大量检测，从而降低生产成本和费用，提高企业经济效益。

随着世界经济一体化步伐的加快，国际社会对食品安全越来越重视，标准要求越来越高，特别是发达国家，其凭借自身拥有的先进设备和技术，设置种种绿色壁垒。对此，在酱腌菜行业中实施 HACCP 体系规范，可以保证酱腌菜产品的质量，扩大国际贸易，增强企业的国际竞争力，为国家多创外汇。

五、对酱腌菜利用 HACCP 体系的情况分析

HACCP 体系规范是一个预防、控制和消除食品生产经营中不安全因素的有效方法，在酱腌菜生产企业中引入 HACCP 体系规范，通过对可能造成食品危害的原辅料选购、腌制、杀菌冷却和金属探测等关键控制点进行监控，并采取相应的预防和纠正措施，能够有效地防止酱腌菜三类危害（生物性危害、化学性危害、物理性危害）的发生，并把危害严格地控制在满足质量和安全卫生的范围之内，是企业增强市场竞争力、提高经济效益的科学管理方法和有效的食品安全控制体系。

第三节　HACCP 生产应用实例

浆水菜作为甘肃传统的特色发酵食品，具有悠久的食用历史和广泛的消费群体。浆水菜是一种发酵蔬菜，浆水是酸菜发酵时的汁液，主要通过乳酸菌发酵产生乳酸来抑制腐败微生物的生长。秦安县所产浆水菜主要以芹菜、甘蓝、苦苣、蒲公英等山野菜为原料，经传统发酵工艺制作而成，浆水菜口感酸爽清新、味道鲜美，酸味适度，能促进消化、增进食欲。浆水菜的工业化生产在秦安起步较早，但浆水菜生产企业的规模化、标准化程度不高，原料验收、工艺操作不规范，发酵过程中受环境因素影响较大，产品质量不稳定，通过检验终产品判断产品质量的方式显然不能适应日益突出的食品安全问题。因此，采用 HACCP 体系对浆水菜企业生产过程中的潜在危害进行提前预防显得尤为重要。以秦安浆水菜为研究对象，将 HACCP 体系应用到秦安浆水菜生产加工过程中，通过危害分析，确定关键控制点，设定关键限值，监控关键控制点，实施纠偏措施，建立验证程序和记录保持程序，构建 HACCP 食品安全质量控制体系。接下来，将详细阐述秦安浆水菜在 HACCP 体系建立过程中的重要环节。

一、工艺流程

原辅料验收→分拣、切配、清洗→烫漂→冷却→制浆→发酵→汤汁过滤→调配→灌装密封→检验、包装、入库。

二、操作要点

（1）原辅料验收　主要原料有芹菜、甘蓝、山野菜（包括蒲公英、苦苣等）、饮用水。原料要求新鲜、干净、无黄叶、无霉变、无腐烂，农药残留检测抑制率≤50%，芹菜、甘蓝应选择有GMP认证的供应商或蔬菜基地，严格控制种植时的农药使用量、土壤中的重金属含量，其中山野菜大部分采自山间田地野生，无农药残留；水源采用城市生活饮用水，需符合《生活饮用水卫生标准》（GB 5749—2022）；辅料有小麦面粉或玉米面粉，需履行进货查验，核查供货商资质及产品检验合格证明。

（2）分拣、切配、清洗　通过分拣整理除去蔬菜中杂草、石子、塑料等异物，剔除腐烂、黄叶、虫害等。将整理后的芹菜切成寸段；甘蓝切成丝状稍长菜段；蒲公英、苦苣等山野菜切段或大致撕散，较小者可整株入菜；通过浸泡清洗掉泥土等物理杂质、除去部分微生物和农药残留。根据目前秦安浆水菜企业生产现状，分拣、切配、清洗应作为关键控制环节。

（3）烫漂　将清洗好的菜倒入沸水锅中煮2～5min焯至断生时捞起（根据菜量适当调整烫漂时间），蒲公英、苦苣等山野菜适当减少烫漂时间，沥水。

（4）冷却　待产品温度至30℃左右入缸。

（5）制浆　将面粉撒入沸水锅中，边搅边撒，搅匀烧开后，浆液呈丝线状即可，制成清面汤，倒入清洁罐中适当降温后入缸使用。

（6）发酵　将沥水降温后的原料取适量置于发酵缸中，注入清面汤浆，加入酸浆水（含菌种）为引子（或原缸留存有部分浆水原浆），搅拌混合均匀。发酵温度为25～30℃最佳，以促进乳酸菌发酵，发酵2～3d（具体时间因发酵温度高低有所不同），依据发酵酸度和口味确定浆水发酵是否完成，发酵过程中应防止有害致病菌污染。

（7）汤汁过滤　使用粗滤网过滤分离浆水菜汤汁，使用纱布或者细滤网过滤去除浆水中的固体颗粒及其他杂质，保留汤汁与酸菜。将纱布或滤网覆盖在容器上方，然后将汤汁泵送入容器中，让液体通过滤网，留下固体颗粒。这样就可以得到清澈的浆水汤汁。

（8）调配　此步骤根据企业实际加工工艺水平需求按照企业标准进行。浆水菜主要是食品防腐剂的添加，按照《食品安全国家标准 食品添加剂使用标准》（GB 2760—2024）中要求进行添加，不得超过标准要求，具体根据储罐中浆水量，按照添加剂使用比例要求混合均匀。

（9）灌装密封　包装材料主要为塑料袋，要求每批提供出厂检验合格报告或第三方检验合格报告。使用前进行紫外线或臭氧消毒半小时以上。使用食品加工自动化或半自动化灌装设备将浆水菜注入塑料包装袋中，并进行密封。

（10）检验、包装、入库　视觉检查包装是否完好无损，产品是否出现霉变、褪色或异味等异常情况；气味检查闻产品，确保没有异常的气味；味道检查尝产品，确保口感正常，没有酸败或不新鲜的味道；外观检查浆水菜的颜色、质地和形状，确保符合要求。酸度检测浆水的酸度值（以乳酸计）；微生物检测大肠菌群、金黄色葡萄球菌指标；确保符合《甘肃省食品安全地方标准 浆水酸菜》（DBS 62/015—2023）标准要求。合格后进行外包装，入成品库。

三、HACCP 体系在秦安浆水菜生产中的应用

（一）危害分析

根据秦安浆水菜的生产工艺流程，对其在生产过程中可能存在的物理性、化学性、生物性 3 个方面潜在的危害因素进行分析，列出可能容易发生的显著危害，分析这些危害因素对产品质量和食品安全可能造成的风险，确定关键控制点并制定相应的控制措施。秦安浆水菜危害分析见表 6-7。

表 6-7　秦安浆水菜危害分析

加工步骤	引入或潜在危害	是否存在显著危害	判断显著性的依据	预防显著危害的措施	是否为关键控制点
原辅料验收	物理性：异物（金属、塑料、毛发等）混入	是	种植、采摘、加工、包装运输、储存过程中异物混入	金属异物检测；人工分拣、清洗，烫漂去除	是
	化学性：农药残留、重金属污染	是	种植中超限量使用农药（芹菜易发生农药残留超标），包装运输中重金属污染	浸泡清洗，烫漂；采购有资质供应商检验合格农产品，快速检测	
	生物性：致病菌、虫害等	是	易发现，易去除	人工分拣、清洗，烫漂	
分拣、切配、清洗	物理性：原料中异物、黄叶、腐烂叶等	否	异物易清除	加强分拣管理工作	是
	化学性：农药残留	否	残留较少，清洗后易清除	加强浸泡清洗力度，烫漂	
	生物性：原料中、清洗用水中和加工设备中微生物污染	是	原料带入，清洗蔬菜用水二次污染、设备引入污染	增加清洗次数和水流速度，及时用热水清洗设备	
烫漂	物理性：异物（毛发）等	否	加工人员防护不到位混入毛发、灰尘等异物	做好人员生产防护，使用前清洗检查沥水工具	是
	化学性：无	—	—	—	
	生物性：微生物污染	是	温度、时间不适当，搅拌不均匀	严格按照工艺指导书操作，保证加工烫漂水温和时间达标	
冷却	物理性：异物（毛发）等	否	加强人员防护	做好操作人员消毒防护工作，执行 SSOP 操作程序	否
	化学性：无	—	—	—	
	生物性：致病菌微生物污染	是	人员引入，手部消毒防护不到位，工作服、器具不洁等	—	
制浆	物理性：异物（毛发）	否	防护到位，易去除	做好操作人员消毒防护工作，执行 SSOP 操作程序	否
	化学性：无	—	—	—	
	生物性：无	—	—	—	

续表

加工步骤	引入或潜在危害	是否存在显著危害	判断显著性的依据	预防显著危害的措施	是否为关键控制点
发酵	物理性：头发等异物	是	生产管理不完善，防护措施不到位	严格控制发酵时间，控制浆水引子质量，控制菜量	是
	化学性：亚硝酸盐	是	蔬菜过度发酵，易发生	—	
	生物性：其他致病菌及杂菌污染、虫鼠害等	是	生产车间三防管理不到位、空气消毒不到位、使用受污染工具等引入杂菌污染	执行 SSOP 操作程序	
汤汁过滤	物理性：异物混入	是	工具不洁，防护措施不到位	执行 SSOP 操作程序	否
	化学性：无	—	—	—	
	生物性：致病菌等其他杂菌污染	是	工具不洁，防护措施不到位	执行 SSOP 操作程序	
调配	物理性：异物混入	是	工具不洁，防护措施不到位	执行 SSOP 操作程序	是
	化学性：食品添加剂超范围或超量使用	是	未按规定使用食品添加剂	严格按照工艺指导书操作	
	生物性：致病菌等其他杂菌污染	是	工具不洁等	执行 SSOP 操作程序	
包材验收消毒	物理性：异物混入	否	不易发生	执行 SSOP 操作程序	否
	化学性：重金属超标	否	不易发生	由供方提供内包装材料的检验合格报告，验收记录	
	生物性：致病菌等其他杂菌污染	是	包材受污染、未消毒或消毒不到位	严格按照工艺指导书操作	
罐装密封	物理性：密封不严，异物杂质	否	生产防护措施不到位，易发现，设备异常	严格按照工艺指导书操作，执行 SSOP 操作程序	是
	化学性：无	—	—	—	
	生物性：致病菌等其他杂菌污染	是	设备受污染、未消毒或消毒不到位	严格按照工艺指导书操作消毒，定期检测灌装设备指示菌数量	
检验、包装、入库	生物性：致病菌、虫害等	否	环境潮湿，环境卫生不洁	执行 SSOP 操作程序	否

（二）制定 HACCP 计划表

通过对秦安浆水菜生产工艺和食品安全风险进行详细的危害分析，运用判断树 CCP 识别图确定关键控制点（CCP），确定关键限量、监测措施、纠偏措施、记录和验证程序，制定 HACCP 计划表（表 6-8）。

HACCP 小组完成 HACCP 计划的制定后，要对全厂的管理人员和操作人员进行 HACCP 相关知识的培训；对卫生监管人员、CCP 监控人员进行监控方法、频率、纠偏活动和记录等方面的培训。

表6-8　秦安浆水菜 HACCP 计划表

CCP	显著危害	关键限量	监控				纠偏措施	记录	验证
			对象	方法	频率	人员			
原辅料验收	农药残留，重金属残留	芹菜、甘蓝农残抑制率<50%	农药残留重金属	农药残留速检测仪	每批次	品控员	不合格拒收	原料验收记录，农残检测记录	品控部定期检查验收记录、定期校准农残速测仪
分拣、切配、清洗	物理性污染	无黄叶，无腐烂，无尘土等物理污染	原料中异物、黄叶、腐烂叶、尘土等	物理观察	每批次	操作人员、品控员	不合格返工，增加清洗时间和水流速度	分拣、切配、清洗验收合格记录	品控部定期检查验收记录、随机抽查验收
烫漂	物理性、生物性污染	水温90~100℃，时间2~5min	温度计、计时器、感官检验	观察	连续	操作人员	烫漂温度不在指标内，烫漂时间超过指标范围，操作人员及时调整	烫漂温度、时间记录	温度、时间校准验证
发酵	物理性：头发等异物；化学性：亚硝酸盐；生物性：其他致病菌及杂菌污染、虫鼠害等	控制发酵时长2~3d，发酵温度25~30℃，pH值3.5~4.25	发酵时长、pH值、发酵温度、色泽、气味、滋味	温度计、计时器、分光光度计、温度记录表；pH值记录、观察、闻、尝	每天	操作人员	色泽、气味、滋味、发酵温度、pH值和达不到指标的要求时，操作人员应进行调整；若不合格则进行纠偏措施记录，上报品管部，问品管部给出意见后，问题批次产品销毁	温度记录表、pH值监测记录表、纠偏措施实施记录	质管部应定期考核操作人员执行监测活动的情况；对纠偏处理产品进行处理结果验查
调配	化学性：食品添加剂超量	食品添加剂严格按照GB 2760—2024限量要求使用	食品添加剂使用量	电子秤，食品添加剂使用记录	每批次	添加剂管理员、操作人员	双人称量并重新调配	食品添加剂使用记录	定期送第三方检测
罐装密封	生物性：其他致病菌及杂菌污染；物理性：异物污染	灌装前灌装间包材、环境灭菌，设备清洗消30min，人员手部消毒，密封后无渗漏	灌装设备、包材包装成品、人员个人卫生	设备清洗消毒、环境灭菌记录、视觉检查、密封测试	每批次	品控员、操作人员	成品检验、包装袋压力测试，确认密封良好，问题批次产品销毁	消毒灭菌记录、压力测试记录	操作人员记录，车间质量负责人每批次检查记录

第四节　酱腌菜生产过程质量控制与管理

一、酱腌菜存在的质量安全问题及质量控制建议

随着人们生活水平的日益提高，人们对食品口感、安全、质量等的关注度也随之提升；加之一些企业为追求外观口感、降低生产成本及延长保质期，过量使用添加剂的现象时有出现。酱腌菜的质量安全问题也引起了人们的重视，现针对酱腌菜不合格情况进行分析，分析数据来源于近几年的食品抽检结果，主要的不合格项目为二氧化硫残留量、苯甲酸、甜蜜素、糖精钠、脱氢乙酸使用，以及在添加剂混合使用时未关注添加剂使用规则导致的超标。

（一）不合格项目及不合格原因分析

1. 二氧化硫残留量超标

二氧化硫残留一般是二氧化硫、硫黄以及焦亚硫酸钠、亚硫酸钠、焦亚硫酸钾、亚硫酸氢钠、低亚硫酸钠等无机亚硫酸盐残留的统称。对二氧化硫敏感的人群（如有支气管疾病等）若食用食物的二氧化硫残留量超标，可能会出现气喘、恶心或头痛等过敏症状。如果长期大量摄入二氧化硫残留超标的食品，则可能对人体健康造成危害，其毒性表现为胃肠道反应，如恶心、呕吐等。此外，还会影响人体对钙的吸收，使机体钙流失。《食品安全国家标准 食品添加剂使用标准》（GB 2760—2024）中规定，酱腌菜中二氧化硫残留量应小于等于0.1g/kg。二氧化硫残留量超标，可能是因为在食品加工过程中未掌握好二氧化硫类物质的使用量，也可能是企业为追求产品良好的外观色泽、延长食品保藏期限或掩盖劣质食品等目的，不顾标准限制超量使用二氧化硫类添加剂。

2. 防腐剂混合使用时各自用量占其最大使用量的比例之和大于1

防腐剂是以保持食品原有品质和营养价值为目的的食品添加剂，它能抑制微生物的生长繁殖，防止食品腐败变质从而延长保质期。《食品安全国家标准 食品添加剂使用标准》（GB 2760—2024）中不仅规定了我国在食品中允许添加的某一添加剂的种类、使用量或残留量，而且规定了同一功能的防腐剂在混合使用时，各自用量占其最大使用量的比例之和不应超过1。该项目不合格的原因可能是以下几个方面：①企业对该项目要求了解不到位。②在配方配制过程中出现了错误。③酱腌菜在温度较高的天气容易变质，企业为延长货架时间超量使用了防腐剂。

3. 苯甲酸及其钠盐超标

苯甲酸及其钠盐是食品工业中常见的一种防腐剂，对霉菌、酵母和细菌有较好的抑制作用。苯甲酸及其钠盐的安全性较高，少量苯甲酸对人体无毒害，可随尿液排出体外，在人体内不会蓄积。但若长期过量食入苯甲酸超标的食品，可能会对肝脏功能产生一定影响。《食品安全国家标准 食品添加剂使用标准》（GB 2760—2024）中规定，酱腌菜中苯甲酸及其钠盐（以苯甲酸计）使用量应小于等于1.0g/kg。苯甲酸及其钠盐超标的原因，可能是企业为延长产品保质期，或者弥补产品生产过程卫生条件不理想而超量使用。

4. 甜蜜素超标

甜蜜素（环己基氨基磺酸钠）是一种常用甜味剂，其甜度是蔗糖的30～40倍，而价格

仅为蔗糖的 1/3，而且它不像糖精那样用量稍多时有苦味，被广泛应用在食品行业中。甜蜜素不会在人体内蓄积，但如果长期食用甜蜜素含量超标的食品，会对人体的肝脏和神经系统造成一定危害。《食品安全国家标准　食品添加剂使用标准》（GB 2760—2024）中规定，酱腌菜中甜蜜素使用量应小于等于 1.0g/kg。甜蜜素超标原因可能是企业为提高酱腌菜口感，超量使用该添加剂。

5. 糖精钠超标

糖精钠是食品工业中常用的合成甜味剂，它的甜度约是蔗糖的 400 倍。糖精钠对人体无任何营养价值，食用较多的糖精钠，会影响肠胃消化酶的正常分泌，降低小肠的吸收能力，使食欲减退。《食品安全国家标准　食品添加剂使用标准》（GB 2760—2024）中规定，酱腌菜中糖精钠使用量应小于等于 0.15g/kg。造成产品中糖精钠超标的原因，可能是企业为增加产品甜味，超范围使用。

6. 脱氢乙酸超标

脱氢乙酸是一种防腐剂，其对常见的细菌、霉菌、酵母菌都有抑制作用，防腐效果是苯甲酸的 2 ～ 10 倍。脱氢乙酸进入人体后能被迅速吸收，分散于血浆和许多器官中，有抑制多种氧化酶的作用。《食品安全国家标准　食品添加剂使用标准》（GB 2760—2024）中规定，酱腌菜中脱氢乙酸的使用量应小于等于 0.3g/kg。脱氢乙酸超标可能为超范围使用该添加剂，或可能使用了复配添加剂忽略了该复配添加剂中脱氢乙酸钠含量较高，也可能生产过程中未称重或称重不准确。

7. 铅残留量超标

铅是最常见的重金属元素污染物之一，若长期或过多摄入铅含量超标的食品，铅会蓄积在体内，可能会影响大脑和神经系统，尤其会造成儿童智力发育障碍和行为表现异常。《食品安全国家标准　食品中污染物限量》（GB 2762—2022）中规定，铅在蔬菜制品中最大限量值为 0.3mg/kg。重金属铅超标原因主要是环境污染带入原料，而生产企业对原料把关不严，导致使用了铅含量超标的原料，也可能存在从生产设备迁移入食品中的情况。

（二）质量控制方法建议

1. 加强企业生产管理

（1）员工岗前在岗培训管理　新聘员工需接受企业规章制度、生产流程、产品安全质量知识等培训，同时开展"老带新""一对一"实战操作培训，让新员工碰到问题第一时间请教，从而顺利掌握岗位技能。培训结束后对新进员工进行考核，通过考核的新员工方可上岗。在职员工持续深入培训，定期开展培训交流，特别是要深入学习食品安全知识及相关标准，搞清自身产品在《食品安全国家标准　食品添加剂使用标准》（GB 2760—2024）中的分类、使用限量。同时采取一系列奖励措施，激励员工投入食品安全管理工作。

（2）生产设备设施管理　严格把控设备设施采购，要求采购无毒无味、不吸湿、不易腐蚀的设施设备，并严格落实验收。对加工过程中产生的污染，生产加工者在生产前做好设备的清洁，同时规范好消毒剂的使用。设备设施按计划进行维护，并做好相关记录；对需要检定的设备，要定期开展检定工作，确保设备符合其应有的准确性。

（3）生产用原辅料管理　食品加工者一定要把好原辅料质量关，严格落实索证索票、进货查验工作，确保原辅料的可追溯性。有能力的企业在原辅料投入使用前对其中的污染物进行检验，检验合格后方可投入使用。酱腌菜涉及食品添加剂较多，添加剂应实行专人专库管理，按标识位置放置，建立添加剂出入库台账，详细记录名称、批次、用量等信息，以便于产品的质量安全追溯。

2. 加强食品生产企业监管

（1）对企业相关人员进行培训和指导　对食品生产经营者进行《食品安全国家标准 食品添加剂使用标准》（GB 2760—2024）及产品标准等相关知识的培训和指导。进一步加强对食品添加剂的科学指导，并要立足实际对症下药，实施精准服务。

（2）对添加剂滥用行为提高监管力度　对有违法滥用食品添加剂行为的企业，要加大处罚力度，提高违法经济成本，从源头上遏制非法滥用食品添加剂的行为。对监督检查发现的问题，要一查到底，发现违法违规问题的，要坚决依法严厉查处，涉嫌犯罪的，要及时移送公安机关追究刑事责任。

（3）重点监督和日常监管相结合　食品监管部门要通过对食品监督抽检数据的分析，确定本地区最具风险的食品添加剂种类；同时将食品添加剂依赖程度高的地方特色食品列入监管重点，并将企业规模较小、技术含量低且供应链一体化程度较差的食品企业作为监管重点，要将专项治理与系统治理相结合。

监管部门在日常巡查时应加强对企业索证索票情况和生产记录的核查。监管部门的监管工作应不断加强，特别是要对抽检发现不合格项目的样品，统一建立不合格样品数据库，相关部门在后续的抽检工作中，跟踪监督，确保食品的安全性。

二、酱腌菜企业生产加工过程质量控制

近年来，随着国家食品安全战略的逐步推进，新的《中华人民共和国食品安全法》《食品生产许可管理办法》等法律法规和系列食品安全国家标准的颁布实施，使传统食品酱腌菜生产企业面临着新的挑战。如何紧随国家食品安全治理的步伐，降低酱腌菜食品质量安全风险，成为企业亟需解决的问题。

（一）酱腌菜生产存在的质量安全风险

1. 原料蔬菜农残超标风险

2017 年我国农产品质量安全例行监测中，总体抽检合格率为 97.8%。其中，蔬菜的合格率最低，为 97.0%。蔬菜不合格的主要原因是农药残留超标，这与我国现阶段的农业种植模式有关。蔬菜种植以个体户为主，他们在病虫害防治工作中，缺少科学规范的用药指导，存在药物滥用、不遵守停药期等不规范操作，导致农产品中农药残留超标，甚至有生产者使用高毒性的禁用农兽药。国家食品药品监督管理总局（现为国家市场监督管理总局）2017 年第四季度食品安全监督抽检情况显示，在抽检的不合格产品中，食品中农兽药残留指标不合格问题占不合格问题总数的 25.1%，仅次于排名第一的超范围、超限量使用食品添加剂问题（占不合格问题总数的 27.7%）。因此，企业应从源头抓起，重点关注原料蔬菜的农残超标风险。

2. 食品添加剂"双超"风险

在日常监督抽检中发现，为降低生产成本或延长产品保质期，部分酱腌菜生产企业违反《食品安全国家标准 食品添加剂使用标准》（GB 2760—2024）的规定，超量、超范围使用食品添加剂。在酱腌菜、蔬菜干制品、腌渍食用菌中超量或超范围添加防腐剂和甜味剂的现象非常突出。另外，二氧化硫、亚硫酸盐等添加剂可以用于蔬菜的漂白、护色和防腐，在生产

中也有违规添加现象。湖北某批次红油八宝菜中苯甲酸及其钠盐（以苯甲酸计）检测值为1.44g/kg，标准规定应小于等于1.0g/kg。河北某食品有限公司生产的酱香丝，防腐剂混合使用时各自用量占其最大使用量的比例之和检出值为1.26，标准值为小于等于1。某公司生产的香辣萝卜条中二氧化硫残留量检出值为0.21g/kg，比国家标准规定（不超过0.1g/kg）高出1.1倍。因此，在企业内部管理和政府监督检查中，应加强控制食品添加剂的使用。

3. 亚硝酸盐超标风险

原料蔬菜本身含有硝酸盐，在腌制过程中，硝酸盐会被蔬菜中的细菌还原成亚硝酸盐。亚硝酸盐具有强致癌性，且在体内可进一步转化为亚硝胺类化合物，过量食用会引起食物中毒。

酱腌菜中亚硝酸盐的含量因蔬菜原料和腌制盐度、温度以及硝酸盐还原菌种的不同而不同。随着腌制时间延长，亚硝酸盐含量先逐渐升高至峰值，然后逐渐减少直至基本消失。如果腌制过程中熟化时间不够，很容易造成亚硝酸盐含量超标。酱腌菜中亚硝酸盐含量应控制在20mg/kg以下。

4. 微生物超标风险

酱腌菜（腌渍食用菌）存在微生物超标的风险。造成微生物超标的原因主要有杀菌环节未控制好（如杀菌时间、温度设置不合理或工人操作不当），生产设备、生产环境清洁不到位，操作人员卫生管理差，包装袋污染等。

5. 重金属元素污染风险

铅、砷、镉、汞等广泛分布于自然环境中，若蔬菜种植在重金属污染严重的地域，可能会导致某些重金属元素在蔬菜中富集，对人体产生危害。另外，酱腌菜生产加工过程中接触到不合格的设备设施可能造成重金属迁移，对成品造成污染。企业应合理控制与原料和产品直接接触材料的污染指标，加强进货查验，降低重金属元素污染风险。

（二）生产加工过程质量安全控制

分析酱腌菜生产过程中存在的质量安全风险、对酱腌菜企业生产加工全过程进行质量安全控制、制定符合酱腌菜产品特性的控制措施，可以将食品安全风险降至最低。

1. 厂房及车间控制

设计酱腌菜厂房时，应根据产品特点、生产工艺、生产特性以及生产过程对清洁程度的要求等对生产车间进行区域划分。具体可按生产工艺及卫生控制要求，有序合理布局，根据生产流程、操作需要和清洁度要求进行分隔，避免各工序之间交叉污染。

酱腌菜产品采用盐渍、腌制工艺，本身不易滋生微生物，故生产车间可划分为一般作业区和准清洁作业区。一般作业区一般有原料蔬菜验收区、原料蔬菜预处理区、盐渍区、辅料预处理区（需要时）、晾晒区（需要时）、周转工器具清洗、外包装间、原料库、包装材料库、成品库等，其他加工车间及区域为准清洁作业区。盐渍为咸坯加工环节，是酱腌菜生产加工的关键环节，直接影响产品口感和质量，因而要加强该环节的管理，降低食品安全风险。在准清洁作业区，应定期对生产加工环境进行消毒处理，可采用紫外线或臭氧等杀菌消毒。

酱腌菜生产企业宜加强原料蔬菜验收区、盐渍区、腌制区、晾晒区的管理，根据各区域生产加工特点加强车间规划设计，针对易腐败变质、产生有毒有害气体、滋生蚊虫等区域设立相应的防护控制要求。

（1）原料蔬菜验收区　原料蔬菜一般在蔬菜采收季节集中收购，量大、集中。企业应根据原料日消耗量、积压量、天气条件和蔬菜本身的贮藏特性等因素，综合判定是否需要设置原料蔬菜验收区。如遇高温、雨水天气，叶菜类易腐败，就需要设置原料蔬菜验收区。验收区需加盖顶棚遮风挡雨，同时对地面进行硬化处理，避免扬尘污染，防止原料蔬菜腐败变质。

（2）盐渍区　盐渍区为用食盐等加工咸坯的生产区，现阶段盐渍区管理比较粗放，存在盐渍池露天、无卫生防护的问题，极易造成咸坯品质低劣进而影响酱腌菜质量。作为酱腌菜企业应加强盐渍区管理，不宜采用露天盐渍池加工咸坯，至少应加盖顶棚，安装防鼠、蝇虫等有害物侵入的设施。蔬菜盐渍发酵过程中易产生沼气、二氧化碳等有毒有害气体，因而盐渍池应独立设置，防止对其他区域造成污染。榨菜盐渍池规格可达 6m×6m×5m，每池能加工逾 100t 原料，池大且深，加工过程需要定期翻池取菜，易发生安全事故，因而该区域操作人员要采取安全防护措施，防止人员中毒和人员跌落。

（3）晾晒区　酱渍菜的酱制、糖醋擘蓝片的晾晒在室外进行，易滋生蚊虫。为改善这种不卫生的状况，需要规范晾晒区管理。晾晒区地面应用水泥等硬质材料铺设，防止烟尘；四周设立围墙或纱网等防护设施，防止虫、鼠侵入；产品晾晒不得直接接触地面，与食品直接接触的材质应符合食品安全要求。

（4）车间入口　生产场所或生产车间入口处应设置更衣室，必要时要换鞋（穿戴鞋套）或对工作鞋靴进行消毒。清洁作业区入口处应设置洗手、干手和消毒设施，必要时设置二次更衣室。传统酱腌菜盐渍区、原料蔬菜预处理区存在露天操作、人员不经更衣洗手直接操作的情况，存在卫生隐患，需要加强管理。盐渍区、腌制区、晾晒区、生产车间入口处应设置更衣室，人员更衣后才能进入相应的生产加工区。在遵循传统工艺的基础上，应按照现行的食品生产通用卫生规范进行食品生产。

2. 库房控制

原料蔬菜在常温下易腐败变质，多数产品需保鲜储藏。企业应根据购进原料蔬菜的贮藏特性和实际的生产状况，配备满足生产需求的原料蔬菜保鲜库，具体贮藏温室、湿度条件应根据产品贮存运输要求设定。为确保韩式泡菜、中式传统泡菜等产品品质、延长产品的保质期，需要用低温冷藏车运输。购进咸坯后若不能及时加工处理，可将盐渍池作为储存原料咸坯的库房使用，投入咸坯后保证咸坯浸入料液密封保存，该储藏方法可保证原料咸坯的品质及后续加工过程原料咸坯的持续供应。

3. 生产设备材质及卫生控制

盐渍、腌制设备设施材质一般为陶瓷、水泥、塑料等，盐渍池池壁和覆压物应耐腐蚀、易清洗、无污染、无毒，盐渍池内壁涂聚酰胺环氧树脂涂料或嵌贴瓷砖，防腐、易清洗。遮盖盐渍池表层的塑料膜应符合《食品安全国家标准 食品接触用塑料材料及制品》（GB 4806.7—2023）的要求。企业应向供货者索取生产许可证和产品合格证明。为防止重金属等有毒有害物质的迁移，在施工初期选择材料时可将相关材料送检，避免建成后对产品造成污染。

整个腌制过程应密封，以此降低亚硝酸盐、亚硝胺类等有害物质产生的风险。若腌制过程密封性不好，腌渍液中具有硝酸还原能力的好氧杂菌会迅速繁殖，蔬菜中的硝酸盐在硝酸还原酶的作用下转变为亚硝酸盐，亚硝酸盐的含量会显著升高。腌制过程若被腐败菌污染，蛋白质、多肽和氨基酸会分解形成胺类物质，使酱腌菜腐败，且生成的胺类物质在酸性环境中会与亚硝酸盐合成致癌物亚硝胺。因此，腌制时的厌氧环境是抑制有害微生物生长繁殖、防止亚硝酸盐和亚硝胺产生的重要因素。

4. 生产加工过程控制

企业应根据加工产品的产品特性、执行标准和内控标准的质量要求、收集到的产品质量安全风险等制定符合实际生产操作要求的工艺流程，避免各工序间交叉污染，理顺整合酱腌菜各具体产品生产工艺，制定出基本囊括各类产品生产特点的工艺流程图和生产过程关键控制环节，确保生产出质量安全的合格产品。

酱腌菜基本工艺流程：原料验收→原辅料预处理→盐渍→脱盐（或不脱盐）→切分（或不切分）→调味（腌渍）→内包装→杀菌（或不杀菌）→成品。

酱腌菜生产过程关键控制环节：原料验收；腌制时间、盐度等参数的控制；食品添加剂的使用；内包装材料及环境的清洁；杀菌时间、温度等参数的控制。在关键控制环节制定相应的控制措施，降低食品安全风险，主要针对原料蔬菜农药残留、亚硝酸盐超标、食品添加剂超范围超量使用、微生物超标等风险因素制定控制措施。

（1）原料验收 原料蔬菜的质量安全直接关系到酱腌菜的质量安全，因而把好原料管理关至关重要。企业应建立供方管理制度和进货查验制度，确保供方产品质量可控、原料来源可追溯。现阶段蔬菜供方主要有企业、个体农户、基地等3类，企业应针对不同供方建立相应的供方管理制度，定期评价，签订食品安全协议。

不同的原料蔬菜潜在风险不同，企业应根据风险指标有针对性地制定各类原料的验收准则，可根据供方蔬菜种植情况、采收季节、蔬菜品种、产地等因素，综合确定高风险验收项目和批次划分，确保原辅料符合食品安全国家标准。蔬菜应重点关注农药残留和污染物指标，以咸坯为原料的应重点关注水分、盐度、亚硝酸盐含量等指标。企业应从合格供方名单中进行采购，并详细记录食品原辅料相关信息以及进货信息，留存完整的原料进货查验记录。

（2）腌制 酱腌菜在生产过程中易产生亚硝酸盐。亚硝酸盐因具有强致癌性，成为消费者密切关注的风险指标，因而在酱腌菜腌制过程中要对亚硝酸盐进行控制。监测不同原料、温度等条件下酱腌菜生产过程中亚硝酸盐含量曲线发现，盐度越低、温度越高，亚硝酸盐含量峰值出现时间越靠前，且峰值越高；一般在腌制 3～6d 时亚硝酸盐含量达到峰值，之后慢慢下降。企业宜根据自身产品特点制作亚硝酸盐监控曲线，确定适宜的腌制时间、盐度等工艺参数，将亚硝酸盐含量控制在 20mg/kg 以下。

（3）配料调味 配料调味环节涉及食品添加剂的使用，食品添加剂的使用应符合《食品安全国家标准 食品添加剂使用标准》（GB 2760—2024）的要求。在酱腌菜生产过程中，防腐剂（苯甲酸、山梨酸、脱氢乙酸）、甜味剂（安赛蜜、甜蜜素）、着色剂等超范围超量使用的风险较高，因此要加强食品添加剂的使用管理，注意同一功能的食品添加剂（相同色泽着色剂、防腐剂、抗氧化剂）要混合使用，确保物料在终产品中的残留量符合相关标准及国务院卫生行政部门相关公告的规定。酱腌菜食品添加剂应按照《食品安全国家标准 食品添加剂使用标准》（GB 2760—2024）分类原则确定产品所属类别后再进行添加，如腌渍杏仁、腌渍花生按照其他加工的坚果与籽类（如腌渍的果仁）使用食品添加剂，腌渍金针菇按照腌渍的食用菌和藻类使用食品添加剂。加强配料过程管理，物料称量与配方要求一致，双人称量复核，留存配料生产及领用记录。

（4）内包装 内包装与其他生产加工区分隔，加强内包装间人员卫生和环境卫生控制，防止异物带入。对于先杀菌后包装的产品，要定期对环境、设备设施进行消毒，内包装袋需脱外包装消毒后进入车间使用，防止微生物污染。

（5）杀菌 为延长酱腌菜产品的保质期，产品多采用后杀菌工艺，不同杀菌方式的产品保质期和品质不同。企业应研究不同杀菌方式处理后产品品质变化情况，从而确定酱腌菜适宜的杀菌方式和参数指标。持续高温会影响产品的脆度和口感，加热杀菌后应立即降温冷却，以最大限度地降低温度对产品品质的影响，同时确保杀菌效果，防止货架期内微生物超标导致产品腐败变质。此外，要确定适宜的杀菌温度、时间等参数，以生产出高品质的产品。

（三）产品检验控制

产品检验包括原辅料检验、过程检验和成品检验，贯穿于生产加工的全过程。企业在原料验收时应加强与检验室的沟通交流，确定必要的原料检验项目。对于进货查验可提供的相关检验项目，可以免于检验，改为进货查验即可。生产加工过程中的监控项目应按照监控要求及时采样处理，根据过程检验数据确定产品是否可进入下一道工序，如盐渍过程应监控亚硝酸盐的含量，确定发酵终止时间。针对成品出厂检验项目的确定，当执行标准列明出厂检验项目时，应按标准规定执行；当执行标准未列明出厂检验要求时，企业应根据原辅料验收状况、过程监控项目、产品风险和产品执行标准等因素综合确定出厂检验要求和项目。自行检验的企业应具备相应的检验能力，包括检验人员和实验室以及仪器、试剂等实验耗材的配备；对于出厂检验项目无自检能力的，可委托有检验资质的食品检测机构进行检验。

（四）管理制度控制

强化企业主体责任及过程管理，提高企业管理体系运行有效性。酱腌菜生产企业应建立供方管理制度、进货查验制度、过程控制制度、产品检验制度等。酱腌菜盐渍池较大、较深，且有毒有害气体极易聚集，企业应制定腌制设施维护保养和操作人员防护制度，确保人员安全。

盐渍池日常维护保养主要包括以下几个方面。一是开池后的维护。若原料当天用完，应做好盐渍池的清洁；若当天未用完，需再次封池。二是池壁内层的维护。定期检查内壁是否有脱落、破损现象，及时做好防水和防腐处理。为杜绝盐渍池人员安全事件的发生，企业应建立人员防护制度，安排专人对盐渍池负责管理，周围设置围栏、安全警示，加强人员进出管理和安全操作培训。

三、酱腌菜企业生产加工过程质量管理

（一）腌制准备环节的控制点

1.原料验收及存放

原料等各类蔬菜，按要求对皮、叶、腐烂部分、老茎等去除；其他辅料同样要清除杂质。原料中主要有物理、化学、生物等多方面的危害，主要危害的环节来自种植、加工环节。其中物理性的危害主要有砂石、虫子、头发、金属等；化学危害主要有农药残留、重金属等；生物危害主要是蔬菜不新鲜或者存放过程中导致蔬菜腐烂，使产品带入腐败微生物，甚至是致病菌等。以上各类危害对人体健康均存在很大的潜在威胁。

对于原辅料的验收，企业首先应制定相应的管理制度，包括如验收部门、部门职责、审批权限、验收标准、验收方法、拒收规则等，加以明确规定。验收时，首先，初步对原料进行外观检查，观察包装是否完好，是否在有效期内，异常的应拒收。蔬菜、辅料等有无霉变、有无腐烂叶片、有无异味存在，是否有机械损伤，净选后应无黑斑、烂点。其次，初步判断合格后，安排检验员对原料进行抽检，检验室尽快到指定的仓库根据抽样规则抽取样品，并完整填写抽检内容，应包含物料名称、来货单位、数量、规格、批号、抽样数量、抽样人、日期等基本信息。检验员根据企业内控标准或者国家标准规定的指标要求，对样品进

行检测，同时填写检验记录，最后根据检验结果出具检验报告，提交相应流程审批。整个检验周期要尽量短，并按照管理制度进行留样。同时，应对每批次的原料进行索证、索票，并结合原料种植特点，索要对应的农残及重金属检测报告，或可以根据《食品安全国家标准 食品中污染物限量》（GB 2762—2022）、《食品安全国家标准 食品中农药最大残留限量》（GB 2763—2021），自行送至具有相应检测资质的机构检测。最后，由管理部门对每批原料做出是否准予投入生产的批示。若出现不符合验收标准的原料应予以拒收，并应对供应商做重新评价。严格落实索证索票、进货查验工作，确保原辅料的可追溯性。

验收后，合格的原料要进行合理存放。存放不当，因温湿度环境影响可能引起蔬菜霉变、腐烂、交叉污染。机械损伤和蔬菜堆放过高，会导致蔬菜鲜度下降，同时由于蔬菜收获后光合作用已停止，呼吸作用仍然在不断进行，从而导致细胞内营养物质的消耗，蔬菜品质也会不断下降。瓜果类蔬菜容易因后熟作用，组织细胞内原果胶水解，使肉质变软而失去脆度。根茎菜类和叶菜类因水分蒸腾而使体内水解酶类活性增强，高分子物质被降解而导致菜质变软。故而验收合格的蔬菜应尽快处理后进入腌制环节，无法及时处理则应对保存条件加以控制，如采取低温保存等保鲜措施，摊晾存放而不宜堆放等。

2. 挑拣及清洗

原料进入加工环节，要进行挑拣及清洗。领料时，应注意分区存放各类原料，避免交叉污染。首先进行人工除杂，主要是为了剔除已经霉变、腐烂的原料，并对可能影响口感的部分进行剔除。在净选处逐个剔除黑斑、烂点、老筋、异物，清洗后备用。清洗用水，应定期送具有检测资质的第三方机构检测。

（二）腌制过程各环节的控制要点

1. 腌制

腌制可分为浮腌、泡腌、暴腌、干压腌、干腌及乳酸发酵腌制法，采用的方法不同，其产品的风味也不同。在腌制时，部分企业为了保证温湿度的控制、达到更好的腌制效果，会采取在地势较高、较干燥的地面挖掘大坑作为腌制坑，采用较厚地膜铺设后用于腌制。通常会采用一层盐一层菜（$CaCl_2$ 混在食盐中），然后用条石压紧的腌制方式。腌制坑上方应有顶棚遮盖，避免阴雨天气淋湿，周围应有防鼠、防蚊、防雀等设施，过程中注意检查窖池密封情况。

腌制是整个生产过程中的关键控制点，此环节酱腌菜的软化和易变质是主要问题。其中，盐度是整个发酵过程的重要因素，除了会影响产品的脆度及口感外，还会影响微生物在腌制过程中的繁殖情况。低盐酱腌菜的水分活度适宜大部分细菌的生长，包括霉菌等，而在高浓度食盐溶液中，有的高浓度离子可能抑制微生物生长，破坏微生物酶活性。高浓度盐造成缺氧环境，抑制需氧微生物如霉菌、酵母菌的生长。有的微生物会使腌菜变质，在液面上出现白色黏着物，称为"生花"现象。对此，可在低盐酱腌菜中加入柠檬酸等，通过改变产品 pH 值从而使部分微生物无法生长。此外，高温季节加工腌制时要比低温季节加工腌制褐变快。由于糖类在碱性介质中分解得特别快，糖类参与糖胺型褐变反应也比较容易，故应控制盐渍液 pH 值为 3.5 ～ 4.5，以抑制褐变速度，pH 值高，褐变快。反之温度低、pH 值低，贮运可抑制褐变速度，同时利于保鲜。

腌制过程中，还容易产生亚硝酸盐，尤其以叶菜类为主。在腌制到 4 ～ 8d 时达到顶峰，故要想减少亚硝酸盐的产生，可采取以下方式：选用新鲜蔬菜，水洗后晾晒可以适当减少亚硝酸盐的含量；控制食盐用量，避免因用量少加速亚硝酸盐的形成；保持菜卤表面菌膜，防止胺类物质产生；若发现 pH 值上升或者霉变，应立即停止存放；食用前进行水洗。

2. 脱盐淘洗、脱水

酱腌菜需进行脱盐，可采取流水脱盐（即边脱盐边清洗）、机械脱盐等方式。采用流水脱盐、淘洗时，水质必须符合《生活饮用水卫生标准》（GB 5749—2022）要求，应定期对水质进行送检，合格后再使用。脱盐后，应进行压榨脱水。压榨过程中应注意通过设置工艺参数如时间等，控制保留的水分，这将影响后期产品的口感。

3. 切制及拌料

切制及拌料过程应关注所用器具表面微生物情况，尤其是致病性菌，在人员清洁消毒方面做好工作，严格按照操作规程进行。配料过程中，配料秤应经过检定，必要时需要工作人员复核添加量。拌料应注意所用配料要清洗干净，拌料过程要均匀，调味顺序及拌料的方式要正确，否则将影响产品口感。同时要注意添加剂的均匀度会影响产品保质期等情况。

配料、拌料环节应作为关键控制点进行控制，尤其是食品添加剂的使用和管理应实行专人专库制度。酱腌菜在《食品安全国家标准 食品添加剂使用标准》（GB 2760—2024）中规定的可添加的食品添加剂较多，常用的防腐剂包括山梨酸钾、苯甲酸钠、脱氢乙酸钠、纳他霉素、双乙酸钠等，甜味剂包括甜蜜素、糖精钠等。对此，添加剂除了要控制好添加量外，还应对其加强管理，应分类单独存放、建立出入库及使用台账，专人管理，必要时要设定复核岗位。

4. 后熟

各种比例与菜条充分混匀后置于 50kg 小口缸中压实，表面盖上一层塑料薄膜，再在薄膜上盖上一层盐，让其自然后熟一段时间，一般时间为 10～20d。经过后熟处理的菜条达到色、香、味俱佳的效果。这个过程需要重点关注密封性、环境温度、时间，避免引起口感变差、菜质变软等情况。

（三）腌制产品包装及存储中的控制要点

1. 分装及灭菌

酱腌菜的包装通常选用复合食品包装袋真空包装，将产品装入袋中通过真空排气处理后密封，其具有质量轻、干净卫生、不易破坏、存放时间长、包装价格低等特点，有利于运输、保存，携带方便，适用于多种蔬菜。

在封口和杀菌环节，分装机灭菌清洁后才能进行分装。分装前选择部分样品作为调试品（调试用酱腌菜需报废处理），调试时需逐一进行净含量检查、真空度检查、热合检查。调试合格后方可进行正式生产、分装。如果成品封口不严密，就会有微生物入侵，会对酱腌菜品质产生影响；在真空抽气环节，设备清洁不合格会导致致病性菌的进入，没有将空气完全抽完，在袋内就会有气泡，在同等条件下杀菌，如果有气泡的成品杀菌效果就会变差；从拌料到封口的时间间隔太久，也会使菌落总数增加，造成杀菌效果失效。

真空热合后的成品转运至灭菌池处灭菌，灭菌方式有巴氏杀菌、微波杀菌、栅栏技术等。通常会采用巴氏灭菌方式，在酱腌菜装袋完毕后，将其按要求装入杀菌筐中传送至杀菌池中杀菌；杀菌温度应大于 88～92℃，时长根据产品包装的规格型号确定；杀菌完成后及时放入常温水中充分冷却。每个工班生产完毕后应进行杀菌池清洁，将冷却后的成品酱腌菜在振摇筛上吹去明水。灭菌不彻底、时间和温度未达到要求，会导致致病性菌超标，该环节应作为关键控制点进行控制。

灭菌过程中，应检查温度计读数，填写相应的灭菌记录、定期对设备进行维护和保养；定期做好温度计的校验，采用灭菌试纸条检查灭菌效果。

灭菌后按品种规格进行装箱等外包装，应检查产品相关配套包材的生产批号、规格，是否符合生产指令，所用配套内外包材的内容及喷印信息是否一致。经复核人员确认无误后，方可进行装盒、装箱作业。放入装箱单封箱，包装的同时再次检查有无"漏袋"产品，将"漏袋"产品选出单独存放，不能继续使用。最后将成品按件堆放于塑料托盘上，再检验、入库。

2. 检验

企业应具备成品出厂检验的硬件设施、软件管理、检验人员等。应有独立的检验室，且与生产车间分隔，设施设备应满足出厂检验项目的要求，定期检定、维护。检验人员应经过专业培训，具有抽样、检测、药品管理、设备使用及维护、记录报告等方面的知识和能力。检验原始记录及报告应详细记录，便于追溯。

3. 成品存放

酱腌菜因其产品特殊性，在存放过程中很容易受外来微生物和自身物质影响出现腐败现象，如在腌制过程中大量微生物繁殖；在温度和光线作用下，酱腌菜出现物理性变化，或发生氧化、分解等反应等。故而在保藏过程中应对温湿度进行控制。

◆ 参考文献 ◆

[1] GB/T 15091—1994 食品工业基本术语.

[2] GB 2714—2015 食品安全国家标准 酱腌菜.

[3] SB/T 10439—2007 酱腌菜.

[4] 李瑶，余永，陈海，等.低盐榨菜加工中的危害因素分析及控制研究进展 [J].食品与发酵工业，2023，49（18）：374-380.

[5] 刁恩杰，王新风.食品质量管理学 [M].北京：化学工业出版社，2020.

[6] 李祥.特色酱腌菜加工工艺与技术 [M].北京：化学工业出版社，2009.

[7] 刘朔，武岩，詹小吉，等.HACCP体系在秦安浆水（酸菜）生产质量控制中的应用 [J].农产品加工，2024（14）：92-96.

[8] 陈伟萍，倪铭炯.酱腌菜存在的质量安全问题及质量控制建议 [J].现代食品，2021（14）：122-123，126.

[9] 李其美，周邦萌，曾祥平，等.酱腌菜加工环节食品安全危害控制 [J].轻工标准与质量，2024（04）：128-130.

[10] 相光明，张媛媛，王蕾，等.酱腌菜企业生产加工过程质量安全控制 [J].现代农业科技，2022（11）：175-178，181.

第七章
酱腌菜加工典型案例

加工案例1：东北酸菜

一、产品简介

东北酸菜是以白菜为原料在低浓度盐水中通过乳酸菌发酵而成的发酵蔬菜制品，又称渍菜。其口感酸鲜纯正、脆嫩芳香，味道鲜美，是我国东北地区传统的发酵蔬菜制品，具有独特的风味，且耐贮藏。东北酸菜发酵主要菌株为乳酸菌，乳酸菌是对人体有益的益生菌。在发酵过程中，白菜含有的蛋白质可以通过微生物及自身蛋白酶的作用而水解得到小分子的氨基酸，主要包括苏氨酸、天冬氨酸等14种氨基酸，乳酸菌代谢产生乳酸，赋予了酸菜特有的风味和营养，同时还具有开胃、醒酒去腻、增进食欲、帮助消化等作用，长期以来深受人们的喜爱，也成为了东北地区独有的特色美食。

二、主要原辅料

新鲜白菜、精制盐、适量姜末、大蒜末、干辣椒、草果、八角、茴香等。

三、加工工艺

（一）工艺流程

清洗→切割→腌制→发酵→调味→灭菌→包装。

（二）操作要点

（1）清洗　将选好的白菜洗净，去除杂质和叶子，保留下白菜的嫩心部分。清洗时要注意用流动的水彻底冲洗，确保干净卫生。

（2）切割　将洗净的白菜切成适当大小的块状，可以根据个人口味来调整大小。切割时要注意刀具的锋利，使切面平整，便于后续发酵和腌制。

（3）腌制　将切好的白菜放入容器中，加入适量的盐和调料，进行腌制。腌制的时间一般需要5～7d，可以根据个人口感来决定腌制的时间长短。腌制期间需要经常翻动，使得盐和调料能够均匀渗透到每一块白菜中。

（4）发酵　腌制好的酸菜需要进行发酵，这是酸菜形成独特风味的关键步骤。将腌制好的酸菜放置在通风干燥的地方，保持适当的温度和湿度。一般来说，发酵的时间需要3～5d，可以根据个人口感来决定发酵的时间长短。

（5）调味　经过发酵的酸菜口感更加酸爽，但有些人可能觉得口感过于酸涩。可以根据个人口味添加适量的糖，使酸菜的口感更加平衡。

（6）灭菌　发酵完成后，酸菜需要进行灭菌处理，以保证酸菜的卫生质量。可以将酸菜放入沸水中煮沸，或者用高温蒸汽进行灭菌处理。

（7）包装　经过灭菌处理的酸菜可以进行包装，常见的包装方式有罐装、袋装和瓶装等。包装时要注意密封性和卫生质量，以保证酸菜的品质。

加工案例 2：麻辣萝卜干

一、产品简介

萝卜为十字花科一年生或二年生根菜。我国是萝卜的故乡，栽培食用历史悠久，早在《诗经》中就有关于萝卜的记载。萝卜按收获季节可分为春萝卜、秋萝卜和四季萝卜等类型，我国各地均有栽培，四季均有供应。麻辣萝卜干则是以萝卜为原材料经过脱水腌制等操作制作而成。麻辣萝卜干含有能诱导人体自身产生干扰素的多种微量元素，可增强机体免疫力，并对抑制癌细胞生长有一定作用。麻辣萝卜干中的芥子油和膳食纤维可促进胃肠蠕动，有助于体内废物的排出。常吃麻辣萝卜干等萝卜类食品能在一定程度上降低血脂、稳定血压，预防冠心病、动脉硬化、胆石症等疾病。麻辣萝卜干作为一种传统小吃，近年来在国内外的市场需求持续增长。在国内外市场，萝卜干因其营养丰富、口感清爽、价格实惠等特点，受到了广大消费者的青睐，尤其是在家庭日常餐桌、餐馆饭店以及学校、企业等的集体食堂中有着广泛应用。

二、主要原辅料

新鲜萝卜、盐、干辣椒、花椒、八角、食用油。

三、加工工艺

（一）工艺流程

材料准备→切块晾晒脱水→腌制→调料处理→调味→第二次腌制→成品。

（二）操作要点

（1）材料准备　萝卜按常见分类包括白萝卜、胡萝卜、青萝卜和紫萝卜，其中白萝卜含水量最高，所得麻辣萝卜干口感最佳，后述鲜萝卜为白萝卜。

（2）切块晾晒脱水　将鲜萝卜去蒂、洗净后切成条状，脱水，然后晾晒48～64h（鲜萝卜切成的萝卜条横截面大小为1～2cm²，萝卜条脱水方式采用甩干设备甩干）。

（3）腌制　将晾晒后的萝卜条加入盐腌制，用手揉捏，使盐与萝卜条均匀混合，放在常温下入味 6～8h 后，采用压榨方式对萝卜干进行脱盐水处理。

（4）调料处理　将食用油烧热，将干辣椒、花椒、八角混合粉碎后加入食用油中炸熟（辅料质量为鲜萝卜质量的 6%～10%，一般选用 8%）。

（5）调味　将食用油和干辣椒、花椒、八角加入腌制后的萝卜条中。

（6）第二次腌制　密封后继续腌制 15～18d，即可得到麻辣萝卜干（萝卜干放在 4～8℃下腌制 15～18d）。

加工案例 3：胭脂萝卜干

一、产品简介

胭脂萝卜干是一种具有悠久历史和独特制作工艺的特产。其原材料采用海拔 600m 以上的高山红心萝卜，这种萝卜以里外鲜红为最佳，红心萝卜与其他萝卜相比有独特之处，它具有皮、心全红，含花青素多，且易溶于水、适于加工等特点，历史上曾为朝廷贡品。其不仅口感爽脆麻辣，还含有丰富的蛋白质、膳食纤维、维生素 B_1、维生素 B_2、脂肪、维生素 A、果胶、糖类及钙、铁、锌等，汁水丰富，具有助消化、消烦渴、通气化瘀的功效。胭脂萝卜干在市场上有着广泛的需求，因其独特的口感和营养价值，深受消费者喜爱。其消费群体广泛，适合各个年龄段的人群食用。

二、主要原辅料

红心萝卜、食用盐、八角、山柰、白芷、小茴香、胡椒、桂皮等。

三、加工工艺

（一）工艺流程

原料的准备→腌制→脱盐→配料→密封包装→杀菌→冷却。

（二）操作要点

（1）原料清洗　对红心萝卜进行清洗，清洗时去掉表皮上的泥土、根须和黑色污点，保持萝卜表皮完好，清洗采用以 1t 清水加 4kg 食盐的比例配制的盐水，清洗后切为块状。

（2）腌制　将上述块状萝卜进行盐渍泡制，盐渍时先将萝卜和盐以放一层萝卜撒一层盐的方式放置于盐渍池，其中萝卜层的高度为 30cm 左右，使其总体盐度达到 10%～12%，放置好后采用无毒害的胶薄膜密封，盐渍 10～15d。

（3）脱盐　将盐渍后的萝卜采用烧开后冷却的冷开水进行漂洗脱盐，脱盐至含盐度 4%～6%。

（4）配料　将脱盐后的萝卜加入香辛料搅拌混合均匀，加入香辛料的比例为 1t 萝卜加入 1500g 香辛料（所述香辛料采用以下质量配比的材料制得：八角 50 份、山柰 5 份、白芷 4 份、小茴香 11 份、胡椒 3 份、砂仁 1 份、枳壳 10 份、桂皮 6 份、干姜 10 份）。

（5）包装密封　将上述萝卜采用包装袋包装密封，包装袋可采用复合袋、镀铝袋、纯铝袋或聚酯袋。

（6）杀菌　采用巴氏杀菌法杀菌，杀菌时温度保持 76～89℃，时间为 20～27min。

（7）冷却　以水喷雾进行冷却，送强风风干，以输送带送出得到成品。

加工案例 4：榨菜

一、产品简介

榨菜是芥菜变种。榨菜下部叶的叶柄基部肉质，膨大，形成高低不平的拳状；基生叶倒卵形或长圆形，平坦或皱缩，基部大头羽状深裂，成为具沟的粗叶柄。因其加工时需用压榨法榨出菜中水分，故称"榨菜"。榨菜质地脆嫩，风味鲜美，营养丰富，具有特殊酸味和咸鲜味，含有丰富的人体所必需的蛋白质、胡萝卜素、膳食纤维、矿物质等。榨菜还具有一种特殊的鲜香气味，能增进食欲，帮助消化。其含有的硫代葡萄糖苷，经水解后能产生挥发性芥子油，具有促进肠胃消化吸收的作用。到目前为止，涪陵榨菜已有 100 多年的历史，是酱腌菜中的重要品类，与法国酸黄瓜、德国甜酸甘蓝并称世界"三大名腌菜"。

二、主要原辅料

榨菜、食用盐、辣椒、植物油、白砂糖、八角、姜、山奈、桂皮、白胡椒、砂仁。

三、加工工艺

（一）工艺流程

1. 风脱水榨菜加工工艺

（1）腌制工艺流程　工艺流程如下。

```
                        食用盐              食用盐
                          ↓                  ↓
榨菜→验收→穿串→晾晒→下架→第一次腌制→囤压→第二次腌制
→囤压→第三次腌制→囤压→起池→修剪看筋→保存
              ↑
            食用盐
```

（2）加工工艺流程　修剪看筋整理后的榨菜→清洗切分→脱盐脱水→拌料→计算包装→杀菌→冷却风干→检验→装箱→入库。

2. 盐脱水榨菜加工工艺

（1）腌制工艺流程　工艺流程如下。

```
            食用盐                  食用盐
              ↓                      ↓
榨菜→ 验收→第一次腌制→ 翻池囤压→ 第二次腌制→翻池囤压→
第三次腌制→起池→修剪看筋→保存
    ↑
  食用盐
```

（2）加工工艺流程　修剪看筋整理后的榨菜→清洗切分→脱盐脱水→拌料→计算包装→杀菌→冷却风干→检验→装箱→入库。

（二）操作要点

1. 风脱水榨菜腌制操作要点

（1）榨菜验收　榨菜宜选择组织细嫩、质地致密、皮薄、筋少、肉瘤钝圆、间沟浅小、整体呈近圆、扁圆或纺锤形和单个质量达 300g 左右的菜头。菜头含水量宜低于 94%，可溶性固形物含量应在 5% 以上，以表面较清洁、光滑、无病虫害及机械损伤者为佳。

（2）搭架　榨菜收获后必须先置于菜架上晾晒，借自然风力脱去大部分水分后才可进行腌制。菜架必须全身都能受到风吹，以缩短自然脱水的时间。可选择河滩、宽敞平坦的风口坝地为菜架地，菜架宜搭成"∧"形，"两头两尾"进行固定，务必使架身受力均匀，避免倒架。

（3）穿串、晾晒　用篾丝或聚丙烯塑料带（打包带）沿切面平行的方向穿过，称排块法穿串，穿满一串两头竹丝回穿于菜块上，每串可穿菜块 4～5kg，长约 2m。将穿好的菜块搭在架上；若有划块菜，应将菜块的切面向外，青面向里，进行晾晒。

（4）下架　在晾晒期中，如自然风力能保持 2～3 级，经 7～10d 即可达到脱水程度，菜块即可下架进行腌制。

（5）起池看筋整理　腌制到期后，将菜块起池，堆放于冲洗干净的池间空地上，用剪刀仔细剔净毛熟菜块上的飞皮、叶梗基部虚边，再用小刀削去老皮、黑斑烂点，抽去硬筋，以不损伤青皮、菜心和菜块形态为原则。

（6）清洗　将分级的菜块用经过澄清盐水或新配制的含盐量为 8% 的盐水人工或机械淘洗后，按菜块标准认真挑选，按大菜块、小菜块、碎菜块分类进行堆放。

（7）脱盐脱水　机械方法自动脱盐脱水。

（8）拌料包装　按净熟菜块质量配好调味料及混合香料末。混合香料末需事先在大菜盆内充分拌和均匀，再撒在菜块上均匀拌和，让每一菜块都能均匀粘满上述配料后进行装袋；也可选择按"调料配方"统一萃取的"乳化辅料"均匀拌和菜丝（片、丁、块），再进行装袋。

（9）杀菌、冷却、包装入库　杀菌可采用杀菌池、杀菌锅或半自动化杀菌装置；也可选择"巴氏自动化灭菌生产线"进行。注意杀菌的温度和时间一定要准确。冷却后，取出平铺于吹干台上，开动风机吹干菜袋上的明水。冷却后将产品装入纸箱入库。

2. 盐脱水腌制操作要点

（1）第一次腌制

① 入池前要求。在榨菜进行第一次盐腌制时，应一池放一根塑料管，以减少第二次盐腌制时补加菜的搬运距离。按原料质量添加 4% 左右腌制盐进行腌制，腌制第 4d 用泵充分循环一次，循环时间不低于 40min（循环液中不能有可见的盐颗粒），充分循环后再撒入适量面盐。

② 原池囤压。入池腌制第 5～7d，用泵抽尽池内腌制液，然后用塑料薄膜封池，在塑料薄膜上平铺一层整袋装的食盐或河沙进行压榨，压榨时间为 6～8h，在压榨过程中每 2h 抽尽一次腌制液，最后一次不抽尽，以便留足第二次腌制时溶解食盐用。

（2）第二次腌制

① 翻池后加盐。池内菜加盐量按池内菜质量 6% 进行计算，将面盐扣出后，均匀撒入池内，用泵抽起池底盐水浇淋食盐，循环时间应不低于 60min，直到食盐充分溶解为止；第二天再循环一次，循环时间不能低于 60min。

② 腌制液循环。第 3d 封池，封池前，再用泵循环腌制液一次，以确保池内食盐完全溶解并均匀分布，循环时间应不低于 60min。

③ 封池。用双层塑料膜封池，上铺干净河沙，以盐水淹没所有菜为宜，扎紧池边、池角。第 7 天开池，用泵充分循环腌制液一次，循环时间应不低于 60min（循环腌制液中不能有未溶解的盐颗粒），并适当踩池，然后再按前封池方式封池。时间一般为 15 ～ 25d。

④ 起池囤压。腌制到期后，将菜起池，堆放于冲洗干净的池间空地上，菜均匀堆积厚度应在 1m 以上，利用菜自身重量进行囤压，囤压时间为 12 ～ 24h。必要时，可在囤压菜上加适量整袋装食盐或河沙进行压榨（盐袋下面铺垫一层塑料膜）。

（3）第三次腌制

第三次盐腌制用盐量应根据第二次腌制菜坯的含盐量，补加至榨菜保存要求的最终含盐量。第三次盐腌制时，第 2 天封池，封池前适当踩池。将面盐均匀撒入池内。用双层塑料膜封池，上铺干净河沙，以腌制液淹没所有腌制菜块为宜，扎紧池边、池角。腌制贮藏过程中应做到 7d 一次小检，15d 清一次口并检查菜块质量。

加工案例 5：酸黄瓜

一、产品简介

酸黄瓜是一种经过腌制的蔬菜，主要以黄瓜为原料，辅以盐、醋、糖、香料等调味品。由于其酸爽的口感和丰富的风味，酸黄瓜在全球各地都备受喜爱，并广泛用于沙拉、三明治、汉堡等食品中。

二、主要原辅料

黄瓜、小茴香、蒜、小米辣、黑胡椒粒、黄芥子、水、盐、零卡糖、9°米醋。

三、加工工艺

（一）工艺流程

原料准备→腌制液制作→装瓶→密封→发酵→储存。

（二）操作要点

（1）原料准备　选择新鲜、成熟、无损伤的黄瓜，清洗干净，擦干表面水分。放在无油无水的坛子里，上方放 50g 小茴香，加入滚烫的热水烫黄瓜，全部没过食材，盖盖子闷 5min，然后将水倒出。加入蒜 50g、小米辣 15g、黑胡椒粒 8g、黄芥子 10g。

（2）腌制液制作　烧一锅 3kg 的开水，加入盐 70g、零卡糖 80g，关火后放 9°米醋 150g。

趁热倒入坛子里，盖盖子密封。

（3）装瓶 将处理好的黄瓜放入干净的玻璃瓶或密封容器中，加入准备好的腌制液，确保液体完全覆盖住黄瓜。

（4）密封 盖紧瓶盖，确保密封良好，防止空气进入。

（5）发酵 将密封瓶放在阴凉通风处，常温下发酵。7d 左右，变黄即可。

（6）储存 发酵完成后，如果风味满意，可以转移到冰箱中保存，延长保存时间。

加工案例 6：酸甘蓝泡菜

一、产品介绍

酸甘蓝泡菜是一款融合了传统发酵工艺与现代健康理念的特色食品。它以新鲜甘蓝为主要原料，经过精心腌制与发酵，成就了独特的风味与丰富的营养价值。在外观上，酸甘蓝泡菜呈现出诱人的色泽。甘蓝叶片经过发酵后，颜色由原本的鲜绿转变为略带深沉的翠绿色，叶片纹理清晰，质地依然保持一定的脆嫩。泡菜整体被酸辣的汤汁所浸润，汤汁中可见些许辣椒碎末、蒜片等佐料，为其增添了几分质朴而又热烈的气息。

二、主要原辅料

甘蓝（如圆白菜）、胡萝卜、大蒜、生姜、干辣椒、盐、白糖、白醋、花椒。

三、加工工艺

（一）工艺流程

甘蓝（辅料）→清洗整理→切分→制作泡菜盐水→腌制→发酵→成品。

（二）操作要点

（1）原料处理 将甘蓝洗净，剥下叶片后切成适当大小的块状或片状，放入一个较大的容器中。胡萝卜洗净去皮，切成细丝或者薄片，加入到甘蓝中。

（2）制作泡菜盐水 按照每 500g 蔬菜用 20 ～ 30g 盐的比例，在开水中加入适量盐，搅拌至盐完全溶解，制成盐水。让盐水自然冷却。在冷却的盐水中加入白糖（每 500g 蔬菜加10 ～ 15g 糖）、白醋（每 500g 蔬菜加 30 ～ 50mL）、剁碎的大蒜、姜末、切段的干辣椒和花椒，搅拌均匀。

（3）腌制 将调好味的盐水倒入装有甘蓝和胡萝卜的容器中，确保蔬菜完全被盐水淹没。如果盐水不够，可以再添加一些凉开水。找一个干净的重物（如石头），压在蔬菜上，使蔬菜能够完全浸泡在盐水中，这样有利于蔬菜的腌制和发酵。

（4）发酵 把容器密封好，放置在阴凉通风的地方。温度保持在 15 ～ 25℃ 比较适宜。发酵时间一般为 3 ～ 7d。在发酵过程中，可以每天打开容器稍微放气，观察泡菜的变化。当泡菜的颜色变深，酸味和香气逐渐浓郁时，就表示泡菜已经基本制作完成。

（5）成品储存 制作好的酸甘蓝泡菜可以放入干净的密封容器中，放在冰箱冷藏室保存，能延长保质期，且口感会更加爽脆。

加工案例 7：酱地环

一、产品简介

酱地环的原料地环学名为甘露子，别名草食蚕、宝塔菜、地牯牛、银条等，为多年生草本植物，属于唇形科水苏属，原产于中国，主要产自贵州、四川、云南以及华北、西北等地。多以地下块茎为食用器官，既可食用，又具有一定的药用价值，具有独特的风味，肉质脆嫩，营养价值也十分丰富。地环具有色泽鲜美、形态感官好、脆嫩爽滑的特点，非常适合制作酱地环。

二、主要原辅料

地环、水、酱油、食盐、食用油、辣椒、食品添加剂等。

三、加工工艺

（一）工艺流程

原料预处理→热烫、冷却→护色→装坛→发酵→装袋→封口→杀菌→冷却→保温检验→成品。

（二）操作要点

（1）原料预处理　选择洁白、新鲜、无机械伤、无斑点、无弯曲、无褐变、长度 3～4cm 的地环。

（2）原料清洗　用清水充分洗去表面的泥沙、杂质。

（3）碱液去皮　将地环用 1.5%NaOH 溶液在 98℃下浸泡 90s 去皮后，用清水冲洗，使原料表面无残留碱液。

（4）原料修整　地环去皮后用小刀将原料表面的斑点去除，掐头去尾，使地环保持良好的形态。

（5）热烫、冷却　将原料在热水中热烫，捞出后立即用自来水冷却至水温。

（6）护色　将原料浸泡在一定浓度的 $NaHSO_3$ 溶液中，随后用清水冲洗。

（7）制作调料包　将白纱布用清水冲洗干净，将八角、花椒、陈皮、小茴香、胡椒按一定比例用白纱布包好后备用。

（8）装坛发酵　先将泡菜坛用清水冲洗干净，再用 90～100℃热水短时冲洗消毒，倒置晾干。将原料和调料包放入坛内，加入配制好的汤汁直至淹没原料。盖上盖，在坛外槽加入淡盐水密封发酵。

（9）装袋、封口　将发酵好的泡菜按每袋 200g 称重，装入聚乙烯／聚对苯二甲酸乙二醇酯（PE/PET）复合薄膜袋中，加入 30mL 配制好的汤汁，抽真空封口。泡菜汤汁的调配：泡菜水中加入 0.05% 乙酸乙酯、0.05% 乳酸乙酯、0.2% 味精和 0.05% $CaCl_2$。

（10）杀菌　将袋装泡菜置于 80℃恒温水浴锅中杀菌，用流动水迅速冷却至室温。

（11）保温检验　将冷却后的袋装泡菜置于 37℃恒温箱中保温 7d，根据产品是否胀袋及产品的颜色变化，确定成品是否合格。

加工案例 8：腌辣椒

一、产品简介

辣椒（*Capsicum annuum*）是重要的调味品和蔬菜，具有促进胃液分泌和血液循环、镇痛、抗菌、减肥等多种生理功能。目前，现代企业生产的剁辣椒大多以高盐盐渍辣椒为原料。腌辣椒是一种传统的食品加工方式，通过腌制可以延长辣椒的保存期限，并赋予其独特的风味。腌辣椒是一种香味独特、美味可口、开胃保健的传统调味品。

二、主要原辅料

青辣椒、红辣椒、食盐、蔗糖、生姜、大蒜、$CaCl_2$ 等。

三、加工工艺

（一）工艺流程

辣椒预处理→热烫→晾晒→辣椒坯→配制盐水→装坛→发酵→杀菌→冷却→包装→成品。

（二）操作要点

（1）原辅料的选择　选用硬度好、肉质较厚、无虫蛀、无瘢痕的青辣椒或红辣椒；选用瓣大、未发芽、不烂、肉质白而碎的大蒜，去皮，用清水洗净沥干，放入破碎机中破碎；选用皮色光亮，鳞节稠密的鲜姜，用清水洗净，去皮，破碎；食盐为市售精盐。

（2）去蒂除杂扎眼　辣椒要及时摘去梗蒂，除去虫蛀和腐败品及杂物。用已清洁消毒的竹针在每个辣椒的蒂柄处扎眼，刺穿中心处的囊膜部位，便于后续泡制。

（3）清洗、热烫　用流动的水洗净辣椒，洗净进行热烫，温度及时间为100℃、1～2min，热烫可除去过多杂菌，保证发酵纯正，并除去生辣椒味。沥干水后于60～70℃的干燥箱内烘1～2h，也可在太阳光下晒去明水。

（4）配制盐水　辣椒与盐水的比例为1:1，盐水浓度为2%，$CaCl_2$ 浓度为0.3%。

（5）装坛　严格挑选泡菜坛，选择火候好、釉色好、无裂纹、无砂眼、坛沿深、盖子吻合好的泡菜坛。刷洗干净，用开水烫洗，控干水分备用。将经过预处理的鲜青辣椒混合后，装入泡菜坛内，装至八成满，用竹片卡紧，再徐徐灌入已配制好的泡菜盐水中，并使盐水没过全部辣椒，盖好坛盖。然后在坛沿水槽中注满浓度为10%的盐水。

（6）发酵　装好坛后，把泡菜坛置于通风、干燥、明亮、洁净的发酵室内进行发酵。发酵工艺条件25～30℃，时间为2～3d，测定泡菜液总酸为0.6%～0.8%。

（7）杀菌　将泡辣椒进行包装，可采用玻璃瓶包装，或用塑料软包装。因为是酸性食品，采用巴氏杀菌即可保质，在80℃条件下保持30min。如果能保证冷链销售，则不需杀菌，可直接包装，在冷藏条件保存下销售（时间1周），更好地发挥乳酸菌的活菌保健作用。

加工案例 9：腌雪菜

一、产品简介

腌雪菜是以雪菜为主要原料，雪菜学名"雪里蕻"，是芥菜的一个变种，属于十字花科芸薹属的一年生草本植物，它的叶片深绿，茎部直立，质地脆嫩，原产于中国，广泛种植于全国各地，在冬季雪地中能够穿蕻而得名。雪菜性喜冷凉，适宜的生长温度为 15～20℃，喜欢光照且耐贫瘠。腌雪菜是通过腌制工艺加工而成的一种传统腌制蔬菜。腌制后的雪菜仍然保持了其原有的脆嫩质地，每一口都能感受到雪菜纤维的爽脆。同时，腌制过程中雪菜吸收了腌料的汁水，使得其口感更加多汁，咀嚼时口腔中充满了鲜美的汁液。咸味也恰到好处，既不会过于咸涩，也不会过于清淡，这种适中的咸香与雪菜的鲜味相互映衬，使得整道菜品更加美味可口。

腌雪菜富含多种氨基酸、有机酸和还原糖，口感、风味独特，还含有丰富的维生素（如维生素 C、维生素 K 等）、矿物质（如钙、铁等）和膳食纤维。雪菜能预防多种出血症状，辅助降低血压，辅助治疗泌尿系统结石、肾水肿等疾病，可健胃消食，因此，深受广大群众的喜爱。

二、主要原辅料

新鲜、无病虫害、无黄叶和烂叶的雪菜，食盐，白砂糖。

三、加工工艺

腌雪菜的制作方法有很多种，通常采用以下工艺。

（一）工艺流程

新鲜雪菜 →预处理 →排菜 →盐渍 →踏菜 →倒缸或池 →封缸或池 →包装 →杀菌 →成品 →储存。

（二）操作要点

（1）原料采购　选择新鲜、无病虫害、无黄叶和烂叶的雪菜作为原料。通常从蔬菜种植基地批量采购，要求雪菜的品种符合加工要求，例如，选择叶片肥厚、茎部粗壮的品种，因为这些品种的雪菜口感较好，且在腌制过程中能够更好地保持形状。

（2）清洗与整理　采用自动化清洗设备对雪菜进行清洗，这种设备通常包括多个清洗槽，雪菜在传送带上依次经过浸泡、喷淋等清洗环节，能够去除泥土、杂质、农药残留等。

（3）排菜　清洗后的雪菜会经过人工分拣或机械分拣，去除不符合要求的部分，如黄叶、老叶、根部等。然后通过切菜机将雪菜切成均匀的小段，长度一般为 3～5cm，这样可以使雪菜在腌制过程中更好地吸收盐分和其他调味料，同时也方便后续包装。

（4）低盐腌制与调味　为了满足现代消费者对健康饮食的需求，工业化腌制雪菜一般采用低盐腌制。通常盐的用量为雪菜重量的 4%～6%，将盐均匀地撒在切好的雪菜上，同时可以添加其他调味料，如添加白砂糖（用量为雪菜重量的 1%～2%）来调节口感，使雪菜的味道更鲜美。腌制方式：采用大型腌制容器，如不锈钢腌制罐。将调味后的雪菜放入腌制罐中，利用机械装置对雪菜进行搅拌和压实，确保雪菜与盐分和调味料充分接触，并且能够紧密地堆积在罐内，减少空气间隙。

（5）微生物发酵控制　工业化生产会控制雪菜发酵过程中的微生物群落。在腌制初期，雪菜自身携带的乳酸菌等有益微生物会开始发酵，为了促进有益微生物的生长，可以添加乳酸菌菌剂，使乳酸菌的数量在发酵初期就占据优势，从而抑制有害菌的生长。通过监测发酵过程中的 pH 值、温度和微生物数量等参数，来控制发酵进程。例如，当 pH 值下降到 4.0 ～ 4.5 时，说明发酵已经达到一定程度，此时雪菜的酸味和风味已经基本形成。

（6）品质监测　定期对发酵中的雪菜进行感官评价和理化指标检测。感官评价包括色泽、质地、风味等方面，理化指标检测包括盐分、酸度、亚硝酸盐含量等。亚硝酸盐含量是一个关键指标，需要确保其在安全范围内，一般要求亚硝酸盐含量不超过 20mg/kg。

（7）包装　材料选用符合食品安全标准的包装材料，如食品级塑料包装袋或玻璃罐。对于塑料包装袋，要选择具有良好的阻隔性、耐腐蚀性和密封性的材料，以防止氧气、水分和微生物的进入。包装方式采用真空包装技术，真空包装可以有效去除包装内的空气，防止雪菜氧化和微生物的二次污染。对于玻璃罐包装，在包装前需对玻璃罐进行清洗和消毒，并且要确保罐口密封良好。

（8）杀菌处理　包装后的雪菜需要进行杀菌处理，以延长产品的保质期。常用的杀菌方法有高温瞬时杀菌和巴氏杀菌。高温瞬时杀菌是将包装后的雪菜在 120 ～ 130℃ 的温度下处理 3 ～ 5s，这种方法可以有效地杀灭微生物，同时对雪菜的品质影响较小。巴氏杀菌则是将雪菜在 60 ～ 80℃ 的温度下处理 10 ～ 30min，这种方法相对温和，但杀菌效果稍差一些，需要根据产品的保质期要求和品质要求来选择合适的杀菌方法。

（9）成品检验　对杀菌后的产品进行全面检验，包括外观、口感、理化指标和微生物指标等。外观要求色泽正常、包装无破损；口感要求咸淡适中、酸味适宜、质地脆嫩；理化指标要符合相关标准，如盐分含量、酸度、亚硝酸盐含量等；微生物指标要求细菌总数、大肠菌群、霉菌和酵母菌等符合食品安全国家标准。

（10）储存与运输　检验合格的产品可以存放在阴凉、干燥、通风良好的仓库中。在储存过程中，要避免阳光直射和高温环境，防止产品变质。在运输过程中，要确保产品包装完好，防止受到挤压、碰撞和受潮等情况，以保证产品的质量和安全性。

加工案例 10：东北辣白菜

一、产品简介

辣白菜是我国东北朝鲜族地区传统泡菜之一，也是韩国泡菜的典型代表，其以新鲜白菜为主料，配合辣椒、姜、蒜、水果以及盐等辅料制成。东北辣白菜所使用的白菜在东北地区广泛种植，因其耐寒性强、产量高、营养丰富而受到欢迎。白菜的叶片呈长椭圆形，颜色多为淡绿色或白色，内部叶片较为柔软，适合腌制。辣白菜是通过用乳酸菌发酵白菜而得的一种传统腌制蔬菜，在腌制过程中会产生乳酸，使得其具有微酸的口感，这种酸味能够开胃，促进食欲。入口先是微甜，随后辛辣逐渐显现，这种缓缓而来的辣味能够逐渐攻占味蕾，适合喜欢微辣口味的人群。在腌制过程中会加入绵白糖，使得辣白菜带有一定的甜味，这种甜味与辣味相互融合，使得整体口感更加丰富。白菜在腌制前会进行处理，使得腌制后的白菜保持一定的脆度，增加了口感的层次。

辣白菜在低温条件下发酵，过程未经热处理，维生素 B_1、维生素 B_2、胡萝卜素等都被保留下来，有机酸的含量也因为乳酸菌代谢而提高，同时还含有丰富的蛋白质、氨基酸、纤维素等营养物质。另外，辣白菜还具有多种保健功能，如具有维持人体消化道健康，预防便秘，增进食欲，促进消化、吸收等作用。

二、主要原辅料

白菜、辣椒粉、饮用水、绵白糖、糯米粉、食用盐、鱼露、虾酱、大葱、生姜、大蒜、白芝麻、味精、牛肉粉调味料。

三、加工工艺

（一）工艺流程

白菜→清洗整理→切分→装坛→调味腌制→成品。

（二）操作要点

（1）原料、辅料　主要原料是白菜，辅料包括辣椒粉、绵白糖、糯米粉、食用盐、鱼露、虾酱、大葱、生姜、大蒜、白芝麻、味精、牛肉粉调味料等。

（2）修剪、清洗　对购买的白菜进行修剪，去除发黄和腐败的叶片，随后用清水冲洗，洗净每片白菜叶内的污渍。

（3）装坛　将用于发酵的发酵坛清洗干净，将 2% 的盐水浸泡的白菜放入其中，水位到白菜高度的 2/3，最后用干净的重物压盖，浸泡 10h。

（4）调味、腌制　将浸泡后的白菜用清水冲洗，放入干燥的发酵坛中，随后将辣椒粉等辅料涂抹在每一层白菜叶上，涂抹均匀后置于阴暗处发酵。

（5）成品　发酵腌制 6～7d 后，将辣白菜取出后进行真空包装，即为成品。

（三）注意事项

（1）腌制前准备　用 15% 食盐水浸泡后，沥干水分备用。

（2）调味汁的制备　每 100kg 白菜需添加蒜 2kg、生姜 1.5kg、葱 1kg、食盐 5kg 及其他辅料，再分别添加辣椒粉 2kg、3kg、4kg、5kg、6kg、7kg，调配 6 种辣味程度的调味汁。

（3）密封发酵　将调味汁各自涂抹于盐水浸泡后的白菜上，装入塑料容器内密封，置于 0～4℃下发酵。

加工案例 11：梅干菜

一、产品简介

梅干菜，又称菜干或梅菜干，是一种常见的特色传统名菜，主要分布在中国江南地区，如浙江的金华、丽水、宁波、绍兴，江西抚州等地。梅干菜最常用的蔬菜是芥菜，主要有大叶芥、花叶芥和雪里蕻3个品种。梅干菜继承了原料蔬菜的矿物质和膳食纤维，并且通过发酵产生了氨基酸、肽类等小分子风味物质，以及有机酸等具独特香气与风味的物质，使蔬菜香味独特，滋味鲜美，还具有一定的营养价值。梅干菜含有丰富的钙、钾、镁等矿物质以及膳食纤维，有助于促进肠道蠕动，维护消化系统健康。腌制好的梅干菜油光乌黑，香味醇厚，且耐贮藏；此外，还能解暑热、洁脏腑、消积食、治咳嗽，兼具生津开胃之效。故绍兴地区居民每至炎夏必以梅干菜烧汤，从中受益无穷。

二、主要原辅料

新鲜的绿叶蔬菜如雪里蕻、大叶芥、小白菜等，食盐。

三、加工工艺

（一）工艺流程

绿叶蔬菜→清洗整理→晒至半干→堆黄→腌制→晾晒→蒸制→晒干→成品。

（二）操作要点

（1）原料选择　选择新鲜的绿叶蔬菜，如雪里蕻、大叶芥、小白菜等，要求水分少、叶多。

（2）预处理　将蔬菜洗净，晾晒至半干，通常需要连续几天的晴朗天气。

（3）堆黄　将晾晒后的蔬菜堆放，使其自然发酵，直至菜叶变黄。

（4）盐渍　在缸底撒一层盐，然后一层菜一层盐，逐层压实，最后压上重物，腌制20d左右。

（5）晾晒　将腌制好的蔬菜取出，晾晒至干透。

（6）蒸制　将晾晒后的梅干菜放入蒸锅，冷水上锅，大火蒸15min，然后关火焖凉。

（7）晒干　蒸制后的梅干菜再次晾晒至干透。

（8）重复蒸晒　根据需要，可以重复蒸晒的过程，以增加梅干菜的风味。

（三）注意事项

① 原辅材料为经检验符合规定的鲜梅菜，按标准池用盐量为0.5t，或按鲜梅菜质量12%～14%的比例计算用盐量。辅料为颗粒较大的固体食用盐，食用盐应符合《食用盐》（GB/T 5461—2016）标准的规定。

② 腌制处理采用干盐渍法分2次腌制。腌制时注意防止霉变，卤水要盖过梅菜棵面，浸透腌匀。第1次用盐量占盐总量的80%，将已处理软身的鲜梅菜按照一层鲜梅菜一层食用盐的顺序，按头尾方向整齐排列分层放入池中，最后一层表面再撒一层盐，用重物压实。翻腌第1次腌制的梅菜，分层加盐后再腌制3d，第2次用盐量占盐总量的20%。

③ 晒干或烘干处理。按批次将已腌制好的梅菜分别取出，待压滤部分水分后均匀摆放在已消毒的晒场晒干。梅菜每隔3～4h翻转1次，反复多次，使梅菜脱水均匀，连晒3～4d，使梅菜脱水适中，具有梅菜特有芳香，颜色青黄，即成粗制的梅菜盐坯。

④ 梅菜盐坯贮存仓库的室内温度需控制在25℃以下，仓库要保持无污染、防雨防潮、通风状态，盐坯不得与有毒有害物品混存。储存时，将已达一定干度的初加工品排列整齐，用塑料薄膜密封贮存。

加工案例12：腌薤头

一、产品简介

腌薤头是一种传统的腌制食品，薤头属于石蒜科葱属多年生的草本植物，长得有点像葱，又有点像蒜。腌薤头不仅是一种美味的食品，还富含蛋白质、糖类、脂肪、胡萝卜素、维生素C及钙、磷、铁、硒等矿物质元素，以及蒜辣素，具有开味、祛腥、健胃、顺气、抗菌抑菌、抗氧化和增强免疫力等功效。作为一种加工原料，薤头本身带有乳酸菌，薤头腌制实质是在缺氧环境中可使薤头中的糖分会分解成乳酸，在腌制时微生物通过发酵除去其原有的不良生辣味，赋予薤头特有的酸味及香气。腌制后的薤头表面晶莹剔透，肉质肥厚，吃起来比大蒜更加清甜脆嫩，没有大蒜的辛辣冲鼻。

二、主要原辅料

原料薤头、白砂糖、食盐、食用冰醋酸等。

三、加工工艺

加工方法按不同方式可分为盐腌法、分量法和出口加工法。

（一）盐腌法

1. 高盐干腌法

原料验收→淘洗→腌制（100kg原料，加18kg盐，分层加盐）→管理→修整分级→包装。

食盐用量做到底层、池周和上层多，中间少，层层压实。初腌时间为7～10d，转池进行复腌。复腌时按鲜薤头重量补加2%～3%的食盐，并按新鲜薤头重量加入0.5% $CaCl_2$ 和0.1% $NaSO_3$，将 $CaCl_2$ 和 $NaSO_3$ 拌入食盐一并加入。复腌操作方法与初腌相同。

2. 低盐乳酸发酵湿腌法

原料验收、淘洗腌制液配制→腌制→管理→修理分级→包装。

（二）分量法

（1）少量腌制法　先将薤头摊晒1d，目的是晒落外皮的泥和衣，腌制时能使盐分很快地渗入内部，加工成熟后香气浓，晒后趁还有热气即行腌制。5kg薤头加盐0.25kg、水2.5kg，以浸没为止，压上石头。盐淡一些成熟快，但容易酸。腌1个月后捞出，将两端剪净并冲洗干净，装入坛中，5kg薤头加白糖0.2kg、醋2kg，从坛口浇下，压实过一夜即可食用。

（2）大量腌制法　先将薤头倒入池中，压上竹帘和石块，再倒入已配好的浓度为13.5°Bé～14°Bé的盐水，浸没为止，过1个月后捞出，剪净两端，冲洗干净，装入坛中，每坛装20～22.5kg荞头，压实，加入料水到浸没为止。料水的配制为水350kg、醋25kg、盐20kg、酱油25kg、食用糖精0.45kg，封坛。

（三）出口加工法

1. 工艺流程

原料采收→清洗→腌制→两切→去粗老皮→分级→浸泡→漂洗→第一次预煮→冷却→装

塑料袋→加糖醋混合液→排气→封口→杀菌→冷却→成品→检验。

2. 工艺要求

加工时要用自来水或井水将藠头冲洗干净，沥水后下池腌制，按100kg新鲜藠头加盐1kg，一层藠头放一层盐，腌满池后，最好用无毒塑料薄膜将池内藠头盖好，要留有一定的空隙，然后放竹垫垫好，再均匀压重石。之后让其自然发酵，腌制时间为一天，无辛辣气味为止。然后将腌制发酵好的藠头从池子里取出来进行修剪，这个过程也叫两切，同时去除粗老皮，再进行分级、浸泡、漂洗以及第一次预煮，冷却后装入塑料袋，加入配制好的糖醋液，最后排气、封口、杀菌、冷却、进成品库、检验出厂。

加工案例 13：老坛酸菜

一、产品简介

老坛酸菜，古称菹，是指以新鲜芥菜为主要原料，经盐渍或不盐渍，添加或不添加食盐、白酒等辅料，放入洁净的陶坛中，发酵10d以上而成的腌渍蔬菜，吃起来酸味醇厚、口感爽脆、质地紧实、风味独特，深受人们喜爱。无论是直接食用还是作为烹饪调料，老坛酸菜都能为菜肴增添别样的风味和口感。

二、主要原辅料

老坛酸菜的主要原料包括芥菜、酒、花椒、淀粉和盐等。

三、加工工艺

（一）工艺流程

培养泡菜发酵菌→洗净芥菜→芥菜切成小块或条→泡制酸菜。

（二）操作要点

1. 培养泡菜发酵菌

① 首先放入水，水量为坛子容量的10%～20%，在冷水中放入一些花椒，通常20～30粒，加适量的盐，比平时做菜时多放一点，感觉很咸即可，然后把水烧开。

② 待水完全冷却后，灌入坛子内，然后加50g高粱酒（大坛子可以适当多加），泡菜中的乳酸菌就是来自高粱酒中的乳酸菌。

③ 放青椒（结实的深绿色辣椒）和生姜，增加酸菜味道。2～3d后仔细观察，看青椒周围是否有气泡形成，如果有气泡，就说明发酵正常，待青椒完全变黄后，再放置2～3d即可。

④ 乳酸菌属于厌氧菌，坛口的密封十分重要。泡菜随着发酵，产生抗菌作用。在发酵过程中产生乳酸菌，且随着发酵的成熟产生酸味，不仅使泡菜更具美味，还能抑制坛内的其他菌，防止不正常的发酵发生。

2. 泡制

芥菜洗干净后，切成大块或条（不要太小），晾干水分。在泡菜坛中加入芥菜、冰糖适量。放入培养好的泡菜原汁在坛内，芥菜必须完全淹没在水里，然后密封坛口。每加入一次新的菜都要加入适量的盐，如果盐多了会咸，少了泡菜汤容易变质。

（三）注意事项

① 泡制的时候中途不能使空气进坛。

② 坛子内壁必须洗干净，然后把生水擦干，绝对不能有生水，因为自来水（生水）含有杂菌，自来水中的氯气会杀死乳酸菌。

③ 由于有些寄生虫对盐水耐受能力较强，若是制作过程不规范，可能会引起寄生虫感染，所以酸菜虽然可口，但一定要煮熟才能食用。

加工案例 14：腌莴笋

一、产品简介

腌莴笋是一道以莴笋、食盐为原料的酱腌菜，色泽黄绿，质地嫩脆，是一道营养丰富、口感独特、风味绝佳的传统食品。腌莴笋富含膳食纤维、维生素以及矿物质等营养成分，这些成分对人体健康具有积极的促进作用。其可以作为开胃菜或配菜食用，也可以作为早餐或晚餐的佐餐小菜。

二、主要原辅料

莴笋、食盐、小米辣、大蒜、生姜、生抽、米醋或白醋、白砂糖、八角、香叶、花椒等。

三、加工工艺

（一）工艺流程

处理莴笋→调味→腌制→盐腌→翻缸→复腌。

（二）操作要点

（1）选料、去皮　选用嫩莴笋，将莴笋去皮，切成片状或条状，然后加入适量的食盐腌制出水，一般需要腌制 2 ~ 3h 或更长时间，以充分挤出莴笋中的水分。腌制完成后，用清水冲洗掉多余的盐分，并挤干水分。

（2）调味　将生抽、米醋、白砂糖等调味料混合在一起，搅拌均匀。如果喜欢更浓郁的口味，可以加入适量的凉开水稀释，并加入八角、香叶、花椒等香料一同熬制片刻，然后放凉备用。

（3）盐腌　50kg 净笋加食盐 4kg，慢慢放入腌缸内，以防折断。每隔 10cm 厚均匀地撒上一层食盐，依次一层笋一层盐，加满缸后，在上面再撒一层盐，把缸盖好。

（4）翻缸　5 ~ 7h 后翻缸 1 次，并将原卤一并倒入，第二天再翻缸一次。

（5）复腌　第三天早晨全部捞出，沥去卤水进行复腌。按每 50kg 笋坯加盐 6kg，同上法入缸，并用石头压紧。腌制 15d 后即为成品。

加工案例 15：泡藕带

一、产品简介

泡藕带是一种开胃爽口的腌制食品，由莲藕的幼嫩根状茎制成，洁白鲜嫩，酸辣脆爽。藕带通常在夏季采摘，特别是在雨后，此时藕带最为鲜嫩。泡藕带具有清脆的口感，吃起来味道鲜美，富有嚼劲。泡藕带富含维生素 C、膳食纤维和矿物质等营养成分，具有增强免疫力、清热解暑、开胃消食、促进消化、促进新陈代谢等功效。泡藕带可以直接食用，作为开胃小菜或配菜，也可以用于凉拌、炒菜、做汤或作为火锅的食材等。

二、主要原辅料

藕带、泡椒、小米椒、生姜、大蒜、食用盐、白砂糖、味精、食醋等。

三、加工工艺

（一）工艺流程

采摘挑选→切断腌制→调味浸泡→封装保存。

（二）操作要点

（1）采摘挑选　选择新鲜、无病虫害的藕带进行采摘，然后去除杂质和泥土，进行初步清洗。

（2）切割腌制　将清洗干净的藕带切成适当的长度或形状，然后用盐水或醋水进行浸泡腌制。这一步骤旨在去除藕带的涩味，并增加其酸度和口感。

（3）调味浸泡　根据口味需求，可以加入泡椒、白砂糖、蒜等调料进行腌制调味。调味后的藕带需要继续浸泡在腌料中，以便更好地吸收味道和保持口感。

（4）封装保存　经过调味和浸泡的藕带需要进行封装处理，通常采用真空包装或密封罐装等方式。封装后的泡藕带需要放置在阴凉干燥的地方或冰箱冷藏保存，以延长其保质期并保持口感和质量。

加工案例 16：儿菜泡菜

一、产品简介

儿菜又名娃儿菜、母子菜，是芥菜的一个变种。在儿菜的生长过程中，其会逐渐从中间发出许多腋芽，这些腋芽便是其主要食用部分。儿菜泡菜是一种以儿菜为主要原料，经过腌制和发酵制成的传统食品，其营养丰富，富含钙、铁、磷、维生素等多种营养成分，特别是钙、磷含量居各类蔬菜前列，具有清热败火、去油腻等保健功效。儿菜泡菜口感爽脆、酸味浓郁、风味独特、营养丰富，可以直接食用，也可以作为烹饪的辅料使用。

二、主要原辅料

儿菜、食盐、冰糖、白醋、料酒、干辣椒、花椒、大蒜、生姜、葱等。

三、加工工艺

（一）工艺流程

原料处理→腌制→准备泡菜水→发酵。

（二）操作要点

（1）原料处理　选择新鲜、无病虫害的儿菜，将其洗净并去除老叶和不可食部分，然后切成适当大小的块状或条状，以便腌制和入味。

（2）腌制　在一个无油无水的容器中，将切好的儿菜放入，并撒上适量的盐。用手轻轻揉搓儿菜，使其均匀受盐，并腌制数小时，以便儿菜出水并软化。

（3）准备泡菜水　在一个干净的容器中，加入适量的纯净水或凉白开。根据个人口味，加入适量的盐、冰糖、泡菜水或白醋，以及蒜瓣、干辣椒或辣椒粉、花椒粒等辅料。搅拌均匀，使泡菜水具有适宜的咸度、酸度和风味。

（4）发酵　将腌制好的儿菜挤去多余的水分，放入密封的容器中，加入泡菜水，确保泡菜水能够完全浸没儿菜，防止其暴露在空气中而变质，盖上盖子进行自然发酵。

（5）后期管理　发酵过程中，乳酸菌等微生物会分解儿菜中的糖类物质，产生乳酸等有机酸，从而赋予泡菜独特的酸味和香气。发酵时间因温度、湿度等因素而异，一般需要数天至数周不等。期间可以定期打开容器检查泡菜的发酵情况，并根据需要调整泡菜水的味道。

（6）食用与保存　当泡菜达到理想的口感和风味时，即可取出食用。剩余的泡菜可以继续保存在泡菜水中，但需注意定期更换泡菜水和检查泡菜的状态以防变质。

加工案例 17：腌芽菜

一、产品简介

腌芽菜是一种经过精心腌制而成的传统食品。生产者严格筛选新鲜、无污染的芽菜作为原料，采用传统腌制工艺，结合现代食品加工技术，将其制成腌芽菜，既保留了传统风味，又提高了产品的卫生标准和保质期。腌芽菜口感脆嫩、鲜美，带有独特的酸香味道，是开胃下饭的理想选择。芽菜富含多种维生素、矿物质和膳食纤维，腌制后更易于人体吸收和利用，有助于促进消化、增强免疫力，因此广受消费者喜爱。

二、主要原辅料

芥菜嫩芽，盐，花椒、八角、茴香等香料，白砂糖，白酒。

三、加工工艺

（一）工艺流程

原料选择和处理→盐渍发酵→清洗→加糖→入池（坛）后熟发酵（加入或不加入香料）→调整或不调整→分切或不分切→调配→包装→杀菌。

（二）操作要点

（1）原料选择和处理　选择新鲜、嫩绿、无病虫害、成熟度一致的芥菜嫩芽作为原料，去除其外层的老皮并将处理完成的嫩芽进行晾晒，根据需求可将其切成条状，便于后续的盐渍发酵和食用。但此步骤并非必需，可根据芽菜的种类和加工需求来决定。

（2）盐渍　将晾晒好的芽菜放入干净、无油污的容器中，加入适量的食盐。食盐的用量要根据芽菜的质量和口味需求而定，通常每 50kg 新鲜芽菜需要加盐 6 ～ 7kg。用手或工具将芽菜与食盐充分搓揉均匀，使盐充分渗透到芽菜中。

（3）发酵　将腌渍好的芽菜放置在适宜的发酵环境中进行发酵。发酵过程中要控制温度、湿度和氧气含量等条件，以促进微生物的生长和代谢。通常发酵温度为 20 ～ 30℃，湿度为 70% ～ 80%，发酵时间为数天至数周。在发酵过程中，要定时翻动芽菜，以促进盐分的均匀分布和微生物的均匀生长。同时，也可以检查芽菜的发酵情况，及时调整发酵条件。

（4）清洗　将芽菜放入流动的清水中进行彻底清洗，去除表面的盐分和杂质。清洗时要轻柔，避免损伤芽菜。

（5）加糖　清洗后的芽菜可加入适量的糖进行调味，糖可以提供甜味，同时也有助于发酵过程中微生物的代谢。

（6）入池（坛）后熟发酵　将处理好的芽菜放入发酵池或坛中，进行后熟发酵。在发酵过程中，可以加入香料以提升风味。香料的种类和用量需根据芽菜的种类和加工需求来决定。发酵的时间、温度和湿度都会影响最终产品的品质，需严格控制。

（7）调整和切分　根据发酵过程中芽菜的变化，可以对发酵条件进行适当调整，以确保最终产品的品质。发酵结束后，根据加工需求，可以将芽菜进行分切处理，便于后续的包装和食用。

（8）调配　根据产品配方，将芽菜与其他配料进行混合调配，如花椒粉、辣椒粉、白砂糖、白酒等。以达到预期的口感和风味。

（9）包装　将调味好的腌芽菜装入干净、无油污、无菌的容器中，如玻璃瓶、塑料瓶或真空包装袋等。在包装过程中要注意无菌操作，避免污染。

（10）杀菌　对包装好的芽菜进行杀菌处理，以杀灭有害微生物，确保产品的卫生和安全。杀菌方式可根据产品的特性和加工需求来选择，如巴氏杀菌、高温杀菌等。

（11）成品检验　对腌制好的芽菜进行外观检查，确保颜色均匀、质地柔韧、无杂质和无异味。对腌芽菜的口感进行品尝，确保酸、甜、咸、鲜等口感适中，符合消费者的口味需求。对腌芽菜的卫生指标进行检测，如细菌总数、大肠埃希菌数等，确保产品符合食品安全标准。

加工案例18：腌香椿

一、产品简介

香椿，又名香椿芽、香椿尖，香椿被称为"树上蔬菜"，是香椿树的嫩芽。通过新工艺腌制的香椿，不仅味道咸香爽口，而且便于久贮和运销。香椿含有丰富的维生素、矿物质和蛋白质，营养价值非常高。此外，香椿还具有很高的药用价值。中医认为，香椿性凉，味苦，入肺、胃、大肠经，具有清热解毒、健胃理气、润肤明目、杀虫等功效。现香椿以其浓郁的清香、柔嫩的质地与独特的风味而走俏市场，深受人们青睐。

二、主要原辅料

香椿芽、盐、水、白砂糖、味精、醋、酱油等。

三、加工工艺

（一）工艺流程

选料→冲洗→控水晾干→下缸撒盐→倒缸→揉搓→并缸→晾晒→撒明盐→装缸→封藏。

（二）操作要点

（1）选料　从当天采收的香椿芽中选出长度为10～13cm，芽薹完整，复叶齐全，叶轴肥壮，捏时手感柔软，口中咀嚼时脆嫩、软糯无渣的嫩芽作腌渍的原料。

（2）冲洗及晾晒　将原料在清洁水中冲洗（水不要太大，以免损伤芽薹及复叶），去除泥沙，之后摊晾在秫秸箔上3～5h，待表面水分蒸发以后，即可准备入缸。

（3）入缸撒盐　以每100kg香椿芽用盐20～25kg的规格备好精盐。放一层香椿芽（10～12cm）撒一层盐，直到缸满为止。撒盐要均匀，鲜椿芽入缸不能揉搓。

（4）倒缸　也叫作翻缸，具体操作是：将原缸中撒了盐的香椿芽，经过1～2h的腌渍后，逐层依次倒入另一空缸内，使原来的上层成为底层。这是腌渍香椿芽最重要的工序。因为入缸后的香椿芽仍在进行呼吸作用，使缸内香椿芽升温发热，及时倒缸可以起到散热作用。倒缸一般在撒盐后1～2h进行。一般连续倒缸3～4次，直至盐化叶死，缸内温度下降。以后每天早晚各倒缸1次。此间香椿芽经过腌渍缩软出水，可以进行并缸。

（5）揉搓　在倒缸的3～4d，芽薹及叶轴已发软，可稍用力揉搓，揉搓时要求不损伤芽薹及叶。

（6）晾晒　腌制15～20d后，取出香椿芽在席上摊晒1～2d。当香椿芽表面出现一层白色盐霜时，放入盐水内回缸再腌，每天早晚翻动2次，2～3d后再次进行晾晒，并且再轻轻揉搓1次，使盐霜均匀地附在香椿芽上。晾晒至5～6成干时，将香椿芽摊放在通风室内，散热2h，即可装缸。

（7）装缸　装缸要压实，装至30cm厚时要用力压实，然后再装一层，再压实，装至缸口，撒一层厚约3cm的细盐，即可封缸。

（8）封缸　用木板作缸盖，外用桑皮纸或牛皮纸封缝，最后用黏土封住。如此处理后，香椿芽可存放2～3年。食用时从缸内取出，在冷开水中浸泡1～2h，清脆可口，香气浓郁。

加工案例 19：香辣洋姜

一、产品简介

香辣洋姜是以洋姜为主要原料腌制的。洋姜学名为菊芋，易种植，耐寒耐旱，耐贫瘠，产量高。制作香辣洋姜时辅以秘制香辣调料，经过精心腌制与科学配比，不仅保留了洋姜本身的脆爽口感，还融入了层次分明的香辣滋味。香辣洋姜可直接作为开胃小菜，搭配粥品、面食享用；亦可作为休闲零食，随时随地满足味蕾需求；更可作为烹饪调料，为菜肴增添独特风味。洋姜含有丰富的蛋白质、脂肪、糖类及各种维生素和微量元素，特别是菊糖含量较高。菊糖是一种非消化性多聚果糖，具有类似膳食纤维的生理功能，菊糖进入人体后，不能被消化吸收，而是直接进入大肠内，优先为双歧杆菌所利用，有利于双歧杆菌的增殖。此外，洋姜还具有清热解毒、利尿、养胃的功效。因此，经常食用洋姜，有益于身体健康。

二、主要原辅料

洋姜、红辣椒粉、食用植物油、食盐等。

三、加工工艺

（一）工艺流程

洋姜→清洗→沥干→腌制→切片→脱盐→干制→配料搅拌→后熟→装瓶→抽真空封口→杀菌→冷却→烘干→贴标→喷码→装箱。

（二）操作要点

（1）清洗　先用 0.1% $CaCl_2$ 浸泡 30min，然后清除表面的泥沙，再沥干水分。利用其中的钙离子与洋姜中的果胶酸生成不溶性果胶酸钙，对产品起保脆作用。

（2）腌制　洋姜100kg，食盐 15 ～ 20kg，一层洋姜，一层食盐，食盐从下往上逐渐增加。

（3）切片　用切菜机将腌制好的洋姜块切成 2 ～ 3mm 厚的洋姜片。

（4）脱盐　腌制后的洋姜片含盐量过高，可采用清水脱盐法，保持其含盐量在 5% ～ 8%。

（5）干制　将洋姜片晒干或热风干燥至水分含量为 50% ～ 60%，热风干燥温度不宜太高，时间不宜过长，否则会影响产品的脆性。

（6）配方与配料　改变配方与配料，可得到风味各异的制品，因洋姜片极易变成黑色，影响产品质量，所以，在以下的各配料中，应加入 0.05% 的 D-异抗坏血酸钠，达到产品护色的目的。D-异抗坏血酸钠既可以直接与多酚氧化物作用而使其失活，又可以将褐变的初级产物还原成原始状态，还可结合金属离子，从而抑制或还原酶促和非酶促两种褐变作用。

① 香辣型，适合湖南口味：洋姜片100kg，红辣椒粉1kg，食用植物油1kg，味精0.2kg，食盐适量。

② 淡辣型，适合北方口味：洋姜片100kg，红辣椒粉0.5kg，食用植物油1kg，味精0.2kg，食盐适量。

③ 麻辣型，适合四川口味：洋姜片100kg，红辣椒粉1kg，麻油1kg，味精0.2kg，胡椒粉0.1kg，食盐适量。

④ 甜辣型，适合江浙口味：洋姜片 100kg，红辣椒粉 0.2kg，食用植物油 1kg，味精 0.2kg，白砂糖 2kg，食盐适量。

（7）后熟处理　将各种配料与洋姜片充分混匀后，静置 4 ～ 6d，中间搅拌 2 ～ 3 次。

（8）装瓶、封口　将洋姜片装入玻璃瓶内，计量，然后采用四旋盖抽真空封口。

（9）杀菌　品温控制在 85℃，时间控制在 15min 左右，既符合国标规定，又保持了制品的风味和脆性。

加工案例 20：香辣腊八豆

一、产品简介

香辣腊八豆，以精选优质黄豆为主要原料，所制腊八豆粒形完整，色泽呈黄色或棕褐色。经过传统腊八豆制作工艺与现代调味技术的完美结合，打造出香辣可口、营养丰富的美食佳品，有腊八豆特殊风味。香辣腊八豆不仅保留了黄豆的醇厚口感，还融入了层次分明的香辣滋味，是下饭、拌面、当佐餐的绝佳选择。香辣腊八豆不仅美味可口，更蕴含丰富的营养价值。黄豆中的植物蛋白有助于增强免疫力、促进肌肉生长；膳食纤维有助于促进肠道蠕动，改善便秘问题；同时，黄豆还含有丰富的维生素和矿物质，如 B 族维生素、钙、铁等，有助于维持人体正常生理功能。作为一道融合传统与创新的美味佳肴，香辣腊八豆以其独特的香辣口感和丰富的营养价值，成为了众多美食爱好者餐桌上的常客。

二、主要原辅料

新鲜黄豆、食盐、白酒、白砂糖、生姜、辣椒、毛霉菌种等。

三、加工工艺

（一）工艺流程

清洗黄豆→煮豆→冷却至 40℃→接种毛霉菌种→前期发酵→后期装坛→后期发酵→调味→成品。

（二）操作要点

（1）清洗　将市售的大豆精选去杂、去瘪粒，称重，用清水洗净。

（2）熟化　将黄豆倒入不锈钢锅中，加适量水（水量以浸没黄豆为准），旺火煮 6h 以后，再小火煮 3h，以豆粒均匀熟化、软而不烂、色泽变化不明显为标准。

（3）冷处理　将熟化的大豆取出，滤干多余水，置于接近无菌的环境中让其自然冷却或通风强制冷却至 40℃，不烫手为宜。

（4）接种　将准备好的毛霉菌种用湿法接种，按湿豆重量的 0.5% 取制备好的毛霉菌种，加入适量的冷开水，将其充分搅拌使菌种中分生孢子充分分散在无菌水中，将孢子悬浮液喷洒到熟化的大豆上并拌匀。

（5）前期发酵　准备好有尼龙纱窗布的门板，并铺上洗净的白棉布，将接种过的大豆摊放在门板上，在 25℃温度条件下保温培养发酵 48 ～ 72h。

（6）后期发酵　将表面长满霉菌菌丝而尚未产生分生孢子的霉豆坯取出，放入用开水消毒过的不锈钢盆中，每 5kg 煮熟的黄豆加入食盐 350g 及适量的生姜和谷酒，拌匀后放入自制的发酵容器（如瓦罐、陶坛子）中密封发酵（发酵容器预先用谷酒润湿一遍），在 25℃下发酵 10d 左右。

（7）调味　当大豆已具腊八豆的特有风味时，再调制加工形成香、辣、软、鲜等风味不同系列的腊豆产品。

加工案例 21：藕尖泡菜

一、产品简介

藕尖泡菜是一种以藕尖为主要原料，经过护色、烫漂、硬化、沥干，最终拌以香辛料浸渍而成的一类产品。藕尖是连接藕节和嫩荷叶茎的部分，具有含水量高、口感松脆的特点。藕尖泡菜洁白鲜嫩，色泽诱人，同时具有浓郁的酸辣香气，混合着藕尖的清新味道。经过腌制后，藕尖的脆度得以保持，并且融入了香辛料的风味，口感极佳，令人回味无穷。藕尖泡菜中富含膳食纤维、有机酸、益生菌等多种对人体有益的成分，具有促进消化、调节食欲、调节肠道菌群等功能。随着莲藕产业不断发展，越来越多的莲藕相关产品不断出现，藕尖泡菜的出现为消费者提供了一种新的选择。

二、主要原辅料

藕尖、水、柠檬酸、抗坏血酸、$CaCl_2$、生姜、白砂糖、花椒、泡椒等。

三、加工工艺

（一）工艺流程

原料预处理→护色→烫漂→硬化→沥干→调味→杀菌。

（二）操作要点

（1）原料预处理　用清水洗净新鲜藕，用小刀轻轻刮去外层黄皮，将藕尖切成 2～3cm 长的段状。分段增大了藕尖和溶液的接触面积，使其在后续的物质交换时，可以更加充分。

（2）护色　浸没在质量分数为 4% 的柠檬酸、0.1% 的抗坏血酸溶液中，浸泡 18～30min。藕尖作为一种容易发生褐变的产品，通过调节 pH 值、氧化还原电位等，可抑制酶的生物活性，进而抑制褐变的发生。

（3）烫漂　在 98～100℃ 的水中加入质量分数为 0.1% 的柠檬酸，调节水的 pH 值，将浸泡过的藕片放入 98～100℃ 的水中煮 2～3min。主要通过高温的方式灭活植物细胞中的部分酶，抑制褐变的发生。

（4）硬化　将烫漂好的藕片浸入质量分数为 0.1% 的 $CaCl_2$ 溶液中，浸泡 15min 进行硬化，保持藕片的硬度。加入 $CaCl_2$ 既能保持藕尖的脆度，又不改变藕片原有的颜色、风味。

（5）沥干　硬化后的藕片放在常温下冷却、沥干，使其能够在后续的调味过程中更加充分地吸收调味料液中的风味物质成分。

（6）调味 调味料液由质量分数为2%～8%的食盐水、0.2%～1.8%的白砂糖、0.1%～0.5%的$CaCl_2$、2%～10%的生姜、2%～8%的花椒、3%～12%的泡椒制成；藕尖与调味液的质量之比为1：（0.3～0.9），泡制2d（在上述方案中，所述的调味料液中还加入质量分数为1.2%～10%的辣椒，制作的莲藕泡菜具有微辣的风味，可供喜爱吃辣的人群选择）。

（7）杀菌 将加入调味液的藕片灌装后，放入300～400MPa的超高压容器中，静置10～30min。

加工案例22：五香疙瘩丝

一、产品简介

五香疙瘩丝是一种以芥菜为主要原料，通过一次盐腌和一次香辛料腌制而来的一种具有山东特色的产品。芥菜疙瘩又称"大头菜""辣疙瘩"，是通过丝绸之路引进的一种十字花科芸薹属植物。五香疙瘩丝呈现出均匀的丝状，同时散发出浓郁的香味，其中既有疙瘩咸菜的咸香，还有调料带来的五香味，令人食欲大增，多种香辛料的加入，使其脆嫩爽口、层次丰富、味道鲜美。五香疙瘩丝中富含膳食纤维、矿物质等多种对人体有益的成分，可以起到促进消化、调节食欲的功能。在五香疙瘩丝市场竞争日益激烈的情况下，一些知名的五香疙瘩丝品牌为了满足消费者的多样化需求，开始推出不同口味、不同包装形式的产品，为消费者提供了更加多样的选择。

二、主要原辅料

芥菜、食盐、大茴香、花椒、小茴香、肉蔻、丁香、白芷、桂皮等。

三、加工工艺

（一）工艺流程

原辅料预处理→盐腌→配制香料→拌料→复腌。

（二）操作要点

（1）原料预处理 秋季采收芥菜疙瘩100kg，去皮，称重入缸。

（2）盐腌 向缸中均匀加入25kg的食盐，缸口加盖进行盐渍。入缸后每天倒缸一次，以散热、散辣气，入缸10d后改为隔天倒缸一次，如此一个月之后便不再倒缸。通过第一次的盐腌赋予芥菜基础的滋味。

（3）配制香料 取大茴香12kg，花椒4kg，小茴香、肉蔻、丁香、白芷、桂皮各1kg，通过磨粉机加工成质地均匀的粉末，混合均匀备用。按照一定比例配制五香粉调味料，也可以在其基础上对配方进行一定修改。

（4）拌料 腌制至第二年二月份，放在席上晾晒，晾晒季节以三四月份较为适宜，晾晒后在根上切深度为芥菜2/3长的切口（较大的切3刀，较小的切2刀），然后在切口内装入五香面混合料3kg（五香面加7kg细盐拌匀），每100kg芥菜头装5kg五香面混合料。

（5）复腌　装料后入缸压实，盖严闷缸，在这期间五香面回潮串味，1个月后出缸，放在席上进行第二次晾晒，晾晒季节最好在四五月份，每100kg芥菜头晾晒成90kg即可入缸压实，盖严再闷缸1个月即出成品。

加工案例23：泡椒竹笋

一、产品简介

泡椒竹笋是以竹笋为原料，经过浸泡护色、料水腌制而来的一道美味可口、营养丰富的特色小菜。泡椒竹笋的笋片洁白如玉、色泽诱人，其特殊的口感一方面包含着竹笋的嫩脆，另一方面包含着泡椒的酸辣，两者的完美结合给人们带来一种独特的味觉体验。泡椒竹笋不仅口感好，其中更含有丰富的膳食纤维，可以起到调节肠道菌群和润肠通便的作用。又因为泡椒竹笋的制作工艺简单，因此在市场上受到广泛欢迎。

二、主要原辅料

新鲜竹笋、$CaCl_2$、八角、小茴香、月桂叶、花椒、生姜、山楂、食糖、泡椒、味精、食醋、水等。

三、加工工艺

（一）工艺流程

原料→修整清洗→切片→护色→冷却→沥干→料水配制→调味→装袋封口→巴氏杀菌→成品。

（二）操作要点

（1）原料预处理　修整清洗时选择肉厚、呈白色略带黄色、无损伤、无腐烂、无虫害，且无明显粗纤维的新鲜嫩竹笋。将竹笋洗净后去外壳及箨叶，然后去除笋衣，切除笋底部的粗老部分，清洗干净。

（2）护色　把竹笋切成长5cm、宽1.5cm、厚度约为0.5cm的片，将竹笋放入0.1% $CaCl_2$溶液中煮2～3min，可起到对竹笋护色的作用，并可以提高产品的脆度，改善口感。

（3）冷却　经过护色处理的竹笋马上用流动清水冲洗，直至笋的中心完全冷却为止，以防笋因冷却不透彻而后熟，导致变软现象发生。

（4）沥干　将冷却完成后的竹笋放在纱布上沥干。

（5）料水配制　将八角20g、小茴香40g、月桂叶25g、花椒20g、生姜350g、山楂30g加入3500g水中，烧开，微火煮沸1.5h，捞去香料渣，得2500g香料水，如重量不足需补至2500g备用。将食糖80g、泡椒1300g、味精20g、食醋200g加入香料水中，搅拌均匀，浸泡5h后过滤，取滤液。

（6）调味　将配制好的料水和竹笋混匀，腌制7d后取出。

（7）包装　将拌料后的竹笋装入包装袋，每袋净重约70g，装袋后的竹笋在真空包装机上进行抽真空密封，要求真空度在0.09MPa以上。

（8）巴氏杀菌　将包装好的风味竹笋在 90～93℃条件下维持 20min。

加工案例 24：酸豆角

一、产品简介

酸豆角以新鲜豇豆为主料，经自然发酵法制成了咸酸适口、酸味浓郁的发酵性腌制品。其口感嫩脆、咸酸适宜，成为人们佐餐的佳品。发酵过程中，乳酸菌的生长代谢过程中会产生大量的有机酸，使产品具有促进消化、调节食欲、抗炎抗菌等作用。随着近年来螺蛳粉的爆火，酸豆角作为其主要原料之一，又给大家带来了全新的感受和体验。

二、主要原料

豆角、食盐、水、柠檬汁、红糖酸、酵母菌、苹果汁、枸杞、蛋清液等。

三、加工工艺

（一）工艺流程

原料预处理→软化→烫漂→烘干→发酵→腌制。

（二）操作要点

（1）原料预处理　选用整体鲜嫩、检疫检验合格、粗细均匀、无空心、无机械损伤的豆角作为原材料，制成的产品有脆度且色泽较好。将原材料豆角进行 2 次清洗，去除浮土。将清洗后的豆角切割成 3cm 的小段。

（2）软化　将嫩豆角洗净后撒上 7%～9% 的生盐，搓揉 10～15min 软化后，静置 15～20min。

（3）烫漂　称取适量清水，加热到沸腾，控制水与豆角重量比为 2∶5，把豆角放入水中热烫 5min；迅速将热烫后的豆角放入冷水进行冷却。

（4）烘干　将冷却后的豆角沥干水分，45～50℃下烘干，使豆角的水分含量控制在 10%。

（5）发酵　将豆角压干水分，入坛，加入柠檬汁 3%～8%，红糖酸 1%～1.2%，酵母菌 1.2%～2%，苹果汁 3%～5%，枸杞 2%～3% 和蛋清液 2%～3%，其余用冷开水补足。搅拌均匀后，将豆角压紧使水面没过豆角表面，保持温度 16～20℃，密封坛口，发酵酸化 50～58h。

（6）腌制　将豆角打捞起来滤水，置于 4% 的盐水中腌制 7d，即出成品。

◆ 参考文献 ◆

[1] 李莉峰，叶春苗，韩艳秋.东北即食酸菜深加工工艺研究与优化[J].农产品加工，2023（18）：48-50.

[2] DB50/T 1158—2021 绿色食品 榨菜加工技术规范

[3] 邓旭红.黄瓜品种资源酸渍适应性评价[D].哈尔滨：东北农业大学，2006.

[4] 赵菲，孙亚米，毛培成，等.腌渍蔬菜低盐保存与绿色加工技术研究[J].食品工业，2017（4）：256-259.

[5] 梅明鑫，刘卫，宋颖，等.不同包装低盐腌制白萝卜贮藏货架期预测模型 [J].食品与发酵工业，2017，43（4）：69-77.

[6] 徐亚民，赵晓燕，马越，等.紫甘蓝色素抗氧化能力的研究 [J].食品研究与开发，2006，27（11）：4.

[7] 陈雪梅，先琳，勾选枝，等.响应面法优化紫甘蓝泡菜亚硝酸盐测定的预处理条件 [J].中国调味品，2022（008）：047.

[8] 于新颖，刘文丽，殷杰，等.不同食盐浓度下白菜泡菜的乳酸菌数及理化指标变化 [J].食品与发酵工业，2015，41（10）：119-124.

[9] 李红玫，蒋选利，肖仲久，等.几种杀菌剂对草石蚕腐烂病的室内毒力测定 [J].贵州农业科学，2010，3（38）：118-120.

[10] 郑美娟，张洪，马明霞，等.草石蚕研究文献综述 [J].广东化工，2015，13（42）：169-170.

[11] 周晓媛，邓靖，李福枝.发酵辣椒挥发性成分分析及复合香味剂调配 [J].中国食品学报，2007，7（3）：138-143.

[12] 焦广昌，庞广昌.辣椒素类物质的减肥作用机制 [J].食品科学，2013，34（23）：370-374.

[13] 闫文华，陆欢，郑胜丰，等.鲜脆剁辣椒生产工艺优化 [J]食品与机械，2010，26（05）：151-154.

[14] 赵大云.雪里蕻腌菜风味物质及其低盐接种腌制剂的研究 [D].无锡：无锡轻工大学，2000.

[15] 张金玲，曲春波，夏毓博，等.塑料食品包装材料的安全性探讨 [J].广东化工，2018，45（03）：127-128.

[16] 朱薇，夏延斌，毛友辉.高盐腌雪菜坯低盐化前后有机酸的对比研究 [J].现代食品科技，2006（03）：76-78+75.

[17] 朱薇，夏延斌，胡梦红，等.影响高盐腌雪菜坯脱盐因素的研究 [J].食品工业科技，2005（10）：54-55.

[18] 朱薇，夏延斌，周晓媛，等.脱盐腌雪菜复合鲜味剂的调配研究 [J].食品科技，2005（02）：55-57.

[19] 李文斌，唐中伟，宋敏丽.韩国泡菜营养价值与保健功能的最新研究 [J].农产品加工学刊，2006（8）：83-85.

[20] 李延华，王伟君.延长辣白菜制品保质期的研究 [J].中国调味品，2008，33（5）：39-44.

[21] 李瑜.泡菜配方与工艺 [M].北京：化学工业出版社，2008.

[22] 崔凤月.辣白菜工艺特色及改进措施的初步探讨 [J].中国酿造，2001（10）：160-162.

[23] 张书弦，李远志，黄苇，等.惠州梅菜的营养价值与加工研究进展 [J].农产品加工（学刊），2013（16）：74-76.

[24] 王雪郦，帅莲，刘雪婷，等.藠头纯种低盐发酵工艺的优化研究 [J].现代食品，2023，29（07）：66-72.

[25] 周向荣，夏延斌，周跃斌，等.我国藠头腌制加工技术研究现状 [J].现代食品科技，2006（03）：269-271+258.

[26] 夏桂珍.出口甜酸藠头的腌制与加工 [J].中小企业科技信息，1997（03）：7.

[27] 王毓宁，李鹏霞，胡花丽，等.风味莲藕泡菜的加工工艺 [J].江苏农业科学，2013，41（11）：279-283.

[28] 李思宁.风味竹笋加工工艺的研究 [J].中国调味品，2012，37（01）：42-44.

[29] 张文莉，于楠楠，陈尚龙，等.调味即食笋片的研制 [J].中国调味品，2018，43（11）：106-108.

[30] 尚英，杜晓宏，熊荣园，等.不同方法发酵的酸豆角品质对比分析 [J].现代食品科技，2020，36（09）：245-250.

[31] 刘永逸，林华，杨超，等.不同发酵方式对酸豆角品质和风味的影响 [J].食品工业科技，2022，43（14）：43-51.

[32] 李云龙，田步宗，朱广琴.豆角腌制工艺优化研究 [J].食品安全导刊，2023（08）：112-114+118.

[33] 刘锐，周彩霞.酸豆角加工工艺的研究 [J].中国酿造，2010（01）：143-145.